JN198477

教職理科シリーズ

教職のための
物理学

仲野純章 編著

電気書院

はじめに

本書は，教職を志す教育学部の学生をはじめ，将来，教育現場で理科を教えることを目指す大学生を対象としたものです。

世間では，私立大学を中心に新たに教職課程を設置する大学が増加し，教職課程の一環で理科教育を学ぶ学生も増加してきました。そして，教職課程を設置する大学での学びも高度化しつつあり，小学校教諭一種免許状に留まらず，より高い校種のより幅広い免許，とりわけ，従来少なかった中・高等学校教諭一種免許状(理科)を取得できる体制を整える動きが目立ちつつあります。また，近年，小学校では教科担任制がスタートし，理科はその優先実施科目とされるなど，小学校での理科教育にはこれまで以上に高い専門性が求められる時代になりつつあります。

こうしたことを背景とする理科教育の裾野拡大に伴い，理科学習に苦慮する学生の増加(及び，彼らを指導する大学教員側の負荷増加)も一方では懸念されるところではあります。例として物理学でいうと，「高等学校では『履修していない』，あるいは『履修したが身についていない』ものの，大学では『教職課程の一環で物理学を修める必要がある』」といった学生はますます増加するものと予想されます。

しかしながら，大学で理科教育を学ぶ学生に向けた，「理科(物理学・化学など)テキスト・参考書」は，十分整備されてはいないように見受けられます。そこで，教職を志す学生の「教育現場で理科を教えるための土台形成」の一助となるべく，今回，理科に関する基本的な知識の獲得や法則理解を支援する書籍を取りまとめることとしました。仮に小・中学校で理科を教えるとしても，できるだけ高い専門性を有していることが望ましく，また，小・中・高等学校といった学校段階間の連続性・接続性を理解していることが望ましいという観点から，内容面では高等学校段階の学習内容を扱っています。書籍化にあたっては，記憶よりも理解が求められ，理科の各分野の中でも「学習要求度(learning demand)」が大きく(Leach & Scott, 2002；鈴木, 2008)，苦手とする学生が特に多いと見込まれる物理学分野を先行し，今後，化学など他分野への拡充も図っていきます。

なお，本書では，一般的な大学の授業回数をも意識し，不要に細かく，難解な内容までは踏み込まず（場合によっては大胆に言及を割愛し），あくまで基本を効率的に網羅するように努めています。これにより，教職を志す学生として決して少なくないと想定される「物理学未履修者（あるいは履修したが十分な学力を形成できていない者）」にとっても，比較的取り組みやすいものとなるようにしました。元々，本書は自身が勤務する大学での授業向けに企画したものですが，他学においても，さらには，既に教職に就いている方々にも広く活用されることを願っております。ただし，「不要に細かく，難解な内容までは踏み込まず」としているがゆえに，不足する部分も多々あろうかと思います。必要に応じて，内容を補いながら本書を活用いただければ幸いです。また，様々な面で吟味が足らず，精緻さを欠いた部分もあろうかと思います。そうした部分については，よりよい書籍にしていけるよう，ご指摘賜りますと幸いです。

最後に，本書を出版するにあたり，多大なご尽力をいただいた電気書院編集部の田中和子氏にこの場を借りて厚く御礼申し上げます。また，本書内容の充実に向け，資料提供のご協力をいただいた各機関，そして，学生の立場から編集に関わっていただいた皆様に心より感謝します。

編著者　仲野純章

目　次

この本の特長

教育的助言を記した「側注」

基礎編以降では側注を設け，将来，教壇に立ったときを意識した教育的助言を付記。

4.2　電流，直流回路，半導体

(1) 電流

電荷を持った粒子，いわゆる**荷電粒子**が移動するとき，「電流が流れる」という。電流の強さは，導体の断面を単位時間に通過する電気量の大きさで定め，単位には〔A（アンペア）〕を用いる。導体のある断面を時間 t〔s〕の間に q〔C〕の電気量が通過したとき，電流の強さ I〔A〕は，次式で表される。

各項目の基本を効率的に把握する「解説」

高等学校段階で扱われる物理学の基本的内容を項目ごとに解説。

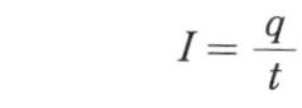

$$I = \frac{q}{t}$$

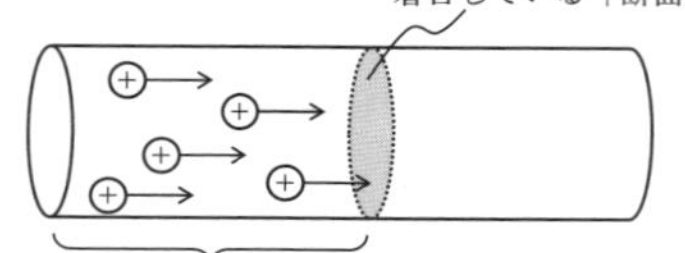

t〔s〕間に着目している断面を通過する電気量 q〔C〕

運用力を養う「演習」

解説内容を運用する力を養えるよう，比較的平易な演習を豊富に配置。

演　習

導体のある断面に着目したとき，5.0 A の電流が 1.4 s 間流れたとする。この間に，この断面を通過した電気量 q〔C〕の大きさはいくらか。

解　答

$q = It = 5.0 \times 1.4 = \underline{7.0\ \mathrm{C}}$。

☜物理学の指導現場でなされる演示や実験は，学習者の概念形成を助け（石原・森井，1998），あるいは，彼らが既に有している素朴概念を科学的概念へと変容させていく（田中・定本，2003）手立てとして，最も直接的で効果的なものの一つであるとされる。しかし，物理学で扱う現象の中には，観察が難しいものも種々存在する。例えば，抵抗値やコンデンサーに蓄えられる電荷量などといった物理量を扱う電気回路の学習では，電気が流れるという現象が直接観察できず，抽象的で理論的な指導になりがちであることが以前から指摘されている（福田，1993；井上，1999）。こうした分野ほど，有効な演示・実験向け教材の創出・提案を目指したい。

なお，前頁の図(a)のように，p型を電池の正極に，n型を電池の負極に接続したものを**順方向**といい，同図(b)のように，逆に，p型を電池の負極に，n型を電池の正極に接続したものを**逆方向**という。

—Tidbits—

照明器具などに使用されるLEDチップもダイオードの一種であり(発光ダイオードと呼ばれる)，これに順方向の電圧をかけると，LEDチップの中を自由電子とホールが移動し電流が流れる。そして，自由電子とホールがぶつかると結合し，これを「再結合」という。再結合された状態では，自由電子とホールが元々持っていたエネルギーよりも小さなエネルギーになり，この時に生じる余分なエネルギーが光のエネルギーに変換され，発光する。

一歩進んだ学びを促す「Tidbits」

一歩進んだ学びのヒントとして，やや深掘りした余談・豆知識を配置。

気軽な「コラム」

物理学や教育学に関わる気軽な読み物「コラム」も用意。「側注」や「Tidbits」と共に，「教職」に向けて，単に物理学の基本を押さえるに留まらない学びに繋げてもらいたい。

近代以降受け継がれる「実験を重視した物理学教育」

物理学の指導場面において実験を導入することの重要性は，いまや広く認識されているところです。しかし，日本の中でそうした認識が定着したのは近代以降といえるでしょう。そもそも，明治政府が確立されるまでは，実験を主軸においた科学教育は成立していなかったともいわれています。

日本における近代科学の歴史はきわめて浅いとされます。明治初期，先進諸国の科学技術を急速に輸入・移植するといった時期を経て，明治20年代に入るとようやく日本の近代科学は自主的な発展への第一段階を迎えたとみられています。そうした流れと並行して科学教育が重視されるようになり，学校現場においても，物理学に関する様々な実験機器が使用されるようになり

準備編

準備編

1. 教職志望者として物理学を修める心構え

「はじめに」でも触れたように，小学校での理科教育には，これまで以上に高い専門性が求められつつあり，中学校での理科教育においても，できる限り高い専門性を持ち合わせたうえで指導にあたることが望まれる。例えば，小学校では「振り子の運動」が学習項目として含まれているが，その中で，「おもりの重さや振り子の長さなどの条件を制御しながら調べる活動」を通して「振り子が1往復する時間は，振り子の振れ幅やおもりの重さによっては変わらないが，振り子の長さによって変わること」を見いだせるよう指導することが求められている。そうした活動の中では，振り子の振れ幅をかなり大きく設定する児童も現れる可能性もあるが，それを適時適切に指導するには高等学校段階の物理学の知識（振れ幅が十分に小さく，おもりの運動が近似的に直線上での往復運動と見なして振り子の周期 $T=2\pi\sqrt{\dfrac{L}{g}}$ を導出する）が必要になろう。また，小・中学校の理科教育では，高等学校での学習の阻害要因となり得る「誤った（あるいは偏った）知識や概念」を植えつけないよう，高等学校での学びとの関連性を認識して指導にあたることも望まれる。例えば，小学校から学習し始める光の反射について，中学校ではより具体的に，光を鏡で反射させる実験を通して入射角と反射角が等しいことを見いだして理解させるよう指導することが求められている。しかし，こうした場面で「入射角と反射角が等しくなる」ということを過度に一般化して指導すると，高等学校における物体と壁との衝突現象の学習や学習事項活用の阻害要因となりかねない（仲野，2019）。このようなことから，「小学校教諭一種免許状」「中学校教諭一種免許状（理科）」「高等学校教諭一種免許状（理科）」といった取得する免許状の種類に関わらず，将来，理科教育の一環として物理教育に携わる者であるならば，少なくとも高等学校段階の物理学（「物理基礎」～「物理」）は修めておくことが望ましい。

なお，近年の学校教育現場では，社会と連携・協働した教育活動の充実がますます求められている（山﨑，2018；山田，2020）。例えば，ややもすると無機質で単調な授業展開になりがちな放射線分野の指導では，放射線最大の社会的課題ともいえる「被爆（核兵器被害全般）・被曝（核兵器や原発事故などに起因して放射線に曝される被害）」に着目し，放射線関係の基礎的知識・理解を獲得させる物理教育と，原爆による被爆者との交流を通じて放射線の社会的課題などについて考えさせる平和教育を連動させた放射線教育を実施し，それぞれにおいて相乗的な教育効果を期待することもできよう（仲野・松浦，2024）。社会を見渡すと，物理学に関わる自然現象や社会的課題など，物理教育に関連づけていける「教育的資源」が至る所にある。こうした教育的資源の存在に気づき，柔軟に学校教育現場へ取り込んでいくためにも，物理学に関する基本的な知識の獲得や法則理解は極めて重要である。

いずれにしても，これからの時代に求められる理科教育を実践するには，その基盤の一つとして，物理学の基礎を確実に修めておくべきと心得て，学修に励んでいただきたい。

2. 物理学で使う量と単位

■測定値と確定した数値

物理学で扱う数値は，ものさしなどの計器で測定して得られる「測定値」と「確定した数値」に大きく分けられる。例えば，「地面からの高さが 1.2 m の場所から，3 人の学生がそれぞれボールを同時に落とした」という場合，「1.2」は測定値で，「3」は測定するまでもない確定した数値といえる。このように，物理学では，数値が測定値であるかそうでないかを区別する意識が必要となる。

■測定値における有効数字

1 目盛りが 1 mm のものさしで小箱（下図）下面の長辺の長さを測定したとき，29.4 mm という測定値を得たとする。このとき，「29」は「確か」な数値（100 人いたら 100 人とも同じように読むであろう）であるが，「4」は目盛りと目盛りの間を目分量で $\frac{1}{10}$ まで読んだ「不確か」な数値であり，読む人が異なれば「3」と読むかもしれないし，「5」と読むかもしれない。

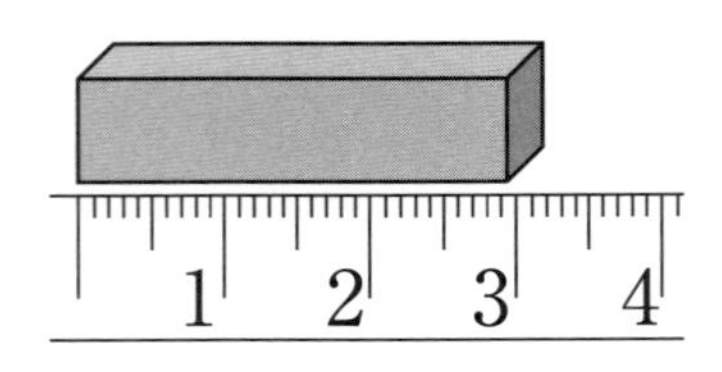

このように，測定には常に「不確かさ」が伴い，不確かさを考慮しながら測定値を扱う必要がある。例えば，この小箱について，同様に下面の短辺の長さと高さを測定したとき，10.2 mm と 11.3 mm という測定値を得たとする。これらの測定値から小箱の体積を計算した場合，実際の体積とそうかけ離れていない「妥当」な体積が得られるであろう。そして，仮に下面の長辺の長さを「29.5 mm」と読んだとしても，あるいは高さを「11.2 mm」と読んだとしても，体積計算の結果に大差はない。このよう

に，測定値として不確かさを持つものの，「計算（例えば，体積を求める計算）に使える意味ある数字」を**有効数字**という。

■有効数字の桁数（けたすう）

いくつの数字で有効数字が構成されているか，といったことを「有効数字の桁数」で表現する。例えば，測定値 29.4 mm の場合，「2」から「4」までの 3 つの数字が並んでいるので，有効数字の桁数は 3 桁となる。なお，測定値 29.4 mm と実質的に同一である 0.0294 m の桁数も 3 桁である。この場合，最初の「0」から最後の「4」まで 5 つの数字が並んでいるため 5 桁と感じるかもしれない。しかし，出だしの「0.0」は，〔mm〕という単位を〔m〕という単位に変えたために出現しただけのもの，つまり単位の違いによって生じるもので，意味のある測定の数値ではない。こうしたややこしさを回避し，有効数字の桁数を明確にするため，0 ではない最初の数字を 1 の位に置き，位取りは「$\times 10^{\square}$」で表記することが多い。つまり，測定値を■.■$\times 10^{\square}$の形で表記（1 の位は 0 以外）する。そして，このとき「$\times 10^{\square}$」の前に並ぶ■の個数が有効数字の「桁数」となる。有効数字の桁数は，数値の精度を示すものであり，桁数が大きいほどより精度の高い数値ということになる（測定値であれば，「29.4 と 29.40 は別物」ということになり，有効数字 4 桁の「29.40」は有効数字 3 桁の「29.4」よりも精度のよい数値となる）。

演　習

次の測定値の有効数字の桁数を求めよ。

(1) 12.500 m

(2) 0.1250 g

解　答

(1) 12.500 は 1.2500×10^1 と表現でき，「1」「2」「5」「0」「0」と 5 つ数字が並んでいるため，有効数字の桁数は 5 桁。

(2) 0.1250 は 1.250×10^{-1} と表現でき，「1」「2」「5」「0」と4つ数字が並んでいるため，有効数字の桁数は4桁。
(指数の表現については次の準備編3. を参照)

いくつかの有効数字を用いてある計算をした結果，1.265 という数値を得たとする。このとき，例えば「有効数字2桁」で答えるよう指示された場合，3桁目を四捨五入して2桁の数値として答えればよい(1.265 であれば，「6」の部分を四捨五入して1.3と答える)。一方で，このように答えるべき桁数が指示されていない場合，以下の計算ルールに従って答えを表現する必要がある。

①足し算・引き算…元数値の「末尾の位が大きいもの」に「位」を合わせる
(例：4.09 + 2.8 = 6.89 →四捨五入して「6.9」と答える)
②掛け算・割り算…元数値の「有効数字が最小の桁数」に「桁数」を合わせる
(例：1.52 × 6.2 = 9.424 →四捨五入して「9.4」と答える)

■物理量

時間や長さ，圧力，質量などといった「測定値」や「測定値同士から計算して得られる数量」を**物理量**という。あらゆる物理量は，「1.0 m」のように「**数値**×**単位**」という構造をしている。物理量には多くの種類があり，単位も多種多様である。こうした様々な物理量の単位を無秩序に用いては物事が複雑になるため，国際単位系(略称SI)という「単位に関する世界共通の約束」が定められている。次頁上の表には，このうち最も基本的な7種の**基本単位**を示す。例えば，「60分」という時間は，「1時間」「60分」「3600秒」など様々な表現ができるが，国際単位系で表すならば「3600秒」，つまり「3600 s」となる。

物理量	単位（読み方）
長さ	m（メートル）
質量	kg（キログラム）
時間	s（秒）
電流	A（アンペア）
温度	K（ケルビン）
物質量	mol（モル）
光度	cd（カンデラ）

そして，基本単位以外の単位は，基本単位の組み合わせで示すことができ，これらを**組立単位**という。下表には，組立単位のいくつかを例示する。物理学では，こうした国際単位系での表現が多用され，基礎編以降に登場する様々な公式も，基本的には国際単位系に基づいた数値を代入することを想定したものとなっている。

物理量	単位（読み方）
速度	m/s（メートル毎秒）
加速度	m/s^2（メートル毎秒毎秒）
運動量	kg・m/s（キログラムメートル毎秒）
磁場の強さ	A/m（アンペア毎メートル）

演　習

(1) 国際単位系では，密度の単位は何と書けるか。
(2) 体積 1 cm^3 あたりの質量が 1 g である水の密度を国際単位系で表せ。

解　答

(1) 単位は文字式と同じように計算できる。ここで，密度＝質量÷体積であることから，〔国際単位系での密度の単位〕＝〔国際単位系での質量の単位〕÷〔国際単位系での体積の単位〕＝〔kg〕÷〔m^3〕＝〔kg/m^3〕。
(2) 体積 1 cm^3 を国際単位系で表すと 1×10^{-6} m^3 となり，質量 1 g を国際単位系で表すと 1×10^{-3} kg となる。したがって，国際単位系での密度は，1×10^{-3} kg を 1×10^{-6} m^3 で割って，1×10^3 kg/m^3。

単位については，接頭語も一定程度知っておいた方がよい。例えば，1000 g を 1 kg と表記するように，非常に大きな数値や非常に小さな数値を簡潔に示すため，適宜，単位に接頭語（今の事例であれば，「k（キロ）」）をつけることがある。下表には，代表的な単位の接頭語を例示する。

名称	記号	意味する大きさ
テラ	T	10^{12}
ギガ	G	10^{9}
メガ	M	10^{6}
キロ	k	10^{3}
ミリ	m	10^{-3}
マイクロ	μ	10^{-6}
ナノ	n	10^{-9}
ピコ	p	10^{-12}

なお，単位の話ではないが，慣例的に物理量を特定の文字で表記することがあり，そのいくつかを下表に例示する。多くの場合，英語の頭文字に由来するが，そうでない場合もある。

物理量	英語	主な文字表記
時間	time	t，または T
速度	velocity	v，または V
加速度	acceleration	a
力	force	f，または F
圧力	pressure	p，または P
仕事	work	W
振動数	frequency	f
電流	electric current	I
電圧	voltage	V
電気抵抗	resistance	R
電力	electric power	P

3. 物理学で使う数学的知識

物理学で必要となる最低限の数学的知識のいくつかを以下に示す。

■数学記号

① $|A|$…A の絶対値(A の大きさ)

② $A \leq B$…A は B 以下(日本の教科書では $A \leqq B$ と表現されることも多い)

③ $A \ll B$…A は B より十分小さい

④ $A \approx B$…A は B にほぼ等しい(日本の教科書では $A \fallingdotseq B$ と表現されることも多い)

⑤ $A \propto B$…A は B に比例する

⑥ $A=B \Leftrightarrow C=D$…$A=B$ の式と $C=D$ の式が同値(式の同値変形)

■指数

① $a \neq 0$, n が正の整数とすると

$a^0 = 1$, $a^1 = a$, $a^{-n} = \dfrac{1}{a^n}$

(例えば, $10^0 = 1$, $10^1 = 10$, $10^{-2} = \dfrac{1}{10^2}$)

② $a \neq 0$, $b \neq 0$, m, n が整数とすると

$a^m \times a^n = a^{m+n}$, $a^m \div a^n = a^{m-n}$, $(a^m)^n = a^{mn}$

(例えば, $10^3 \times 10^2 = 10^5$, $10^3 \div 10^2 = 10$, $(10^2)^3 = 10^6$)

■平方根

① $\sqrt{0} = 0$

② a が正の数とすると

$(\sqrt{a})^2 = a$, $(-\sqrt{a})^2 = a$, $\sqrt{(a)^2} = a$, $\sqrt{(-a)^2} = a$

③ a, b が正の数とすると

$\sqrt{a}\sqrt{b} = \sqrt{ab}$

④ a, b が正の数とすると

$$\frac{\sqrt{a}}{\sqrt{b}} = \sqrt{\frac{a}{b}}$$

■三角関数

下図に示すように，原点Oを中心とする半径 r の円周上の点Pの座標を $(x,\ y)$，OPと x 軸とのなす角を θ とすると，代表的な3つの三角関数(sin, cos, tan)は次のように定義される。

① $\sin\theta = \dfrac{y}{r}$

② $\cos\theta = \dfrac{x}{r}$

③ $\tan\theta = \dfrac{y}{x}$

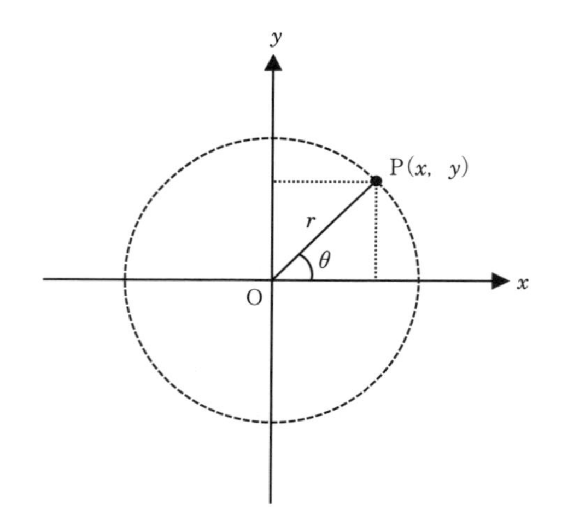

直角三角形(次頁上の図)においては，三角関数の値は2辺の長さの比となる。

① $\sin\theta = \dfrac{c}{a}$

② $\cos\theta = \dfrac{b}{a}$

③ $\tan\theta = \dfrac{c}{b}$

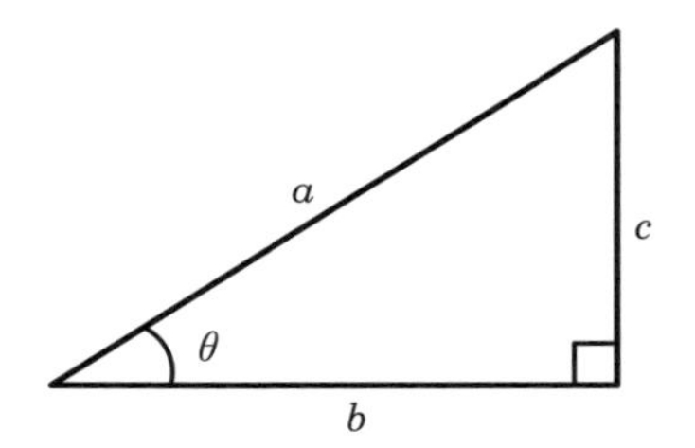

演　習

下図のような直角三角形 ABC がある。辺 AB の長さが 2.8 m のとき，次の値はいくらか。$\sqrt{2}=1.4$ とする。

(1) 辺 AC の長さ

(2) 辺 BC の長さ

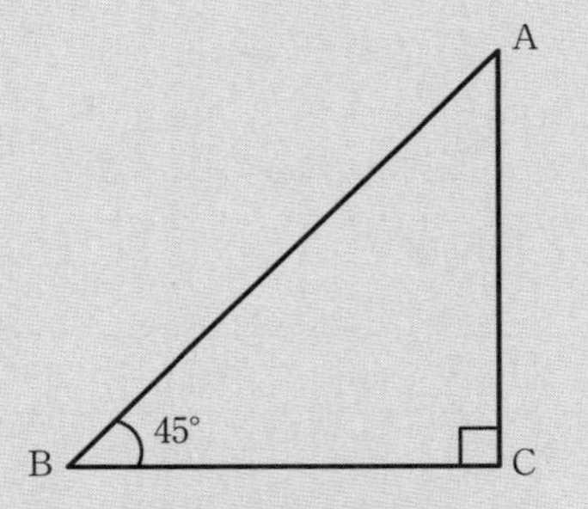

解　答

(1) $\mathrm{AC}=\mathrm{AB}\times\sin 45^\circ=2.8\times\dfrac{1}{\sqrt{2}}=\underline{2.0\ \mathrm{m}}$。

(2) $\mathrm{BC}=\mathrm{AB}\times\cos 45^\circ=2.8\times\dfrac{1}{\sqrt{2}}=\underline{2.0\ \mathrm{m}}$。

■弧度法

円の弧に対する中心角は，その弧の長さに比例する。この関係を用いて，「半径 r に対する弧の長さ s の比」で中心角 θ を表す方法を**弧度法**という。

①半径1の円周上の弧の長さがθのとき，中心角をθ〔rad（ラジアン）〕と表す。

②半径rの円周上の弧の長さがsで，中心角がθであれば，次のように書ける。

$$\theta = \frac{s}{r}$$

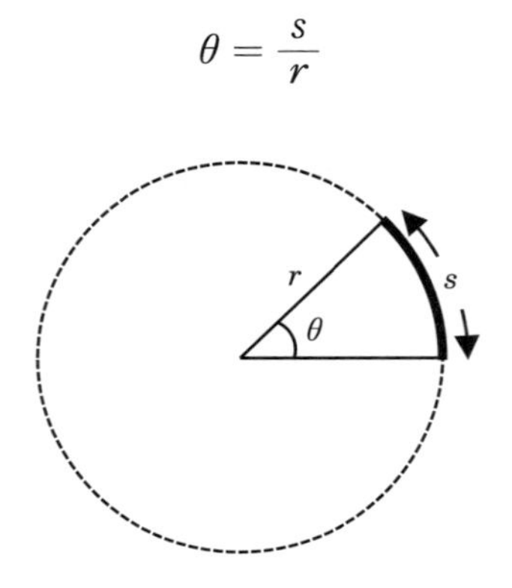

例えば，360°は円周$2\pi r$に対応するので，$\theta = \frac{2\pi r}{r} = 2\pi$〔rad〕となる。代表的な角度の対応を下表に示す。

〔°〕	0	30	45	60	90	180	360
〔rad〕	0	$\frac{\pi}{6}$	$\frac{\pi}{4}$	$\frac{\pi}{3}$	$\frac{\pi}{2}$	π	2π

4. 物理学で使う用語・表現

物理学では，独特の用語・表現がいくつかあり，これを知っておかねば，場合によっては状況を正しく把握することができない。こうした用語・表現のうち代表的なものについて，以下にその意味と使用例を示す。なお，基礎編以降の内容を踏まえねば理解できないものも含むため，都度確認する扱いでよい。

静かに

意味：初速度を与えないように

使用例：校舎の屋上から静かにボールを落とす

鉛直方向

意味：重力が働く方向（水平方向と直交する方向）

使用例：ばねにおもりをつるし，鉛直方向に上下運動させる（なお，鉛直方向の上向きを「鉛直上向き」，鉛直方向の下向きを「鉛直下向き」などと表現することも知っておくとよい）

軽い

意味：質量を無視できる

使用例：物体 A と物体 B を軽い糸でつなぐ

なめらかな

意味：摩擦を無視できる

使用例：なめらかな斜面に物体を置き，動きを観察する

粗い

意味：摩擦を無視できない

使用例：粗い斜面に物体を置き，動きを観察する

ゆっくりと

意味：速度，加速度を無視できる状態で（つまり，物体が受ける力のつり合いを保ったまま，じわじわと）

使用例：手のひらにボールを載せて，ゆっくりと 1 m 上昇させた

十分に時間が経過

意味：平衡状態になるまで時間が経過

使用例：スイッチを閉じて十分に時間が経過したときのコンデンサーの状態

十分に小さい

意味：無視できるほど小さい，近似できるほど小さい

使用例：角度 θ は十分に小さい（なお，角度 θ が十分に小さいとき，$\sin\theta \fallingdotseq \tan\theta \fallingdotseq \theta$，$\cos\theta \fallingdotseq 1$ と近似されることも知っておくとよい）

実に多様な「理科に対する興味」

理科の授業では，いくら優れた教材・教具を開発・導入しても，あるいはいくら効果的な授業方法を検討・実践しても，学習者が理科に対する興味を持って取り組まなければ決して深い学びにはならないでしょう。とはいうものの，そもそも「理科に対する興味」とは何でしょう？

従来，興味の度合いやその変化を詳細に評価するために使用されてきた尺度としては，「楽しい」「意味がある」「好きだ」「重要だ」などといったものが多く（Del Faveroほか，2007; Tsaiほか，2008），興味の種類の分類は明確になされてきませんでした。そうした中，田中（2015）は，理科に対する興味に焦点を当て，その種類を弁別できる尺度の作成を試みています。筆者は，その興味尺度をより簡素化してニュアンスの重複が少ない16項目に整理したもの（下表）を用い，以下の調査を事例的に行ってみたことがあります（仲野，2022）。

■調査対象：公立A高等学校第2学年41人（理系・同一クラス）
■調査方法：「『理科』について，『おもしろい』と感じる理由とその度合いを教えて下さい」との質問を示し，下表の興味尺度各項目に対して「1. そう思わない，2. あまりそう思わない，3. どちらともいえない，4. まあそう思う，5. そう思う」の選択肢から最も近いものを選択するよう要求（選択された番号を「興味スコア」と定義）

グループ	項目	
	番号	内容
日常関連型興味	1	身近で起こっていることと関係があるから
	2	身の周りのことが説明できるようになるから
実験体験型興味	3	色々な器具や薬品を使うことができるから
	4	自分で実験を実際にできるから
	5	実際に色々な物に触れることができるから
達成感情型興味	6	きちんと理解できたとき，嬉しいから
	7	自分で答えを見つけ出したとき，嬉しいから
	8	自分の予想が当たっていたとき，嬉しいから
知識獲得型興味	9	色々なことについて知ることができるから
思考活性型興味	10	自分で予測を立てられるから
	11	自分でじっくり考えられるから
	12	規則や法則の意味を理解できるから
	13	習ったこと同士が繋がっていくから
驚き発見型興味	14	実験の結果に驚くことがあるから
	15	知って驚くことがあるから
	16	「あっ」と驚く発見があるから

この調査の結果，「興味尺度の全項目にわたって高い興味スコアを示す者」「興味尺度の全項目にわたって低い興味スコアを示す者」「興味尺度のある項目で比較的高い興味スコアを示しながら，別の項目で極端に低い興味スコアを示す者」など，理科に対する興味の多様性が改めて浮き彫りとなりました（ある2人の調査結果を下図に例示します）。

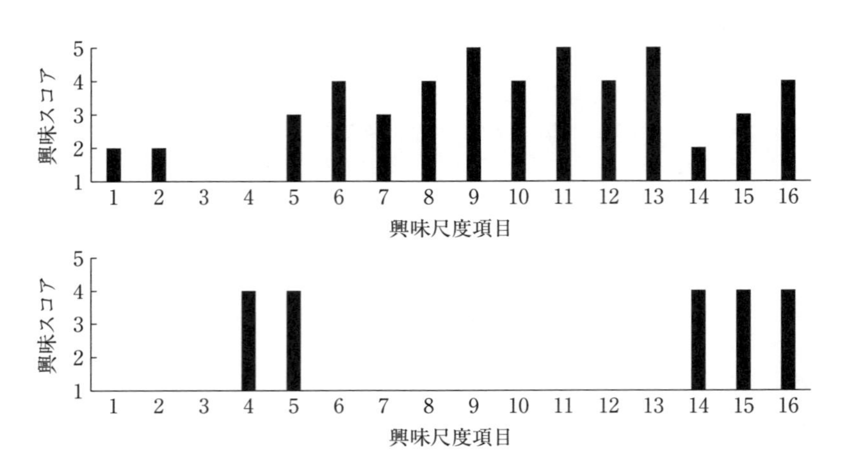

本来，興味は内的なものですので，外的圧力で抱かせることは困難ですが，外的サポートの余地はあるとされます（Hidi & Renninger, 2006）。それぞれ異なる種類・度合いの「理科に対する興味」を持つ多様な学習者と向き合い，あの手この手で指導していくにあたっては，やはり豊かな基礎知識とその運用力（伝達力・応用力・総合力）が必要になるでしょう。そのためにも，ここから続く基礎編以降で扱う内容をしっかり自分のものにしていっていただきたく思います。

基礎編

基礎編

1章 | 力学

1.1 位置，変位，速度，加速度

(1) 位置

物理学では，物体の位置を**座標**で表すことが多く，これにより厳密な議論ができるようになる。通常，ある直線上での位置を議論する場合は1軸（例えば，x軸）のみの設定，つまり数直線が1本あればよいが，平面内の位置を議論する場合は2軸（例えば，x軸とy軸），空間内の位置を議論する場合には3軸（例えば，x軸とy軸とz軸）設定することとなる。

☜物体の位置を議論する対象が鉛直方向の直線上である場合，設定する1軸の呼び方は「y軸」とすることが一般的である。

(2) 変位

物体の位置が変化した量を**変位**という。下図のように，ある人が位置P_1から位置P_2まで黒い矢印のように移動した場合，変位は白い矢印で表される。変位は，はじめの位置から終わりのどの位置まで移動したかを示すもので，途中どのように動いたかにはよらない。

☜位置に単位がある場合は，変位にもその単位がつくことに注意するよう指導する（例えば，x座標として2.0 mの地点から3.0 mの地点に移動した場合，変位は単に1.0ではなく，1.0 m）。

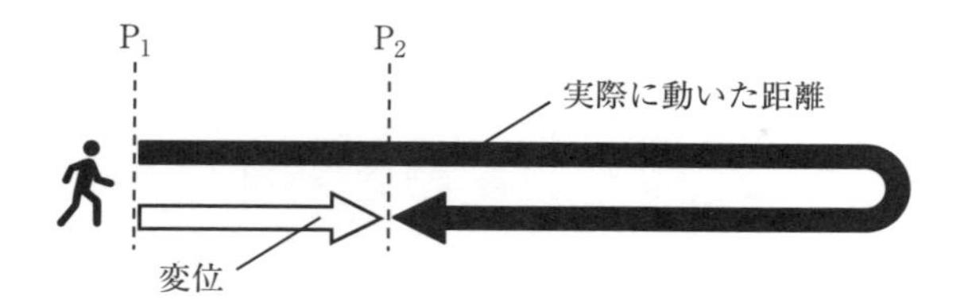

演 習

下図のように，各時刻において地点O，A，Bに位置する人物について，次の問いに答えよ。
(1) 地点Oから歩き出して2s後の変位はいくらか。
(2) 地点Oから歩き出して5s後の変位はいくらか。

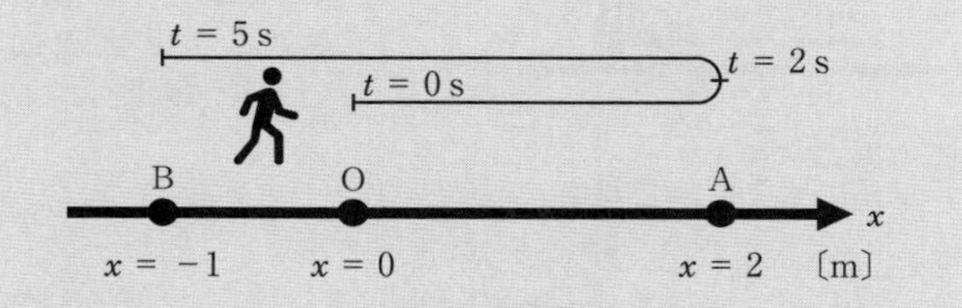

☜図中の「t」は「時刻」を意味するが，物理学における「時刻」は必ずしも「何時何分」という時刻を指さない。指導場面で左記のような時刻を扱う場合，ストップウォッチが指し示す時刻をイメージするよう一言添えるとよい（地点Oを出発するときにストップウォッチを押したとすると，その瞬間にストップウォッチは0sを表示し，地点Aに到達した際には2sを表示するということである）。

解 答

(1) はじめ（$t = 0$ s）の位置は $x = 0$ m，終わり（$t = 2$ s）の位置は $x = 2$ m であることから，座標としては2m変化した。したがって，変位は2m。
(2) はじめ（$t = 0$ s）の位置は $x = 0$ m，終わり（$t = 5$ s）の位置は $x = -1$ m であることから，座標としては −1m 変化した。したがって，変位は −1m。

(3) 速度

物体が動くスピードを表す物理量として，「速さ」，そしてこれに似た「速度」という言葉を普段あまり区別することなく多用しているのではないだろうか。しかし，物理学では「速さ」と「速度」は明確に異なり，「速さ」は向きを問わない物理量であるのに対し，「速度」は「速さ」に向きの情報を追加した物理量である。ただし，「速さ」も「速度」も，単位としては〔m/s（メートル毎秒）〕で共通である。

☜速さや速度の単位としては，〔km/h（時速…km）〕といった表記

演　習

車Aと車Bが下図のように直線上を運動するとき，AやBの速度はいくらといえるか。右向きを正とする。

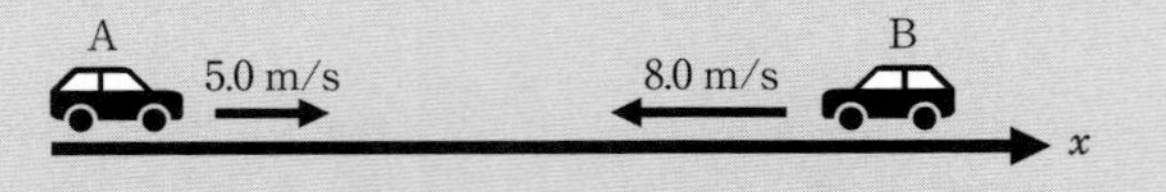

解　答

「右向きを正とする」ということは，右方向が「+」方向，そしてその逆である左方向が「−」方向と定義されるということであるから，Aの速度は 5.0 m/s（+5.0 m/s であるが+の表記は不要），Bの速度は −8.0 m/s。

下図のように，x 軸上を例えば正方向に進む物体の時刻 t_1，t_2 における位置の座標を x_1，x_2 とすると，時間 $t_2 - t_1$ の間に距離 $x_2 - x_1$ だけ移動したことになる。このとき，経過時間に対する移動距離の割合

$$\bar{v} = \frac{x_2 - x_1}{t_2 - t_1} = \frac{\Delta x}{\Delta t}$$

を時間 $t_2 - t_1$ の間の**平均の速度**という。上の式に含まれる「Δ（デルタ）」は「変化量」を意味し，Δx は x の変化量，Δt は t の変化量を示す。なお，

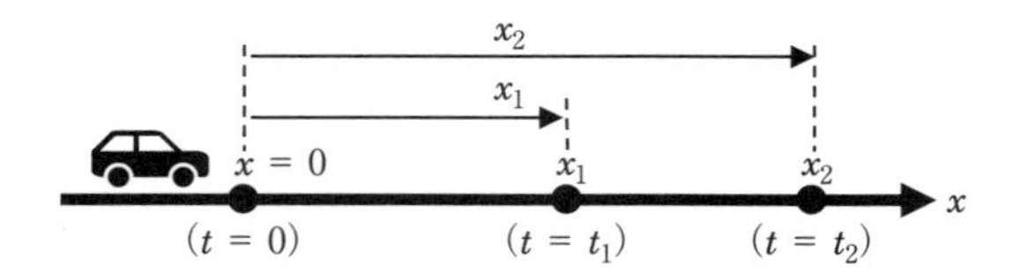

になじみを持っている児童や生徒（以下、学習者）も多いであろう。しかし，物理学では国際単位系での表記を推奨することから，基本的には〔m/s〕である。これに限らず，都度，国際単位系へ意識を向けるよう呼びかけたい。

☜v の上に「−」をつけたとき「ブイバー」と読み，速度 v の平均値を示す。今後，v に限らず，同様に「−」をつけた表記が出てくる旨，この段階で予告しておくとよい。

速度が時間によって変わる場合，ある時刻における物体の速度を**瞬間の速度** v という。前述の式で瞬間の速度を表現するには，「Δt は十分短い時間」とすればよい。一般に，「速度」といえば「瞬間の速度」を指す。

(4) 加速度

速度が変化するとき，**加速度**が生じる。例えば，下図における PQ 間，QR 間，RS 間の各区間では，いずれも加速度は**ある**。なぜならば，少なくとも**速さ**の変化や**向き**の変化のどちらか一方があれば，「速度の変化」はあるといえるからである。

☜加速度は「速さが変わった（特に，速さが増した）」ときに生じるもの，と限定的な考えを持つ学習者も多いであろう。

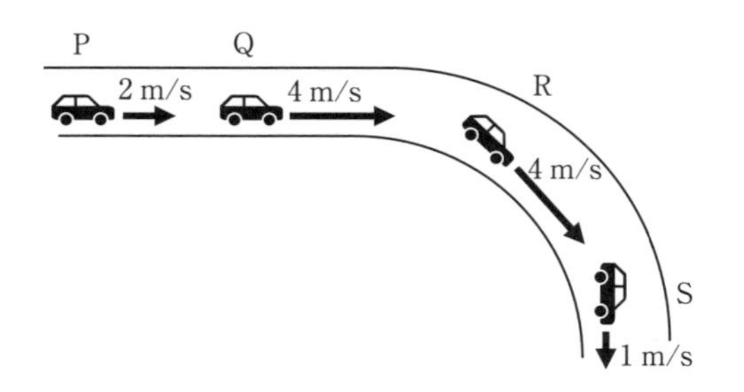

速度が緩やかに変化するか急激に変化するか，つまり速度の時間的な変化の様子を表したものが加速度である。具体的には，「**単位時間**（通常は，**1 s**）あたりの**速度**の変化」を加速度という。例えば，上図で P から Q に進むのに 5 s かかったとすると，「単位時間あたりの速度の変化」の値は，右向きを正として $\dfrac{4-2}{5}=0.4$ となる。

☜1 s を単位時間というように，1 m を単位長さ，1 kg を単位質量などと表現することも合わせて言及しておく。今後のために，「物理学では，何らかの『1』の量を表現するときに，『単位○○あたり』という言葉を用いる」という大まかな理解を得ておきたい。

x 軸上を進む物体の時刻 t_1，t_2 における速度を v_1，v_2 とすると，時間 t_2-t_1 の間の速度変化は v_2-v_1 となる。このとき，経過時間に対する速度

変化の割合

$$\bar{a}=\frac{v_2-v_1}{t_2-t_1}=\frac{\Delta v}{\Delta t}$$

を時間 t_2-t_1 の間の**平均の加速度**という。なお，加速度が時間によって変わる場合，ある時刻における物体の加速度を**瞬間の加速度** a という。上の式で瞬間の加速度を表現するには，「Δt は十分短い時間」とすればよい。一般に，「加速度」といえば「瞬間の加速度」を指す。加速度の単位は，速度の単位〔m/s〕を時間の単位〔s〕で割っていることから〔m/s^2（メートル毎秒毎秒）〕となる。

演　習

下図に関する次の文において，空欄に計算式や数値，用語を入れよ。

QR 間をまっすぐ進む車について，進行方向を正として考えてみる。速度の変化を Δv とすると，$\Delta v=v_R-v_Q$ より，速度の変化＝(　　　　)＝(　　　　) m/s。したがって，この車が QR 間を 5 s で進んだとすると，平均の加速度は (　　　　) m/s^2 となる。このように，速度の変化が負の場合，加速度も (　　　　) になる。

解　答

答えのみ順に，3 − 4，−1，−0.2，負。

☜正の加速度は「スピードアップ」，負の加速度は「スピードダウン」を意味すると思い込む学習者は多い。例えば，右向きに進む物体の速さが増していく場合，左向きを正にすると，「負の加速度」を有するが「スピードアップ」している，といったことを例示しながら丁寧に指導したい。

瞬間の速度 v や瞬間の加速度 a は，数学の微分を使って厳密に表現すると，次のように書くことができる。

$$v = \lim_{\Delta t \to 0} \frac{\Delta x}{\Delta t} = \frac{\mathrm{d}x}{\mathrm{d}t}$$

$$a = \lim_{\Delta t \to 0} \frac{\Delta v}{\Delta t} = \frac{\mathrm{d}v}{\mathrm{d}t}$$

1.2 等速直線運動，等加速度直線運動

(1) 等速直線運動

物体が一定の速度で一直線上を動く運動を**等速直線運動**，または等速度運動という。等速直線運動であれば，どの区間を切り取っても平均の速度 $\overline{v}$ は一定なので，一定の速度を v〔m/s〕，時間 t〔s〕の間の移動距離（より厳密には位置の変化，つまり変位）を x〔m〕とすると，次のようになる。

$$\overline{v} = v = \frac{x}{t} \quad (\text{別の書き方として，} x = vt)$$

☜このように呼び方がいくつかあるものは物理学で多く存在するが，教員としては，指導場面で使用する用語を極力統一したい。

演習

直線の線路を電車が 5.0 m/s の一定の速さで走行している。15 s 間にこの電車はどのくらいの距離を進むか。

解答

走行方向に正をとると，速度は 5.0 m/s。したがって，$x = vt$ より，移動距離（今の場合，正の方向への位置の変化）$x = 5.0 \times 15 = \underline{75\ \mathrm{m}}$。

ここで，等速直線運動に関するグラフについて考える。例えば，$v = 3$ m/s の等速直線運動の場合，速度 v と時間 t の関係を示すグラフ（v-t グラフという）や位置 x と時間 t の関係を示すグラフ（x-t グラフという）は次頁上の2図のようになる。等速直線運動に関する式 $x = vt$ から明らかであるが，例えば 5 s 経過時の移動距離は 15 m となり，その値は v-t グラフにおいて斜線を施した領域の**面**

☜物理学において，運動を記述する方法としては「言語（文章で表現）」「描画（運動図や模式図など，図で表現）」「グラフ」「数式」などがある。指導場面では，これら異なる表現方法の間を行き来できるよう，多面的に指導する必要がある。

積となる。このように，物体が等速直線運動をする場合，時刻 0 s からある時刻 t〔s〕までの移動距離は，その間の v-t グラフと t 軸で囲まれた部分の面積の数値と一致する。

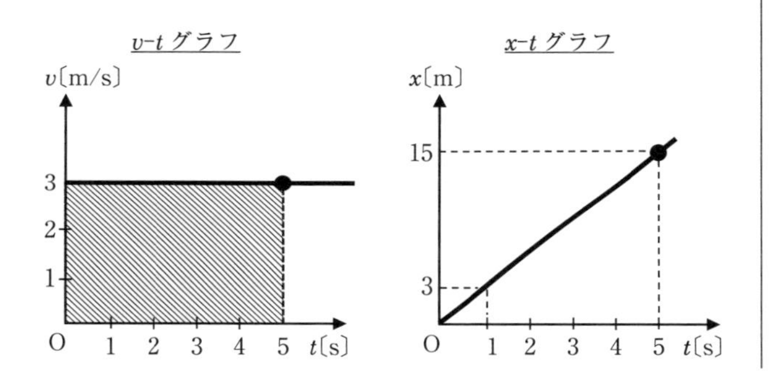

—Tidbits—

等速直線運動ではなく，速度が時間によって変わる場合においても，「時刻 0 s からある時刻 t〔s〕までの移動距離は，その間の v-t グラフと t 軸で囲まれた部分の面積」と同じ数値となる。例えば，下図のように速度が都度変化するような物体がある一方向に 180 s 間移動した場合，移動距離は，斜線を施した領域の面積 (2400) から，2400 m となる。

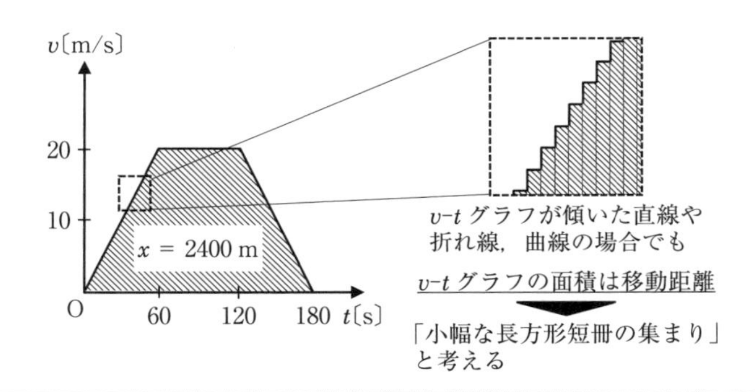

(2) 等加速度直線運動

斜面に沿って物体をすべらせると，物体は一定の加速度で直線運動をする。こうした運動を**等加速度直線運動**という。加速する車でも，一定の加速度で速度が変化する直線運動はこれにあたる。等加速度直線運動なら，どの区間を切り取っても平均の加速度 $\bar{a}$ は一定なので，一定の加速度を a〔m/s^2〕，時間 t〔s〕の間の速度変化を Δv〔m/s〕とすると，次のようになる。

$$\bar{a} = a = \frac{\Delta v}{t} \text{（別の書き方として，} \Delta v = at\text{）}$$

ここで，下図のように，ある一方向に速度を増しながら進む等加速度直線運動を行う車を題材に考える。

まず，上式からこの車の加速度 a を求めると，以下のようになる。

$$a = \frac{11 - 3}{4 - 0} = 2\ \mathrm{m/s^2}$$

次に，この車の 4 s 後の速度について考える。p. 21 でも触れたが，加速度は「**単位時間**（通常は，**1 s**）あたりの**速度**の変化」であることを考えると，時間の経過に伴って速度がどのように変わっていくかを図示すると，次頁の図のようになる。つまり，最初（$t = 0$ s）の速度，すなわち初速度を v_0 とおくと，1 s 後の速度は v_0 の値（今の場合「3」）に a の値（今の場合「2」）を加えた 5 m/s となる。同様に，2 s 後の速度は 1 s 後の速度に a の値を加えた 7 m/s となり，3 s 後の速度は 9 m/s，4 s 後の速度は 11 m/s となる。

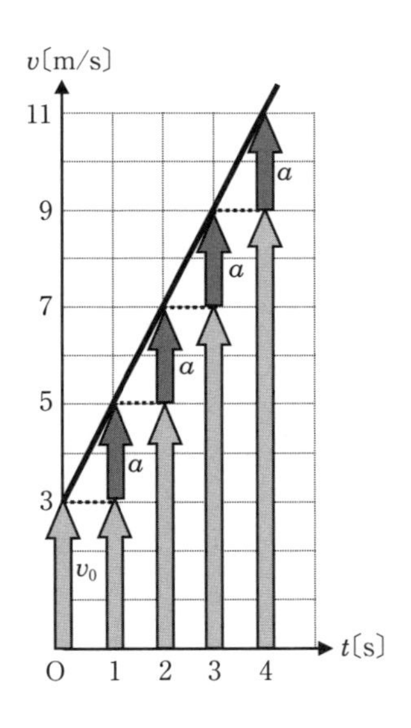

こうした規則性から，初速度が v_0〔m/s〕の物体が加速度 a〔m/s^2〕で等加速度直線運動する場合，t〔s〕後の速度 v〔m/s〕は以下の式で表現できる。

$$v = v_0 + at$$

☜一般化された関係性を示す場合，抽象的な数式処理に依存しすぎず，このように具体的な規則性を追いながら段階的に導いていくことも必要である。

次に，$t = 0$ s～4 s の間でこの車はどれだけ右に移動したかという移動距離（より厳密には位置の変化，つまり変位）を求める。移動距離は v-t グラフの面積で分かるので，上図に示す v-t グラフと t 軸で囲まれた部分の面積（$t = 0$ s～4 s の区間）の数値を求めればよい。すなわち，下図の斜線模様の四角形部（面積 $= 3 \times 4$）とドット模様の三角形部（面積 $= 4 \times 8 \times \frac{1}{2}$）の合計面積の数値から，28 m となる。

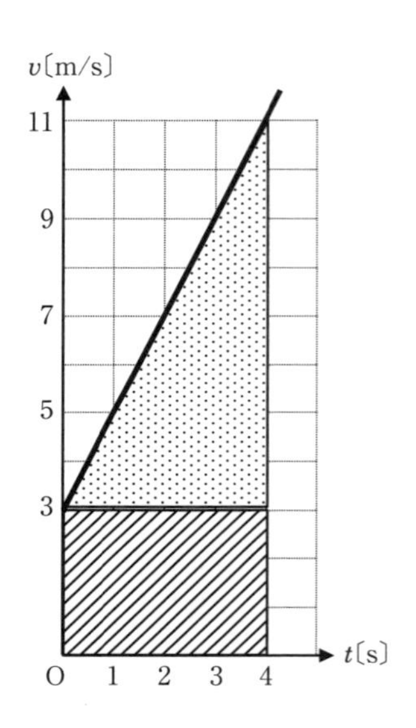

こうした事例のように，一般的に，初速度が v_0〔m/s〕の物体が加速度 a〔m/s^2〕で等加速度直線運動する場合，t〔s〕後の変位 x〔m〕は，次頁の図における斜線模様の四角形部（面積 $= v_0 t$）とドット模様の三角形部（面積 $= \frac{1}{2}at^2$）の合計面積から，以下の式で表現できる。

$$x = v_0 t + \frac{1}{2}at^2$$

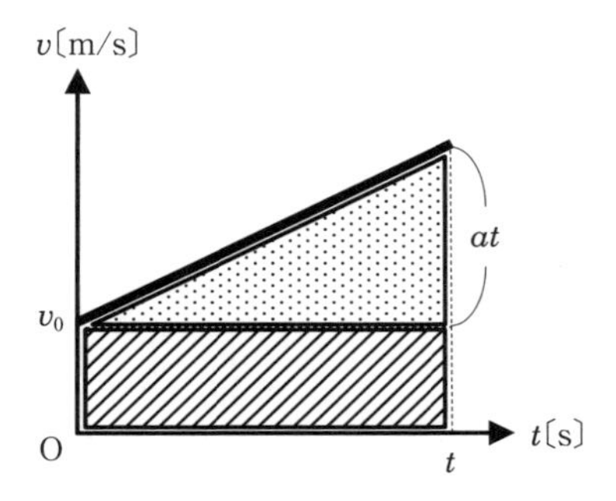

以上の $v = v_0 + at$，そして $x = v_0t + \dfrac{1}{2}at^2$ は，等加速度直線運動に関する公式として，以降でも重要となってくるが，この 2 式から t を消去して得られる次式も，等加速度直線運動に関する重要な公式として知られている。

$$2ax = v^2 - {v_0}^2$$

演　習

x 軸上を等加速度直線運動する物体が，時刻 $t = 0$ s のときに x 軸正の向きに速さ 9.0 m/s で運動していたが，時刻 $t = 7.0$ s のときには x 軸負の向きに速さ 5.0 m/s で運動していた。この物体の加速度 a〔m/s²〕はいくらか。

解　答

$v = v_0 + at$ より，$-5.0 = 9.0 + a \times 7.0$ となり，
$a = \underline{-2.0\ \mathrm{m/s^2}}$。

最も単純な等加速度直線運動の一つに，静かに物体を落としたときに見られる，いわゆる**自由落下**がある。この運動における加速度を**重力加速度**といい，記号 g で表される。この大きさは，

☜重力加速度 g の値は地点によって微妙に異なるので（例えば，札幌：9.80478，東京：

約**9.8** m/s² である。これを等加速度直線運動に関する公式に適用すると，自由落下する物体について t〔s〕後の速度や変位が求まる。具体的には，下図のように，時刻 0 s に自由落下し始める点を原点 O とし，鉛直下向きに y 軸をとり，時刻 t〔s〕における物体の速度と変位をそれぞれ v〔m/s〕，y〔m〕とおくと，等加速度直線運動に関する基本的な公式において，加速度 a に $\boldsymbol{g}$，初速度 v_0 に **0**，変位 x に $\boldsymbol{y}$ をそれぞれ代入すればよい。すなわち，

$$v = v_0 + at$$

$$x = v_0 t + \frac{1}{2}at^2$$

から

$$v = gt$$

$$y = \frac{1}{2}gt^2$$

と書き改めることができ，自由落下する物体の t〔s〕後の速度や変位を示す式が得られる。

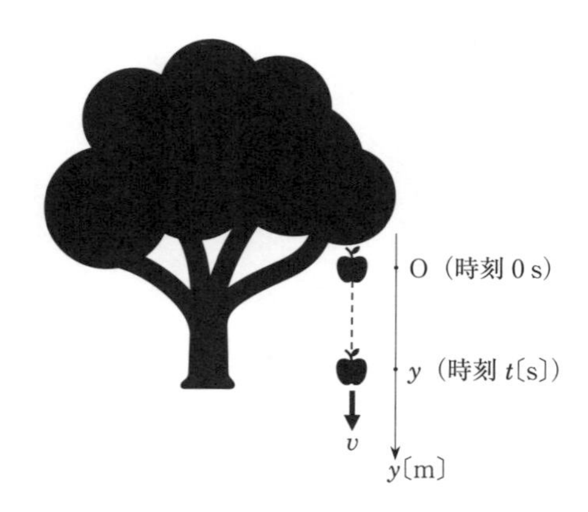

9.79763，シンガポール：9.78066)，9.8 といった概数で知っておけばよいと一言添えたい。なお，重力加速度 g はいつも正の値であることも強調したい。鉛直上向きを正にして，下向きの加速度 a が重力加速度 g によるものであれば，$a = -g$ となり，重力加速度 g 自体は正のままである。

☜物理学では「公式」がたくさん出てきて覚えられないといった声が多いが，「覚えることは最小限でよい」というメッセージが伝わる指導を心掛けたい。左記の自由落下の式も覚える必要はなく，等加速度直線運動の式を設定状況に合わせて変形したまでである（ここでは，覚えるべきものはあくまで等加速度直線運動に関する公式のみ）。

1.3　力

(1) 力

物体と物体の間に働く作用を**力**といい，物体に力が働くと，変形したり，運動状態が変化したりする。

(2) 力の単位

力の単位には〔N(ニュートン)〕を用いる。p. 47の運動方程式で明らかとなるが，1 N とは質量 1 kg の物体に 1 m/s^2 の加速度を生じさせる力の大きさで，単位間の関係としては，〔N〕=〔kg〕×〔m/s^2〕が成り立つ。

(3) 力の表し方

力は「どちらの方向にどれだけの大きさ」といったように，大きさと向きを持つ量である。このように大きさと向きを持つ量を**ベクトル**という。これに対し，時間や温度のように，向きを持たず大きさだけを持つ量を**スカラー**という。

ここで，ベクトルについて，簡単に解説する。ベクトルは，図示する際には**矢印**で表現し，記号で表すときは $\vec{a}$ のように，文字の上に → を書く。図示する際，矢印の長さで大きさを表現し（2つ以上ベクトルがある場合，互いの大小関係は矢印の長さを変えて表現する），矢印が指し示す方向で向きを表現する。そのため，同じ場所に書かれていなくても，大きさが等しく，向きが同じなら，ベクトルは等しいといえる。つまり，あるベクトルを平行移動

☜数学でベクトルを習っていない場合，この段階でベクトルについて丁寧に説明する必要がある。物理学では数学を多用するがゆえに，指導の際，数学の学習範囲・進度を意識しておく必要がある。

して別のベクトルに完全に一致すれば，その２つのベクトルは等しいということになる。こうしたことを含め，ベクトルの基本的性質を下図にまとめる。

①図示する際は矢印で表現する

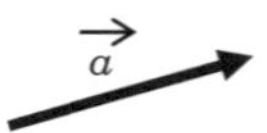

②大きさが等しく，向きが同じならベクトルは等しい

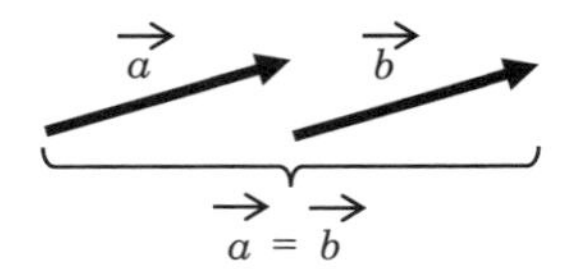

③$\vec{a}$と同じ大きさで，向きが逆のベクトルは$-\vec{a}$となる

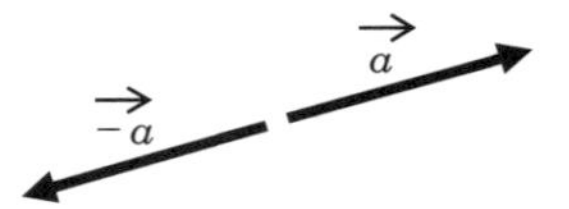

④ベクトルの合成（和）は１通り，分解は無数

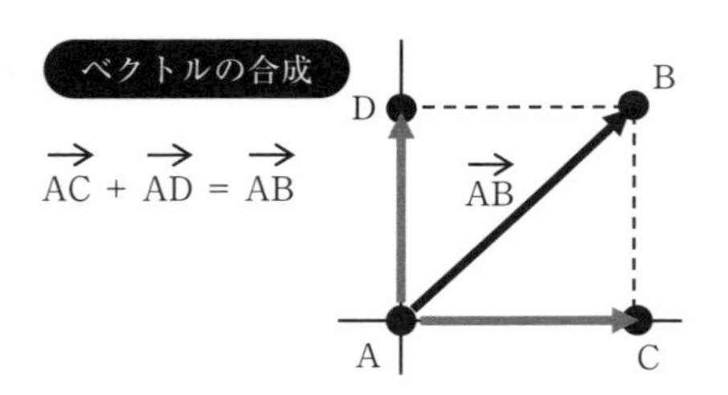

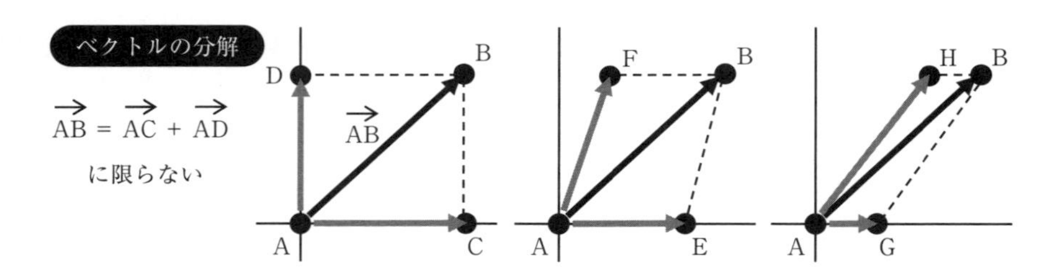

ベクトルである力を図示する場合，次頁上の図のように，力が働いている点である**作用点**から，力の向きに矢印を描く。なお，作用点と向き，大きさ

の3つを**力の3要素**という。また，作用点を通り，力の向きに引いた線を**作用線**という。

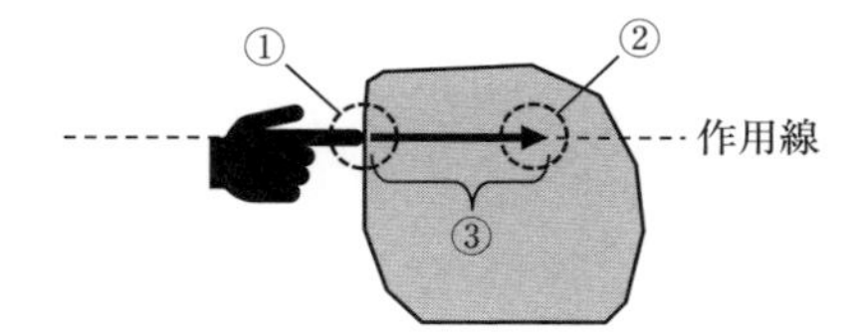

物体に働く力は大きく分けて「接触力（接触している他の物体から受ける力）」と「場からの力（磁力のように接触せず離れている他の物体から受ける力）」の2種類あり，ある物体がこうした力を受けている様子を図示する際には，それぞれ次のように矢印を描く。

- 接触力…接触している点から矢印を描く
- 場からの力…物体の重心から矢印を描く

☜物理学において力の矢印を描く場合，（特別な指示がない限り）着目している物体が「受ける力」を描くよう，常々指導する。

(4)　力の合成

1点に働く複数の力は，足し合わせて1つの力にすることができ，これを力の**合成**という。また，こうして足し合わされた力を**合力**という。2つの力を合成する場合においては，この2力を2辺とする平行四辺形の対角線が合力となる（下図）。なお，足し合わせる2力が同一方向であれば単純に足し合わせればよく，逆方向であれば差をとればよい。

☜つまり，ひしゃげた平行四辺形の対角線を引こうとしているのであり，やっている作業は通常の力の合成と「同じ」であることを理解させる。

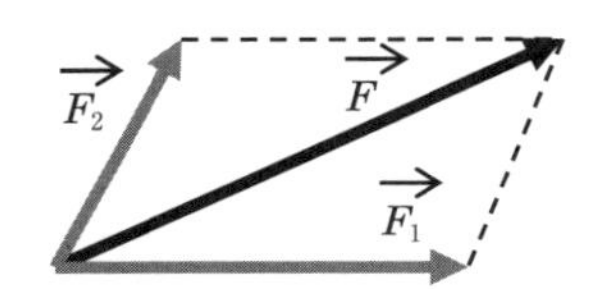

〔合力〕 $\vec{F} = \vec{F_1} + \vec{F_2}$

演　習

下図 (1)，(2) のように物体が力を受けている場合，それぞれの物体に働く力の合力を図示し，大きさを求めよ。

解　答

それぞれの合力は下図のようになり，その大きさは (1) 10 N，(2) 6 N。

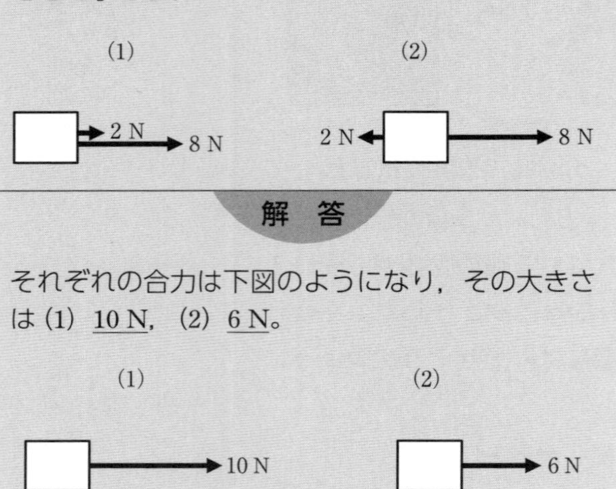

(5) 力の分解

力の合成と反対に，1つの力をそれと同じ働きをするいくつかの力の組に分けることを，力の**分解**といい，分けられたそれぞれの力を**分力**という。1つの力を2つの力に分ける場合，下図の要領で行えばよい。

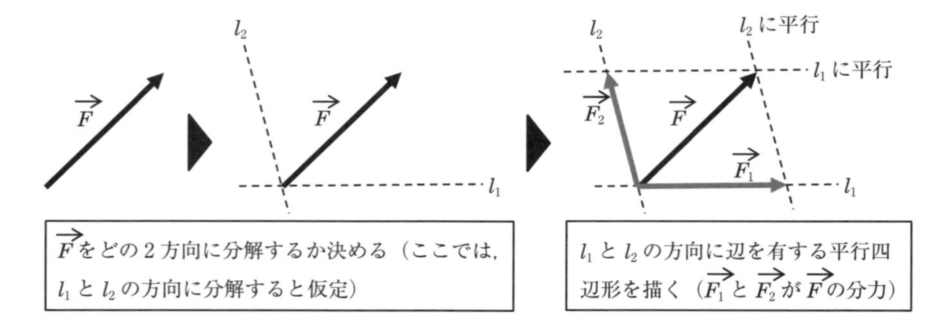

$\vec{F}$をどの2方向に分解するか決める（ここでは，l_1 と l_2 の方向に分解すると仮定）

l_1 と l_2 の方向に辺を有する平行四辺形を描く（$\vec{F_1}$ と $\vec{F_2}$ が $\vec{F}$ の分力）

演 習

下図に示す力 F を x 軸方向と y 軸方向に分解して，分力を図で示せ。

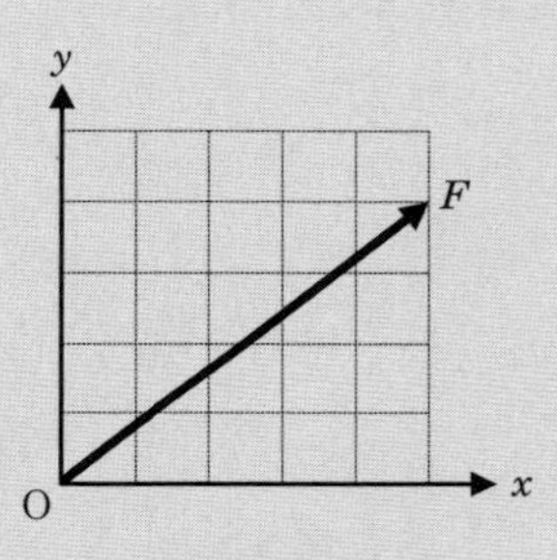

解 答

x 軸方向と y 軸方向の分力は，下図の灰色の矢印のようになる。

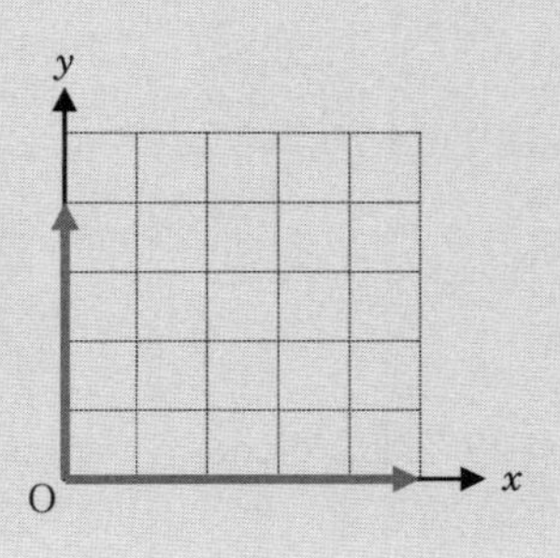

(6) フックの法則

例えば，つる巻きばねにおもりをぶらさげるとつる巻きばねは伸び，おもりを取り除くと，つる巻きばねは元の長さ，いわゆる**自然長**になる。このような性質を**弾性**といい，つる巻きばねのような弾性を持つ物体に他の物体がつながれて伸びているとき，元の長さに戻ろうとする**弾性力**が生じ，つながれた物体はこの弾性力を受ける。つる巻きばねで

☜理科教育で扱うばねは，「つる巻きばね」という，一定の径とピッチを持ち，荷重とたわみの関係が正比例になる線形ばね一辺倒であるが，実社会に目を向けると，大部分が様々な形状の非線形ばねである（仲野・木村，

は，伸ばしたときや縮めたときに弾性力が生じるが，この弾性力の大きさ F は，伸びまたは縮みの量 x に**比例**し，以下の式で表現される。この式で，比例定数 k は**ばね定数**と呼ばれ，単位は〔N/m〕である。

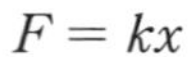

$$F = kx$$

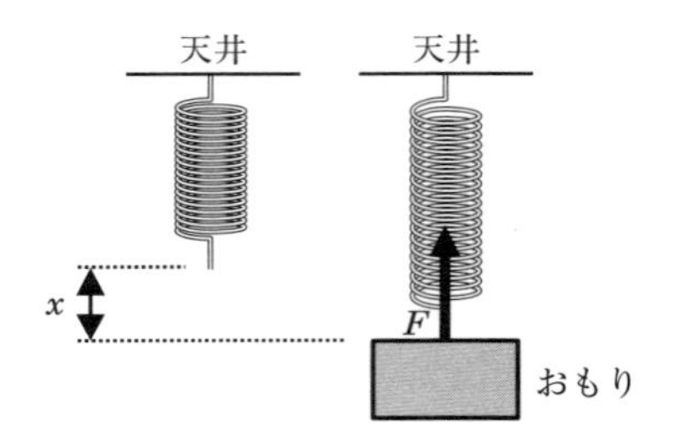

演　習

ばね定数 6.0 N/m のつる巻きばねにおもりをつけたところ，つる巻きばねは 50 cm 伸びた。つる巻きばねの弾性力 F〔N〕はいくらか。

解　答

$F = kx$ において，$k = 6.0$，$x = 0.50$ を代入し（※），$F =$ 3.0 N。

2017）。このように，実社会の実情に対して，理科教育で扱うバリエーションが偏っていることは往々にしてある（電気回路の学習において，照明デバイスとして豆電球が専ら登場するが，実社会では発光原理・特性がこれとは全く異なるLEDが広く普及している実情もそれにあたるであろう）。教員としては，適宜，実社会の実情なども話題に（あるいは教材として）織り交ぜながら指導にあたりたいものである。

☜（※）前節でも触れたように，物理学の学習で登場する様々な公式は，基本的に国際単位系に基づいた数値を代入することを想定したものとなっていることを都度呼びかけ，単位に気を配る意識を定着させたい。

—Tidbits—

ミクロな視点で見ると，ばねの弾性は，ばねを形成している金属自体の弾性，つまりは「金属内の原子構造」に起因している。フックの法則は，「つる巻きばね」という構造物全体の話として語られるが，根源的には，このようにミクロな世界で成り立つ話である。その原子レベルの積み重ねの結果として，比例限度内（金属材料に外力が加わった場合，応力（外力に対応して物体内部に生じる力）とひずみが正比例の関係を保つ範囲内）にある金属では，荷重と伸びの関係は正比例の関係が現れ，フックの法則が満足される。一般的に，ばねというものは，こうした金属の「伸び」を拡大するような形状に工夫したものである。

(7) 力のつり合い

1つの物体にいくつかの力が働いているのに，物体が静止したままのとき，物体に働く力は**つり合っている**という。特に，2つの力がつり合っている場合には，これらの力は同一直線上にあり，互いに逆向きで大きさは等しい。3つの力がつり合っている場合も，このうちどれか2つの力を合成すると，2力がつり合っている場合と同様の姿となる。4つ以上の力がつり合っている場合も，2つずつ力を合成していけば，同じような姿となる。

(8) 作用・反作用

ある物体Aが別の物体Bに及ぼす力があるとすれば，必ずBがAに及ぼす力というものが同時に存在する。この2力について，一方を**作用**といい，他方を**反作用**という。作用と反作用は，同一直線上にあり，互いに逆向きで大きさは等しい。この法則を**作用反作用の法則**という。

☜物理学の指導では，身近なもので現象確認させることができる場合も多い。作用反作用の法則についても，学習者自身の指を使用して，「親指と中指を押しつけ合い，爪の下の色が同じように変わる様子を各自観察させる」といった簡易的な現象確認が可能である。

(9) つり合う2力と作用・反作用の2力の違い

つり合う2力と作用・反作用の2力は，共に「同一直線上にあり，互いに逆向きで大きさは等しい」とされ，表現上は似通っているが，内容的には大きく異なる。次頁上の図で比較するように，つり合う2力は，いわば「1つの物体における話」であり，作用・反作用の2力は，いわば「2つの物体における話」である。

つり合う2力

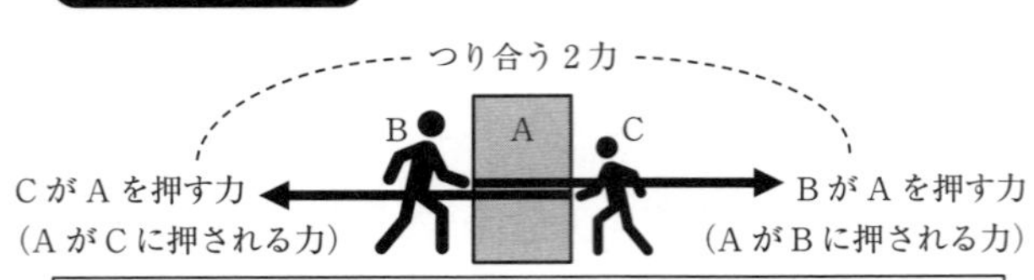

1つの物体に他の２つの物体からそれぞれ力が働き，これらの力が一直線上にあり，逆向きで，大きさが等しいとき，この２力はつり合う。

作用・反作用の2力

２つの物体が互いに及ぼし合う作用と反作用の２力も，一直線上にあり，逆向きで，大きさが等しい。しかし，この２力がつり合うと考えてはならない。**1つの物体に働く2力ではない**からである。

☜「つり合う２力」と「作用・反作用の関係にある２力」は表現がほとんど同じであるため，学習者は混同しやすい。左図のような比較の図を描かせながら指導し，明確に区別させることが大切である。

(10) 様々な力の見つけ方・書き方

ある物体の設定状況としていくつかの具体的な状況を取り上げ，物体が受ける力の図示について例示する。

①水平な面に置いた物体が受ける力

地球により引かれる「重力」を鉛直下向きに受け，これと同じ大きさで逆向きの「面から押される力」を鉛直上向きに受ける。なお，この「面から押される力」のように，ある面から垂直に押される力を**垂直抗力**という。

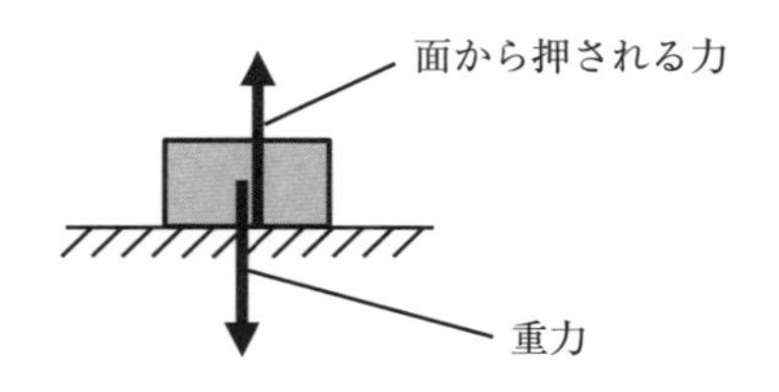

☜面が物体に上向きの力を加えていることをイメージできない学習者もいるであろう。例えば，比較的硬さのあるばね（つる巻きばねでなくともよい）の上に物体を置き，縮んだ

②水平な面に置いた物体を上から押さえたときに物体が受ける力

地球により引かれる「重力」を鉛直下向きに受け，また，「指に押される力」も鉛直下向きに受ける。そして，これらの**合力**と同じ大きさで逆向きの「面から押される力」を鉛直上向きに受ける。

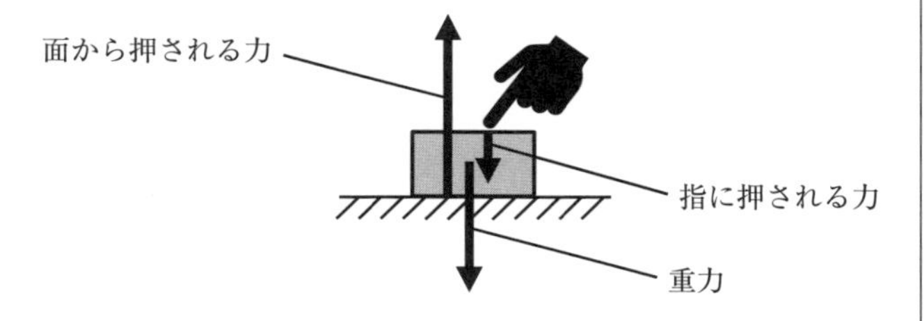

③糸につるされた物体が受ける力

地球により引かれる「重力」を鉛直下向きに受け，これと同じ大きさで逆向きの「糸に引かれる力」を鉛直上向きに受ける。なお，この「糸に引かれる力」を**張力**という。

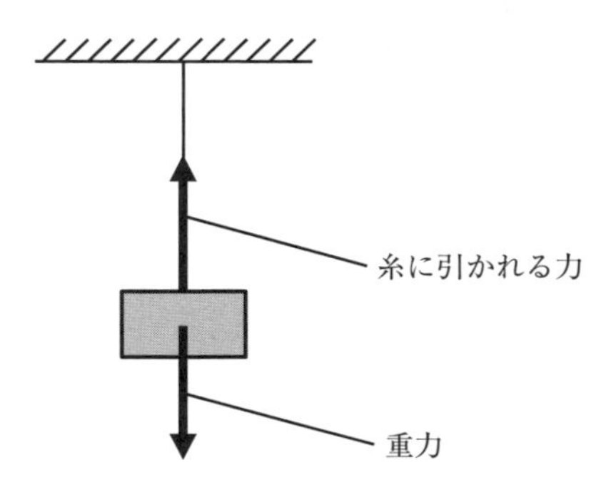

④ばねにつるされた物体が受ける力

地球により引かれる「重力」を鉛直下向きに受け，これと同じ大きさで逆向きの「ばねに引かれる

ばねが物体に上向きの力を加える様子を見せるなどしたうえで，「どのような物質も多かれ少なかればねに似た『弾性』的な性質を有する」ことを言い添えるなどして理解を助けたい。

☜張力を理解できない学習者は多いとされる。つる巻きばねが伸ばされた状況と「繊維（あるいは分子）が連なったばね」ともいえる糸が張られた状況との類似性から張力に対するイメージを持たせてもよいであろう。なお，張力は，文字通りピンと張っている状態でないと働かないことも強調したい（物体に糸がつながっていても，その糸がたるんでいると張力は働かない）。

力」を鉛直上向きに受ける。なお，この「ばねに引かれる力」は，先に触れた**弾性力**である。

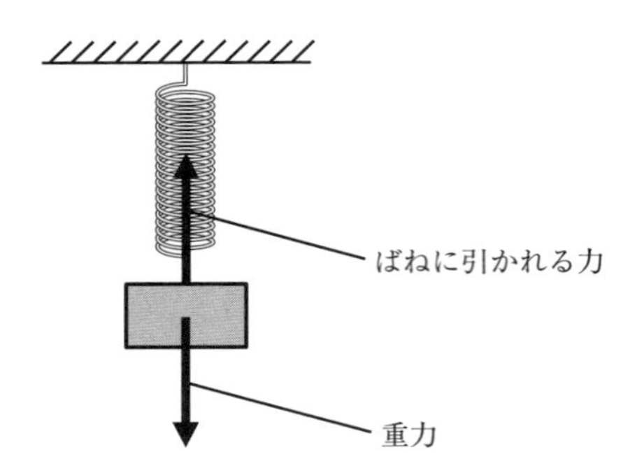

演　習

水平な床の上に置かれた直方体の物体の重力の大きさが 8.0 N とする。これに軽いひもをつけて，鉛直上向きにつり上げたい。3.0 N の大きさの力でつり上げようとしたが，まだ床から離れなかった。このとき，物体が床から受ける力の大きさはいくらか。

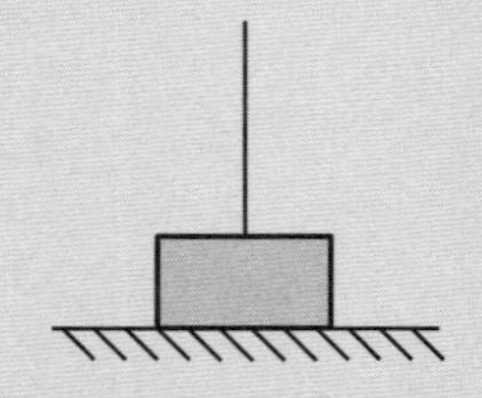

解　答

床から物体が離れなかったということは，物体が受ける力はつり合っていたといえる。このとき物体が受ける力を図示すると次頁上の図のようになる。なお，人間がひもを持って物体をつり上げようとしているが，物体は「人間に」引かれると考えてはいけない。物体につながっている（接している）のはあくまでひもであるため，「ひもに」引かれる力を受ける。

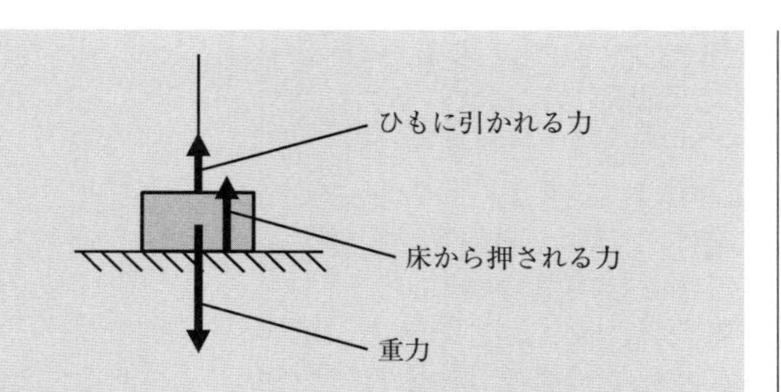

3 つの力のつり合いを考えると，次式が成り立つ。

3.0 ＋床から押される力の大きさ＝ 8.0

したがって，物体が床から押される力（床から受ける力）の大きさは 5.0 N。

演　習

水平な床の上に置かれた直方体の物体 B の上に直方体の物体 A が置かれている。物体 A と物体 B の重力の大きさはそれぞれ 3.0 N，5.0 N である。このとき，物体 B が床から押される力の大きさはいくらか。

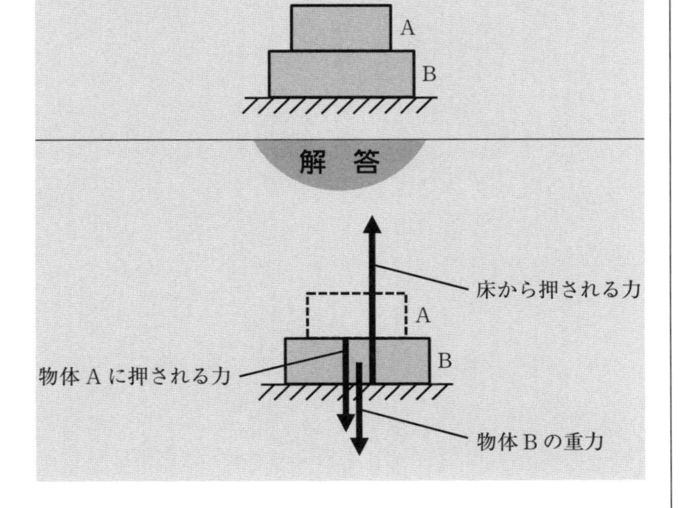

物体Aでは，鉛直下向きの「物体Aの重力（= 3.0 N）」と鉛直上向きの「物体Bに押される力」が働き，これら2力がつり合っている。したがって，物体Aに働く「物体Bに押される力」は3.0 Nである。一方，物体Bでは，前頁下の図のように，鉛直下向きに「物体Bの重力（= 5.0 N）」と「物体Aに押される力」が働く。このうち，「物体Aに押される力」は上で求めた「物体Bに押される力（= 3.0 N）」の反作用であり，その大きさは3.0 Nである。求めるべき物体Bが床から押される力は，鉛直下向きに働く「物体Bの重力（= 5.0 N）」と「物体Aに押される力（= 3.0 N）」の合力と同じ大きさで逆向きの力となるため，その大きさは $5.0 + 3.0 = \underline{8.0\ \mathrm{N}}$ となる。

「見た目」に引きずられず，「理屈」で対処できるように！

〔質問〕下図 (1) のつる巻きばねの伸びを基準としたとき，(2) や (3) の場合，つる巻きばねの伸びはその何倍になるでしょうか？ ただし，つる巻きばねやおもりはすべて同一で，つる巻きばねやこれとおもりをつないでいる糸は軽いとします。

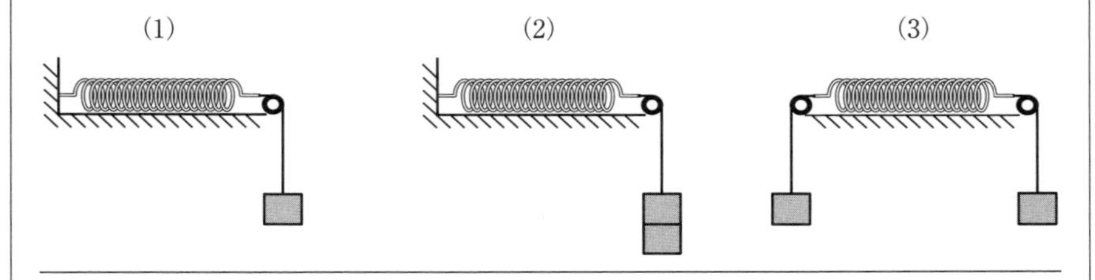

まず，(1) ～ (3) それぞれについて，つる巻きばねが受ける力を「力の矢印」で図示すると次頁の図のようになります。ここで (1) の場合，おもりにより引かれている力の大きさ（その値は，伸びたつる巻きばねが自然長に戻ろうとする「弾性力」と等しい）を F とおくと，つる巻きばねは壁からも大きさ F の力で引かれているはずです。そうでなければ，つる巻きばねの右端にかかる右向きの F によって，つる巻きばねは「吹っ飛んで」いってしまうでしょう。つる巻きばねのばね定数を k，このときのつる巻きばねの伸びを x_1 とすると，$F = kx_1$ から，$x_1 = \dfrac{F}{k}$ となります。

次に，(2) の場合は，おもりにより引かれている力の大きさは $2F$ となり，つる巻きばねは壁からも大きさ $2F$ の力で引かれているはずです。つる巻きばねのばね定数を k，このときのつる巻きばねの伸びを x_2 とすると，$2F = kx_2$ から，$x_2 = \dfrac{2F}{k}$ となり，(1) の場合の 2 倍の伸びであることが分かります。

そして，(3) の場合は，つる巻きばねの両端におもりがそれぞれ 1 個つながれています。このため，おもりにより引かれている力の大きさは両端とも F となります。この力の矢印の様子は，見比べてみると，(1) と全く同じです。したがって，(3) の場合は (1) の場合の 1 倍の伸び，つまり同じ伸び方であることが分かります。

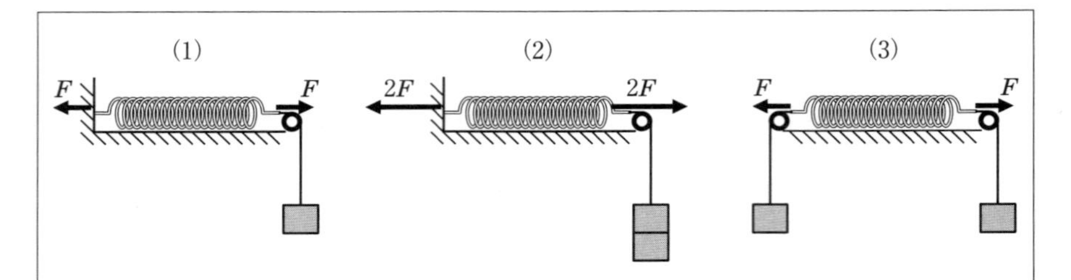

ついつい見た目で即答しがちな場合というのがあります。今回の質問でも，例えば，「おもりが 1 個の (1) に対して，(3) はおもりが 2 個であるので，つる巻きばねの伸びは 2 倍」…と即答してしまう人がいるのではないでしょうか。理屈で理路整然と解釈・処理できる物理学では，こういうときこそ落ち着いて考えたいものです。

1.4　運動の法則

(1) 運動の第 1 法則（慣性の法則）

物体には，一度動いたら，与えられた運動の量（正確には後に登場する「運動量」や「運動エネルギー」と呼ばれる量で，「力」とは違う）を保ちながら，いつまでも同じ速度で動き続けようとする性質がある。物体のこのような性質のことを**慣性**という。物体が止まっているときでも，その物体には速度がゼロという状態を保ち続けようとする性質，すなわち慣性が見られるといえる。

一般的に，物体に外部から力が働かないとき，または，働いていてもその合力が 0 N であるとき（つまり，力がつり合っているとき），静止している物体は**静止**し続け，運動している物体はそのまま**等速直線運動**を続ける。これを，運動の第 1 法則，または**慣性の法則**という。

☞慣性の「慣」という字は，慣れるの「慣」の字で，「性」は性質の「性」の字である。動いている電車に乗っているときに電車が急停止すると前のめりに転びそうになる経験を思い出させ，「乗客であるあなたが，電車と一緒に走っていた時の速度に慣れてしまったため，電車が急停止しても前と同じ速度で進み続けようとするので前のめりになってしまう」などと「慣性」の漢字の意味からかみ砕いて説いてみるのもよい。

演　習

右図のように，軽い糸 A でおもりを天井からつるし，このおもりの下に軽い糸 B をつないだ。この状態で糸 B を急激に下方向へ引っ張ったとき，糸が切れた。切れた糸は糸 A か糸 B のどちらか。

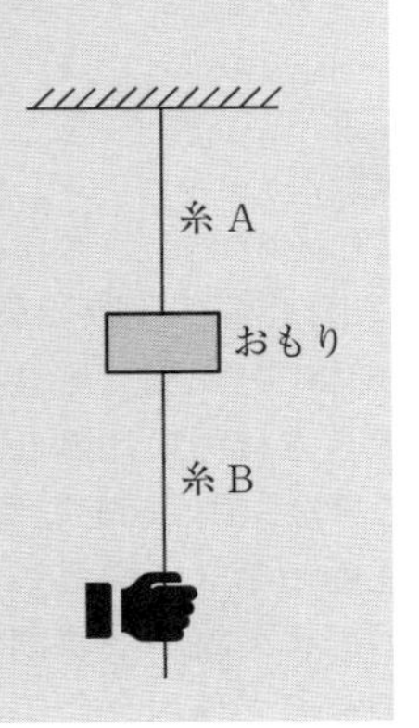

解 答

慣性の法則から，おもりはその場に留まり続けようとするため，糸Bが大きく伸び，切れる。なお，糸Bをゆっくり引くと，おもりにかかる力がつり合いながら，糸Aも糸Bも伸びていく。このとき，糸Aの張力をT_{A}，糸Bの張力をT_{B}，おもりにかかる重力をMとすると，力のつり合いから$T_{\mathrm{A}} = T_{\mathrm{B}} + M$となるため，常時，糸Aの張力$T_{\mathrm{A}}$が糸Bの張力$T_{\mathrm{B}}$を上回る。つまり，常時，糸Aの伸びが糸Bの伸びより大きいため，いずれ先に限界を迎える糸Aが切れる。

☜このような，2種類の糸の引き方を演示する（あるいは学習者自身に体験させる）と盛り上がり，また，その場で両者の理屈を説明すると納得感を得やすい。なお，これに限らず，演示をする場合には，あらかじめ学習者に予想させてから現象を見せるなど，学習者の能動的な姿勢を大切にしたい。

(2) 運動の第2法則（運動の法則）

力が働かなければ物体の速度は変化しないが，力が働く場合，物体には力と同じ向きに**加速度**が生じる。この加速度の大きさは力の大きさに**比例**し，質量に**反比例**する。これを，運動の第2法則，または，単に**運動の法則**という。

☜このような抽象的な関係性を語る場合，「ピンポン玉に一定の勢いの風を当て続けるとどうなるか。また，同じような風をボーリング玉に当て続けるとどうなるか。」といった簡単な事例を学習者に問いかけ，イメージさせるとよい。そうすることで，「同じ力を加え続けると物体は等加速度直線運動をする（どんどん速くなる）」「同じ力を加え続ける場合，物体の質量が小さいほど加速度は大きい（ピンポン玉の方があっという間に速さが大きくなり，遠くへ行く）」といった具体的なイ

—Tidbits—

「物体に働く力の和が0Nのとき，物体は等速直線運動（含，静止）を続ける」という運動の第1法則（慣性の法則），そして，「物体に力が働くとき，力の向きに加速度が生じ，その大きさは力に比例し，質量に反比例する」という運動の第2法則（運動の法則）が登場したが，これに続く，運動の第3法則というものも実は存在する。何か新しい，より難解な法則かと思いきや，これは，既に登場済みの「作用反作用の法則」である。なお，これら3つの法則をまとめてニュートンの運動の3法則と呼ぶ。

メージが伴い，受容性も上がるであろう。

(3) 運動方程式

注目している物体の質量を m〔kg〕，これに働いている力を F〔N〕，生じる加速度を a〔m/s^2〕とすると，運動の第1法則，第2法則をまとめて次のように表現でき，この式を**運動方程式**という。なお，1つの物体に複数の力が働く場合，この式における F は合力を表す。

$$ma = F$$

（ベクトルを用いて表現すると $m\vec{a} = \vec{F}$）

演　習

下図のように，なめらかな水平面上に置かれた質量 30 kg の物体が，右方向に 8.0 N，左方向に 2.0 N の力を受けている。この状況について，次の問いに答えよ。右向きを正とする。

(1) 物体に生じる加速度を a〔m/s^2〕として，この物体についての運動方程式を立てよ。

(2) 物体に生じる加速度 a〔m/s^2〕の大きさはいくらか。

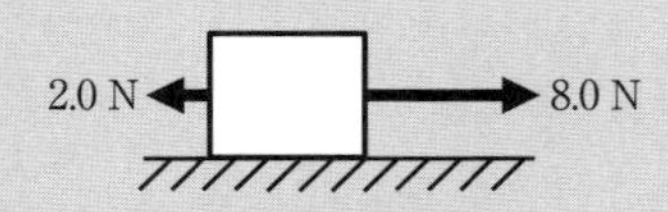

解　答

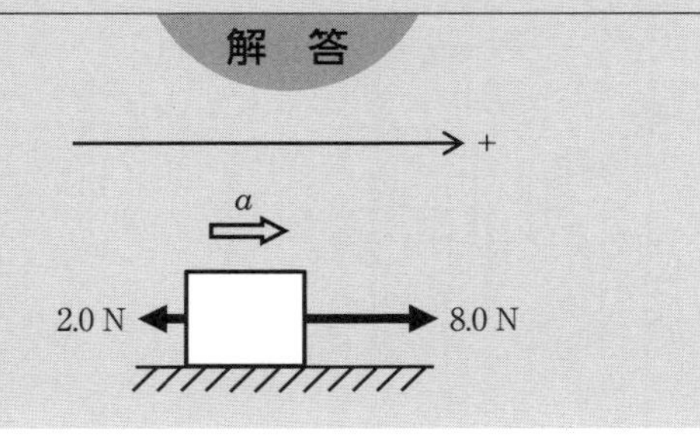

(1) 合力 F は，$8.0+(-2.0)=6.0$ N より，右向きに 6.0 N となる。加速度 a〔m/s^2〕を前頁下の図のようにおくと，この物体についての運動方程式は以下のようになる。

$$\underline{30 \times a = 6.0}$$

(2) (1) を解いて，$a = \underline{0.20\ \text{m/s}^2}$。

演　習

なめらかな水平面上に置かれた質量 1.0 kg，3.0 kg の物体 A，B が軽い糸でつながれている。物体 B を右方向に 8.0 N で引く場合，物体 A や物体 B の加速度 a〔m/s^2〕はいくらになるか。また，物体 A と物体 B をつなぐ糸の張力の大きさ T〔N〕はいくらになるか。右向きを正とする。

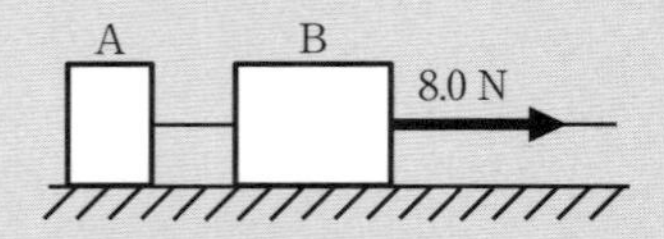

解　答

物体 A や物体 B に注目したとき，各物体が受ける力の様子や加速度の様子は下図のようになる。

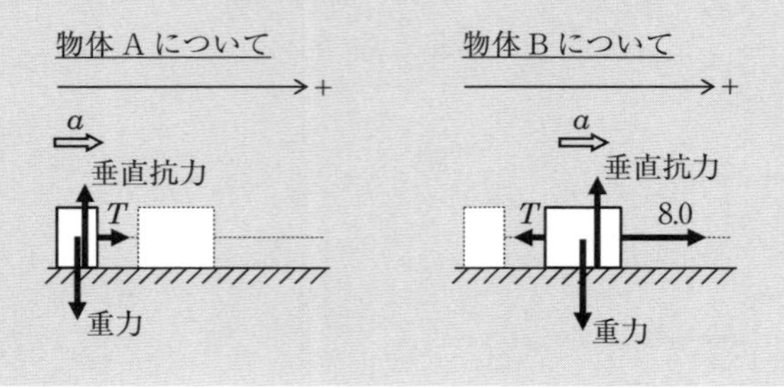

☜複数の物体が連結したような運動について考えるときは，このように「着目する物体」ごとに，「正の方向」「受ける力」「加速度」などを図に描いて考えるよう，指導したい。

物体 A，B について，水平方向の運動方程式を立てると，

物体 A…$1.0 \times a = T$
物体 B…$3.0 \times a = 8.0 - T$

これを解いて，$a = \underline{2.0\ \mathrm{m/s^2}}$，$T = \underline{2.0\ \mathrm{N}}$。

(4) 重力と質量

地球が物体に及ぼす力の大きさを物体に働く**重力の大きさ**または**重さ**という。p. 29 でも触れたが，静かに物体を落としたとき，物体は等加速度直線運動を行い，そのときの加速度，すなわち**重力加速度**は記号 g で表される。そこで，物体の質量を m〔kg〕，これに働いている重力の大きさを W〔N〕，重力加速度を g〔$\mathrm{m/s^2}$〕とすると，運動方程式から次式が成立し，重力の大きさ（または，重さ）は，物体の質量に重力加速度をかけたものであることが分かる。

$$W = mg$$

演　習

重力の大きさが 4.9 N の物体の質量はいくらか。重力加速度を 9.8 $\mathrm{m/s^2}$ とする。

解　答

質量を m〔kg〕とすると，$4.9 = m \times 9.8$ より，$m = \underline{0.50\ \mathrm{kg}}$。

☜質量，重力，重さは混同されがちであるので，このタイミングでこれら 3 種をしっかり区別させる。なお，重力と重さの違いは，前者が（正方向のとり方によっては）負の値になり得る一方，後者は負の値にはなり得ない（重さは重力の「大きさ」であるので当然）点にある。また，質量と重さの違いは左記の通りであるが，小学校理科では，その区別を扱わないことから，質量のことを重さと表記したり，場合によっては「重さ (g)」といった表現も指導場面で散見される。用語一つでも，後々の混乱，混同につながらないように正しく指導したいものである。

—Tidbits—

物体の質量は，月の上でも地球の上でも同じであり，いわば，物質そのものが持っている「素質」のような量である。一方，月の上における重力加速度は，地球の上における重力加速度のほぼ6分の1である。そのため，同じ物体でも，月の上では地球の上にあるときよりも重さ（重力の大きさ）が減り，軽くなる。

1.5　様々な力と運動

(1)　摩擦力

ある面の上に物体がある場合，面と物体との間で「面に平行で，物体がすべろうとするのを妨げる向きに働く力」を摩擦力という。摩擦力には，「物体が止まっているときに受ける摩擦力」と「物体が動いているときに受ける摩擦力」の2種類あり，前者を**静止摩擦力**，後者を**動摩擦力**という。

☜摩擦力は，私たちの生活にとって迷惑なときと，役立つときがある。それぞれの事例を考えてみるよう呼びかけ，普段の生活がいかに摩擦力にあふれたものか，意識させたい。

(2)　静止摩擦力

水平面上に重さ W の物体を置き，水平方向に力 P を加えるとする。このとき物体がすべり出さないのであれば，物体に働いている力は**つり合っている**といえる。このときの物体が受けている力の様子を下図に示す。下図において，水平面が物体を鉛直上向きに押している力 N を**垂直抗力**，すべり出すのを妨げている力 F を**静止摩擦力**と呼ぶ。

☜物体としての動きがない中で，大きさや向きを様々に変え得る「静止摩擦力」は，後述する動摩擦力に比べてややこしい側面がある。どれだけの大きさの静止摩擦力がどちらの方向にかかっているのかを知るのに苦労する学習者がいれば，「もし静止摩擦力がなければどのようなことが起こるか」を考えるよう促す。そして，「物体が動かないように静止摩擦力の大きさと向きが決まる」と丁寧に指導したい。

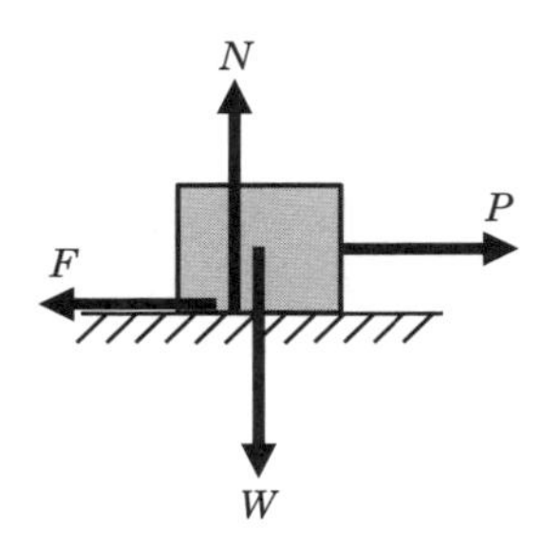

なお，この物体に働いている4つの力の作用点は上図のようになっているが，物体の大きさを考慮する必要がない場合（つまり，物体が十分小さい場

合)，これらの力は下図のように一点に働くと考えてよい。

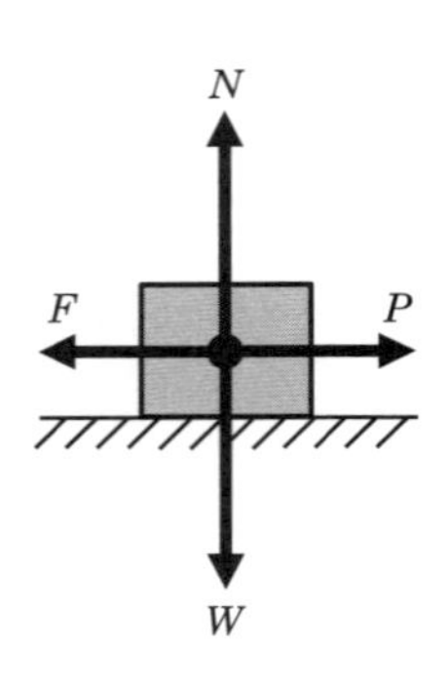

ここで，この物体に働いている力のつり合いから，次のように書ける。

水平方向… $P=F$
鉛直方向… $W=N$

$P=F$であることから，外から加える力Pを大きくしていくと，すべり出すのを妨げる力「静止摩擦力」Fも大きくなる。しかし，Fには限界があり，Pがこれより大きくなると，物体は**すべり出す**。こうした限界のFの値F_0を**最大摩擦力**と呼ぶ。

最大摩擦力は垂直抗力に比例するとされ，次式で表される。比例定数μ_0は，**静止摩擦係数**と呼ばれる。

$$F_0=\mu_0 N$$

(3) 動摩擦力

動き出した後も，物体は運動を妨げる向きに摩擦力を受ける(次頁上の図)。これを**動摩擦力**といい，

☜物理学で登場する理想化されたモデルは極端な(非現実的な)状況設定であるので，「物体をどんどん小さくしていくと作用点は互いに近づき，いずれ一点に集まっていく」といったように，現実との連続性を意識した説明を適時することが望ましい。

☜物理学ではギリシャ文字も多く登場する。μ(ミュー)をはじめ，初見のギリシャ文字の書き方・読み方は，逐次説明する必要がある。

その値は最大摩擦力より**小さい**。動摩擦力 F' は，やはり垂直抗力 N に比例するとされ，次式で表される。ここで，比例定数 μ' は，**動摩擦係数**と呼ばれる。

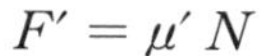

$$F' = \mu' N$$

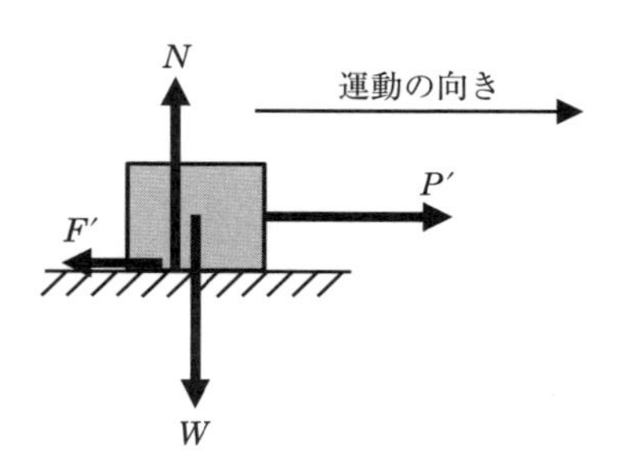

なお，粗い面上で止まっている物体に対して，徐々に力を増しながらゆっくり引いていくとき，摩擦力の変化は下図のような模式図で表現できる。同図に表現しているように，

- 静止摩擦力の大きさは，物体を引く力に応じて**変化**する。
- 最大摩擦力は，物体が動き出す直前の**静止摩擦力**である。
- 動摩擦力の大きさは最大摩擦力より小さく，かつ一定である。

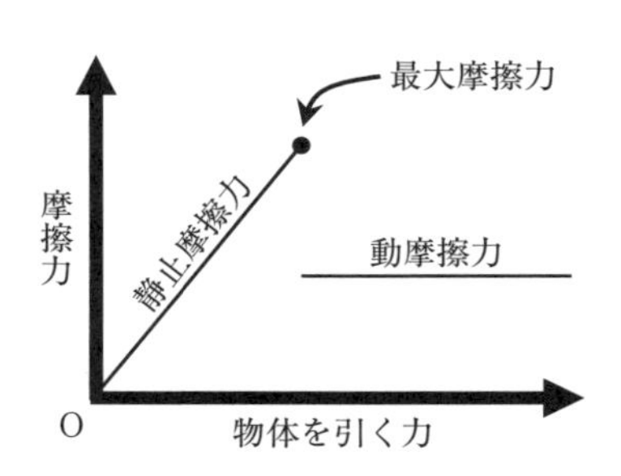

☜「最大摩擦力や動摩擦力は垂直抗力に比例する」といったことや「動摩擦力は最大摩擦力より小さく，速度に依存しない」といったことは，経験則である（松川，2003）。物理学では，理路整然と「理屈に伴って導かれる関係」がある一方で，こうした「経験則に基づく関係」もある。経験則に基づく関係は，理屈を欠く分，「なぜ？」という疑問が多く出かねず，指導時に経験則由来であることを添える配慮があってよい。

演　習

下図のように，質量 10 kg の物体が粗い水平面上に置かれている。物体とこの水平面の間の静止摩擦係数は 0.5 で，動摩擦係数は 0.3 である。重力加速度を 9.8 $\mathrm{m/s^2}$ として，次の問いに答えよ。

(1) この物体を 15 N の力で水平に引いても，物体は動かなかった。このときの摩擦力はどういった摩擦力で，その値はいくらか。

(2) 物体を引く力を大きくしていくと，ある値を超えるときに物体は動き出した。この動き出す直前の摩擦力はどういった摩擦力で，その値はいくらか。

(3) 動き出した後，物体が受けている摩擦力はどういった摩擦力で，その値はいくらか。

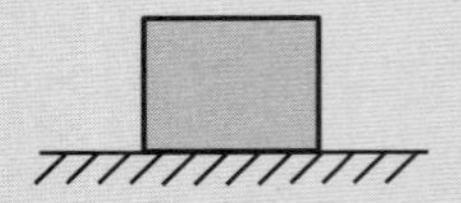

解　答

(1) 物体には重力 W，垂直抗力 N，15 N で引かれる力，摩擦力 F が働き，これらがつり合っているため，動かなかった。水平方向の力のつり合いから，物体に働いている摩擦力（今の場合は，<u>静止摩擦力</u>）は <u>15 N</u>。
なお，(2) に示すように，この静止摩擦力は，最大摩擦力（49 N）までには至っていないものである。

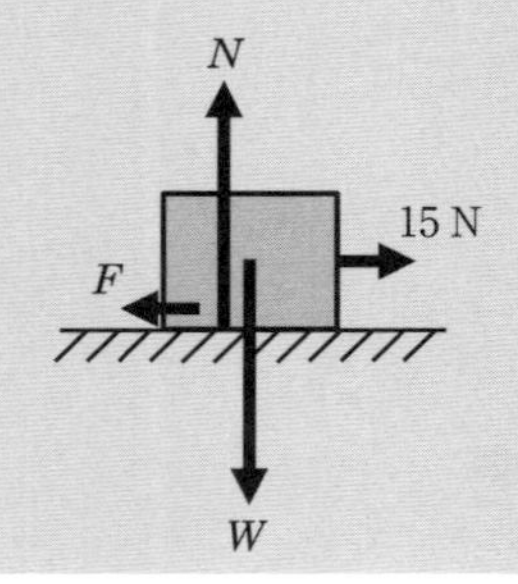

(2) 動き出す直前の摩擦力は最大摩擦力で $F_0 = \mu_0 N$ で表される。今，垂直抗力 N は重力 $W (= 10 \times 9.8)$ とつり合っているため，$F_0 = 0.5 \times 10 \times 9.8 = 49$ N。

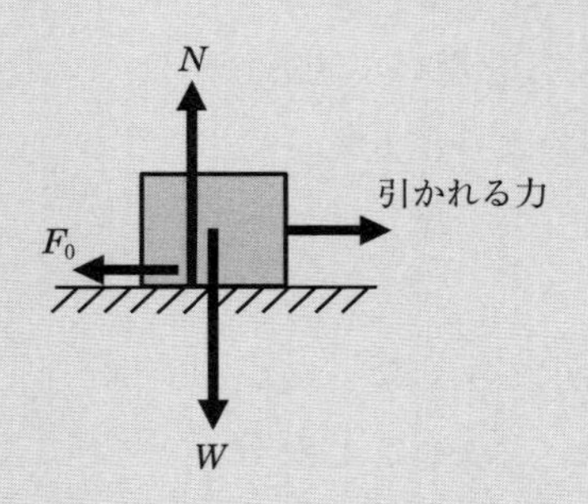

(3) 動き出した後の摩擦力は動摩擦力で $F' = \mu' N$ で表される。(2) と同様に，$F' = 0.3 \times 10 \times 9.8 = 29.4 \fallingdotseq 29$ N。

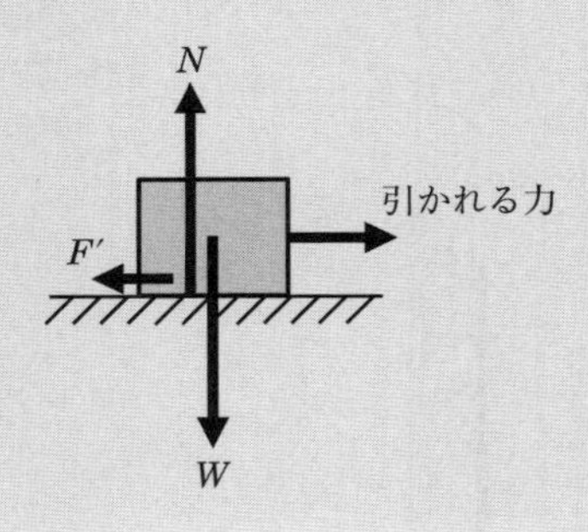

(4) 空気抵抗

例えば，雨粒はどれくらいの速度で地面に落ちてくるか。仮に，落ちはじめの高さを 1000 m，初速度を 0 m/s とすると，等加速度直線運動の公式 $v^2 - {v_0}^2 = 2gy$ より，$v^2 - 0^2 = 2 \times 9.8 \times 1000$ となり，$v = 140$ m/s（時速で表現すると 504 km/h）と求まる。しかし，実際は，これほどの速度で雨粒は落ちてこない。なぜなら，**空気抵抗**があるからである。

☜「リニア中央新幹線の速さ（約 500 km/h）と同じくらい」など，具体例を出すとイメージされやすいであろう。

雨粒などの物体が落ちるとき，落下する速度の大きさに**比例**して空気抵抗が働くことが知られている。質量 m の物体が空気中を落下するとき，速度の大きさが v である瞬間の加速度を a とする。このときの空気抵抗の大きさは比例定数 k を用いて kv と表されるので，運動方程式は以下のようになる。

$$ma = mg - kv$$

この式から，落ちるに従い v が大きくなっていくと，それに伴い a が小さくなっていくことが分かる。そして，いずれ重力と空気抵抗がつり合うときが訪れ（下図），それ以後は**等速度**で落下する。

☜物事の推移が言葉や式だけではイメージしにくい場合，臨機応変に左図のような時系列的な図を示すことも有効である。

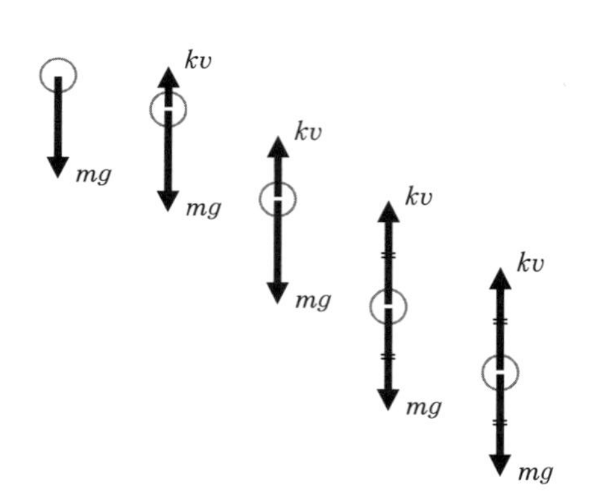

等速度になったときの速度の大きさを v_{f} とすると，力のつり合いより $0 = mg - kv_{\mathrm{f}}$ であるから，$v_{\mathrm{f}} = \dfrac{mg}{k}$ となる。この速度を**終端速度**という。

☜終端速度は，空気中だけの話ではない。水中や油中といった流体中で落下する物体でも状況によっては同様に考えることができる概念である（例えば，菊地ほか，2013）ことにも触れ，話題を広げるなどしたい。

(5) 圧力

単位面積（通常は $1\,\mathrm{m}^2$）あたりの力を**圧力**という。面積 S〔m^2〕の面に力 F〔N〕が加わるとき，圧力 p は次式で表される。

$$p = \frac{F}{S}$$

この式から，圧力の単位は〔N/m^2〕となるが，通常，これを〔Pa（パスカル）〕と書く。

(6) 水圧

水面から深さ h の点における圧力を求めるにあたり，以下（i）から（iii）のステップで考える。

（i）まず，水圧（水による圧力）の様子を図示すると，下図のようになる。図に表現しているように，ある点での水圧はどの方向からでも**同じ**大きさで，水圧は水面からの**深さ**によって異なる。

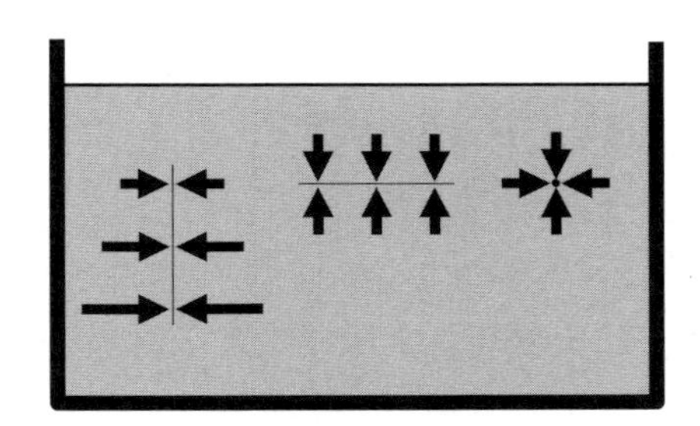

（ii）次に，水面から深さ h の点における水圧（単に「水圧」という場合は大気圧を考慮しない）を求める。水圧を求めるにあたっては，次頁上の図のような「架空の水柱」を想定すると考えやすい。

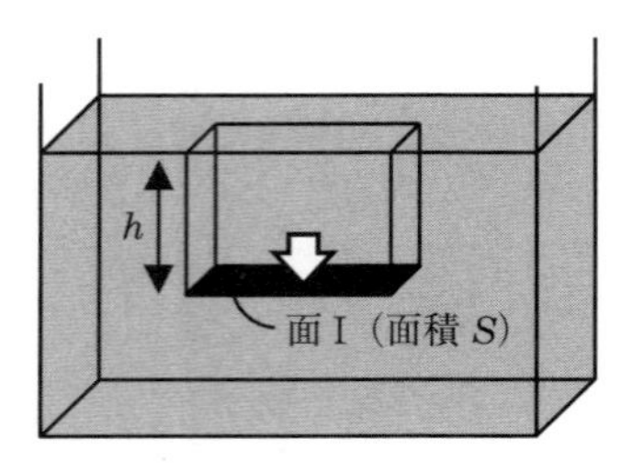

圧力の定義から，「水面から深さ h の点における水圧 p」は「面 I より上にある**水の重さ**」を「面 I の**面積**」で割ったものとなる（このとき，「質量＝密度×体積」という基本的な関係式が必要となる）。そこで，水の密度を ρ，重力加速度を g とすると，以下のようになる。

$$p = \frac{\rho Shg}{S} = \rho gh$$

(iii) 最後に，水面から深さ h の点における圧力（単なる「水圧」ではなく「圧力」であるので大気圧を考慮する）を求めるが，これは (ii) で求めた「水面から深さ h の点における水圧」に大気圧を上乗せするだけでよい（下図）。つまり，大気圧を p_0，水面から深さ h の点における圧力を p' とすると，以下のようになる。

$$p' = p_0 + \rho gh$$

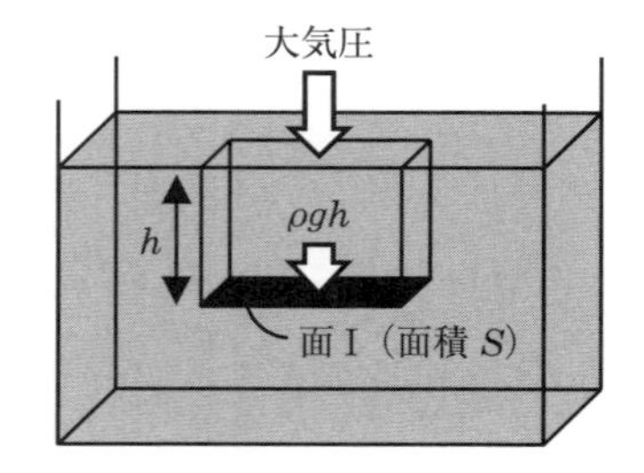

(7) 浮力

物体の流体中に浸っている部分の体積を V，流体の密度を ρ とすると，浮力の大きさ F は以下の式で表され，鉛直上向きに働く。その導出については，以下の演習で扱う。

$$F = \rho V g$$

演　習

下図のように，密度 ρ の液体中に直立して存在する体積 V の円柱をモデルにして，この円柱が受ける浮力の大きさ F は $F = \rho V g$ となることを誘導に従って示せ（誘導文中の空欄を埋めよ）。

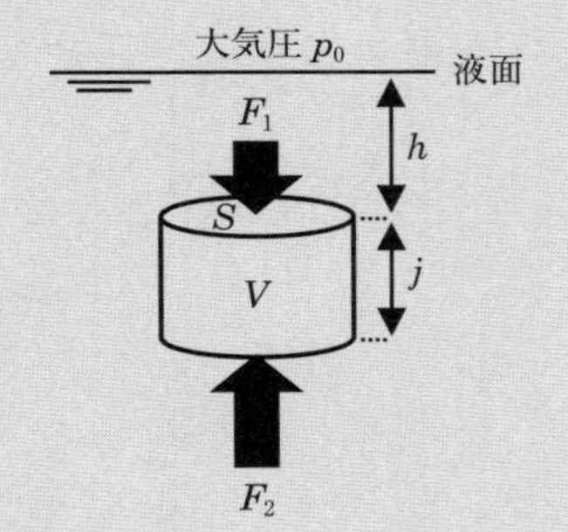

上図のように，断面積 S，長さ j，体積 V の円柱を密度 ρ の液体の中に直立して存在させた。深さ h の位置に円柱の上面が位置するようにしたとき，円柱の上面と下面が受ける力の大きさをそれぞれ F_1，F_2 とすると，

$$F_1 = (\qquad\qquad\qquad)$$
$$F_2 = (\qquad\qquad\qquad)$$

よって，円柱が受ける浮力の大きさ F は，以下のようになる。

$$F = F_2 - F_1 = (\qquad\qquad\qquad)$$

☜浮力の指導をする場合，左記（含，演習）のように，「水面から深さ h の点における水圧」→「水面から深さ h の点における圧力」→「浮力」といった順に指導するのが説明しやすいであろう。説明が多段階にわたる場合や細部に移る場合には，どこに向かおうとしているのかといった全体像を示しながら進行することが重要である。

ここで，$Sj = V$であることから，$F =$ (　　　)

解　答

答えのみ順に，$\underline{S(p_0 + \rho gh)}$，$\underline{S\{p_0 + \rho g(h + j)\}}$，$\underline{S\rho gj}$，$\underline{\rho Vg}$。

☜浮力については，式の導出に終始するのではなく，最後には「式から，『浮力の大きさは，排除した相手の重さと同じ』といえる」といったより単純明快な表現でも伝えておきたい。

物理学で扱われる状況は非現実的？

物理学では理論的モデルに基づいて様々な現象を説明しようとし，その理論展開の中で用いる物理概念は基本的に理想化されています。「そんな状況，実際にはあり得ないのでは……」と感じてしまう学習者の気持ちも理解し，指導にあたりたいものです。

石川（1969）は，理想化こそ物理学の中心であり，理想化の意義を正しく理解させることが，物理教育の要点の一つであると主張しています。しかし，理想化された物理概念は，現実とのかけ離れゆえに，受け入れがたく（小野，2018），学習意欲を削ぐ一因となる（片桐，1981）ことも報告されています。

先に登場した自由落下も，理想化された中で，基本的な公式を導いています。つまり，「（質量はあるが）大きさを持たない」物体（※）が，「空気抵抗を考えない」中で自由落下する場合，その t〔s〕後の速度と位置を示す式は $v = gt$ や $y = \frac{1}{2}gt^2$ となりました（p. 30 参照）。しかし，実際には，落下させようとする物体は大きさを持ちますし，落下の過程で空気抵抗も受けるでしょう。このような事例において，「『非現実的』な物理概念」への納得性向上を図ろうとしたとき，例えば次のようなアプローチが一つ考えられます。どこにでもある折り紙を 1 枚利用し，その 4 隅を立ち上げると簡易的な箱型が形成できますが，下図の要領に従うと，こうした箱型を段階的に縮小させながら形成していくことができます。そして，箱型を縮小していくごとに，決められた高さからの落下時間を測り，「箱型の底面積」と「落下時間」のグラフを作成します（底面積が小さくなるごとに空気抵抗も減り，落下時間は小さくなっていきます）。こうして得られたグラフから，「底面積がゼロになったとき（つまり，この箱型が「質点」になるに至ったとき）」の落下時間を推論すると，上の公式から導かれる理論値とほぼ整合します（仲野，2018）。

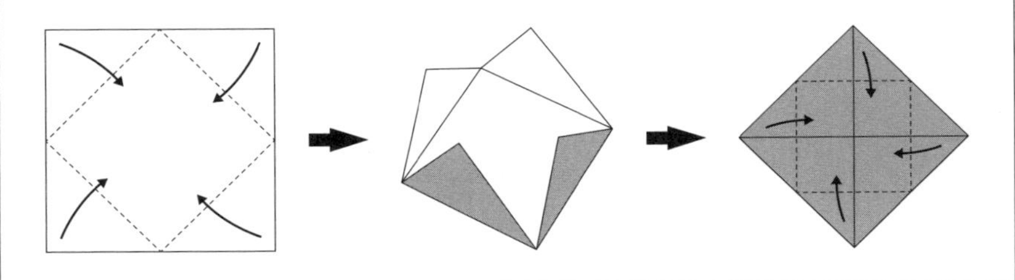

このように，「条件を段階的に理想化された物理概念に近づけ，それに伴って結果が理論値に向かって変化していくことを観察」することで，「現実」と「理想化された物理概念」の整合性を認識させる，いわば「現実と非現実をつなぐ」ことができるのではないでしょうか。いずれにしても，物理学を指導するにあたっては，理想化された物理概念をいかに現実の具体的事象と対応させながら理解させるかが重要な課題であるといえます。

※こうした物体を質点といい，「質量はあるが大きさの無視できる小さな点」などと表現されます。より専門的には，「質量だけをもち，数学的には点とみなせるもので，物体に対する一種の理想化（阿部，2003）」などとも表現されます。力学分野は，物理学の中で非常に大きな部分を占め，かつ，学校では，通常，この分野から順に学習を発展させていく重要な位置づけにあります。そして，力学分野のうち，剛体に関する部分（応用編 1.2 の p. 148 参照）を除いた大部分で，物体は質点として扱うのが通例となっています。

1.6　仕事

(1) 仕事

物体Aが物体Bに力を加え，これを動かしたとき，物体Aは物体Bに**仕事**をしたという。ここで，仕事を W，力を F，変位を s とおくと，次式の関係があり，1Nの力によってその力の向きに1m移動させたときにした仕事を1Jとする。

$$W = F \times s$$

図で示すと，下図のように，仕事の大きさは「力-変位」グラフの面積で表される。仕事の単位〔J（ジュール）〕に関しては，上の式から明らかなように，〔J〕=〔N〕×〔m〕の関係がある。

☜例えば「傾いて倒れそうな物体をある人が支えている状態」という単純なシチュエーションを描いて，「この人は仕事をしているか？」と学習者に問いかけてみるとよい。一般的には「立派な仕事をしている」という感覚であるが，物理学では「仕事をしていない」となる。そのギャップを最初に感じさせ，注意喚起したい。

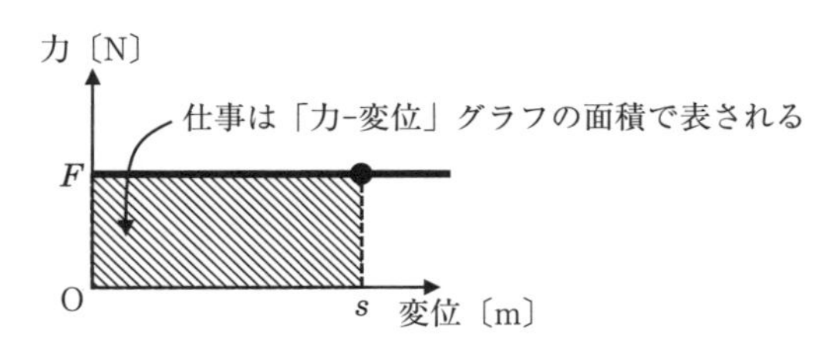

演　習

下図のように，2人の人間が左右からそれぞれ物体を押し，最終的に物体が右に3.0 m動かされた場合，それぞれの人間がした仕事はいくらか。右向きを正とする。

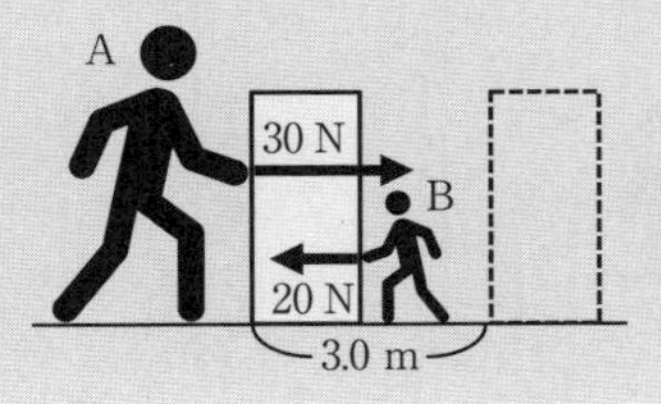

解　答

A により及ぼされた力は右向きに 30 N（つまり，+ 30 N），これに関わる物体の変位は右向きに 3.0 m（つまり，+3.0 m）である。したがって，A が物体にした仕事は，$30 \times 3.0 = \underline{90\ \mathrm{J}}$。
一方，B により及ぼされた力は左向きに 20 N（つまり，−20 N），これに関わる物体の変位は右向きに 3.0 m（つまり，+3.0 m）である。したがって，B が物体にした仕事は，$-20 \times 3.0 = \underline{-60\ \mathrm{J}}$。

☜「負の仕事」という概念がイメージしにくい学習者もいるであろう。力に正負の別があり，変位にも正負の別があることから，「力×変位」，つまり仕事にも正負がある，ということを理屈的に理解させたい。

(2) 仕事の原理

質量 m の物体を高さ h のところまで持ち上げるのに動滑車や斜面を用いると，mg より小さい力で持ち上げることができる。例えば，下図の装置では，手で綱を引く力の最小値は $\frac{1}{2}mg$ であるが，h だけ持ち上げるのに綱を **$2h$** 引き続けなければならないから，最小限の仕事は **mgh** となり，最小限の力で普通に持ち上げるときと **同じ** 仕事となる。このように，機械を用いて必要な力を小さくすることはできるが，仕事で得することはできない。これを **仕事の原理** という。

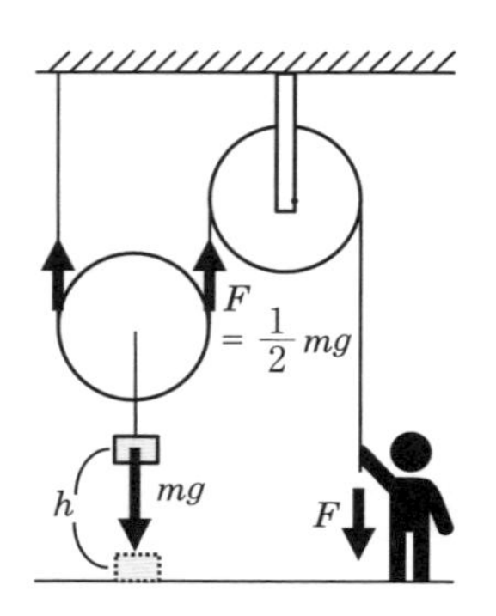

(3) 仕事率

単位時間にする仕事を**仕事率**といい，時間 t の間に仕事 W をするときの仕事率を P とすると，次式のように定められる。

$$P = \frac{W}{t}$$

仕事率の単位は〔W（ワット）〕で，この式から明らかなように，単位間には〔W〕=〔J〕÷〔s〕の関係がある。

演習

ある物体に 3.0 N の力を加えて，力の向きに一定の速さ 4.0 m/s で動かした。この状況について，次の問いに答えよ。

(1) 2.0 s 間物体を動かした場合，この力がした仕事はいくらか。

(2) (1) の場合，この力の仕事率はいくらか。

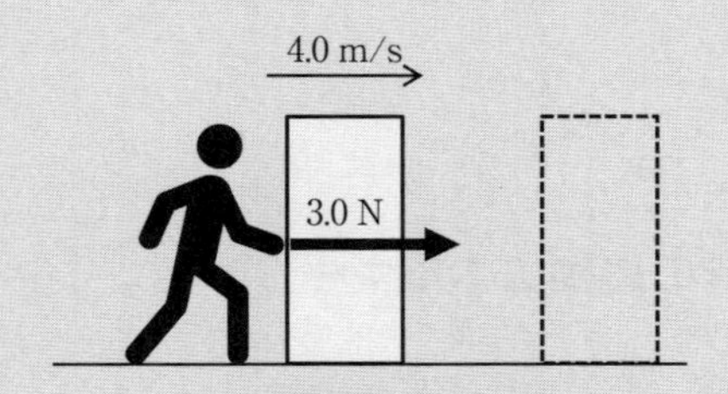

解答

(1) 2.0 s 間で物体は 4.0 × 2.0 = 8.0 m 移動した。したがって，この力がした仕事は，3.0 × 8.0 = 24 J。

(2) (1) で求めた仕事は 2.0 s 間になされたため，この力の仕事率は，24 ÷ 2.0 = 12 W。

☜思慮深い学習者は，左記のような設定で「一定の速さで物体が動いた」ことに違和感を覚えるかもしれない（一定の力を加えた下では $ma = F$ から加速度が生まれると考えるため）。しかし，加えた力と同じ大きさの動摩擦力が生じているならば，物体に働く力はつり合い，等速直線運動を起こし得る。このような学習者の疑問をできるだけ事前に予想しておくと，適時適切に，フォローすることができよう。

1.7 運動エネルギー，位置エネルギー

(1) エネルギー

物体が他の物体に対して**仕事**をすることができる状態にあるとき，この物体は「エネルギーを持っている」という。力学現象におけるエネルギーを**力学的エネルギー**と呼ぶ。これには**運動エネルギー**と**位置エネルギー**がある。

(2) 運動エネルギー

質量のある物体が動いているとき，それが速度を緩めたり，静止したりするまでに，他の物体に力学的な仕事をなすことができる。このように，速度を持つ物体はエネルギーを持っている。このエネルギーを**運動エネルギー**といい，物体の質量を m，速度を v とすると以下の式で表され，その単位は仕事と同じ〔J〕である。

$$\text{運動エネルギー}\ K = \frac{1}{2}mv^2$$

(3) 物体が仕事を受けたときの運動エネルギーの変化

物体が仕事をされると，その仕事の量だけ物体の運動エネルギーが変化する。すなわち，「(終わりの運動エネルギー)－(はじめの運動エネルギー)＝(物体が受けた仕事)」という以下の式が成り立つ。

$$\frac{1}{2}mv^2 - \frac{1}{2}m{v_0}^2 = Fs$$

☜単位は共に〔J〕のエネルギーと仕事は，「互いに変換し合うことができる」同類とのイメージを持たせたい。

演 習

(1)～(3) のそれぞれにおいて，物体の運動エネルギーK〔J〕はいくらか。

(1)

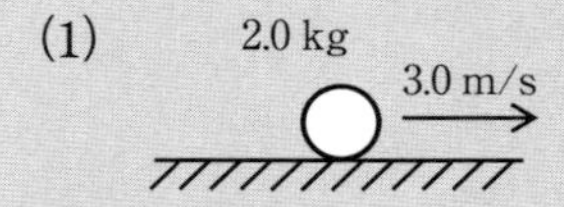

(2)

3.0 kg

4.0 m/s

(3)

2.0 m/s

100 g

解 答

(1) $K = \dfrac{1}{2} \times 2.0 \times 3.0^2 = \underline{9.0\ \mathrm{J}}$

(2) $K = \dfrac{1}{2} \times 3.0 \times 4.0^2 = \underline{24\ \mathrm{J}}$

(3) $K = \dfrac{1}{2} \times 0.1 \times 2.0^2 = \underline{0.20\ \mathrm{J}}$

演 習

なめらかな水平面上を質量 1.0 kg の台車が速さ 1.0 m/s で右向きに運動している。この台車に右向きに 1.0 N の力を加え続けると，その速さが 3.0 m/s になった。こうした状況について，次の問いに答えよ。

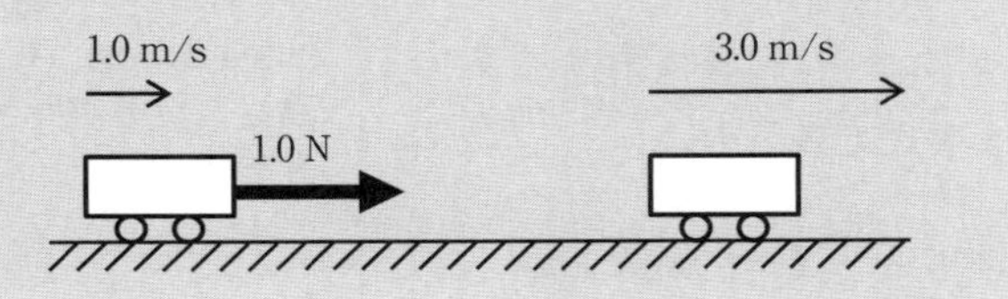

(1) 力を加える前と力を加えた後の台車の運動エネルギーはそれぞれいくらか。
(2) 力を加え始めてから速さ 3.0 m/s に達する瞬間までに台車が移動した距離はいくらか。

解　答

(1) 力を加える前：

$$運動エネルギー = \frac{1}{2} \times 1.0 \times 1.0^2 = \underline{0.50\ \mathrm{J}}$$

力を加えた後：

$$運動エネルギー = \frac{1}{2} \times 1.0 \times 3.0^2 = \underline{4.5\ \mathrm{J}}$$

(2) 増えた運動エネルギーは $4.5 - 0.50$，すなわち 4.0 J。これが台車になされた仕事に等しいから，求める距離を s〔m〕とおくと，$4.0 = 1.0 \times s$ となる。したがって，$s = \underline{4.0\ \mathrm{m}}$。

(4) 位置エネルギー

①重力による位置エネルギー

質量 m〔kg〕の物体が h〔m〕落下すれば，物体は重力 mg〔N〕から距離 h〔m〕の間，仕事を受け，その分だけ運動エネルギーを増す。そうなれば，この物体は得た運動エネルギーで，例えば他の物体に**仕事**をすることもできる。つまり，ある高さに存在する物体は，「その高さにいるというだけで」潜在的なエネルギーを持っているといえ，これを**重力による位置エネルギー**という。そして，高さ h〔m〕にある質量 m〔kg〕の物体が有する重力による位置エネルギーは次式で表される。

$$重力による位置エネルギー U = mgh〔\mathrm{J}〕$$

☜例えば，高いところから石を落とせば，その下においてある何かを動かしたり変形させたりする（つまり仕事をする）ことができる。抽象的な事象こそ，平易な言葉で具体的イメージを添えたい。

なお，「高さ」はある基準となる高さがあって初めて定義される。こうしたある基準となる高さにある面を**基準面**という。

演 習

下図のように，ある高さに存在する質量 m〔kg〕の物体について，基準面を位置 A の高さにとる場合と，位置 B の高さにとる場合で，それぞれ重力による位置エネルギー U〔J〕はいくらになるか。重力加速度を g〔m/s^2〕とする。

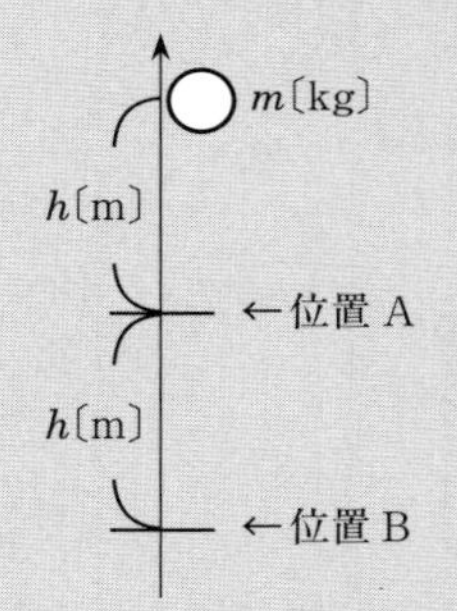

解 答

基準面を位置 A にとると，物体の高さは h〔m〕となる。したがって，$U = mgh$〔J〕。一方，基準面を位置 B にとると，物体の高さは $2h$〔m〕となる。したがって，$U = 2\,mgh$〔J〕。このように，重力による位置エネルギーは，基準面がどの面かによって異なってくる。そのため，一般的には，「○○を基準面とした重力による位置エネルギー」といったような表現がなされる。

②弾性力による位置エネルギー

水平面に置かれたばね定数 k〔N/m〕のつる巻きばねの先に物体がつながれているとする。そして，

x〔m〕引き伸ばされた(または，縮められた)とすると，このつる巻きばねが自然長に戻るとき，つる巻きばねの弾性力は物体に仕事をし，物体にその分の運動エネルギーを与えることになる。前節において，「仕事は『力-変位』グラフの面積で表される」としたが，数学的には，このグラフはどのような形のグラフであってもよいとされる。x〔m〕引き伸ばされた(または，縮められた)つる巻きばねが自然長に戻るまでの「力-変位グラフ」は下図のようになり，その面積は斜線部の直角三角形の面積，つまり $\frac{1}{2}kx^2$ となる。

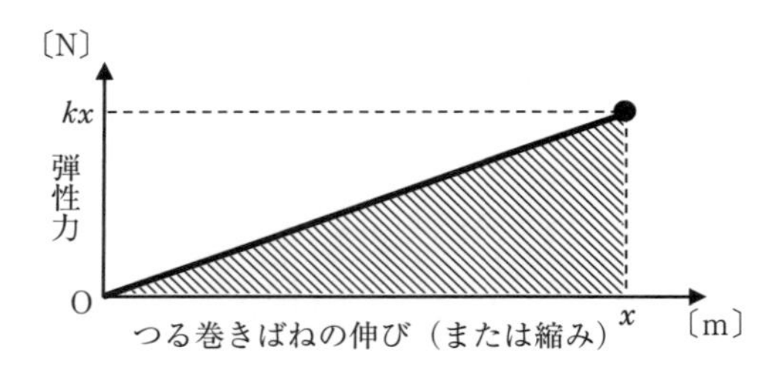

結局，ある長さ引き伸ばされた(または，縮められた)つる巻きばねは，「その長さ引き伸ばされた(または，縮められた)というだけで」潜在的なエネルギーを持っているといえ，これを**弾性力による位置エネルギー**という。そして，x〔m〕引き伸ばされた(または，縮められた)ばね定数 k〔N/m〕のつる巻きばねが有する弾性力による位置エネルギーは次式で表される。

$$弾性力による位置エネルギー\ U = \frac{1}{2}kx^2\ 〔J〕$$

☜位置エネルギーは，重力による位置エネルギーであろうが弾性力

演 習

地面に質量 2.0 kg の物体が置かれている。次の高さを基準としたとき，物体の持つ重力による位置エネルギーはいくらか。重力加速度を $9.8\ \mathrm{m/s^2}$ とする。

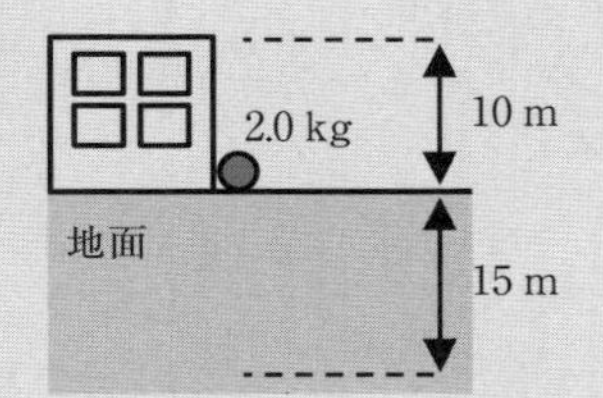

(1) 地面の高さ
(2) 地面から深さ 15〔m〕の位置
(3) 地面から高さ 10〔m〕のビルの屋上

解 答

(1) <u>0 J</u>
(2) $2.0 \times 9.8 \times 15 = 294 \fallingdotseq \underline{2.9 \times 10^2\ \mathrm{J}}$
(3) $2.0 \times 9.8 \times (-10) = -196 \fallingdotseq \underline{-2.0 \times 10^2\ \mathrm{J}}$

演 習

自然長から a〔m〕伸ばすのに f〔N〕の力が必要なつる巻きばねについて，次の問いに答えよ。
(1) ばね定数はいくらか。
(2) x〔m〕縮めたときの弾性力による位置エネルギーはいくらか。

による位置エネルギーであろうが，共通的に U で表現されることを伝える（合わせて，運動エネルギーは K で表現されることも改めて触れるとよい）。なお，重力による位置エネルギーでは基準となる位置（基準面）をいかようにでも設定でき，またこれを設定しないと U の値も決まり得なかったが，弾性力による位置エネルギーの場合は，基準は自然長の位置であり，基準となる位置をどこに設定するかといった議論は不要であることも伝えておきたい。

解　答

(1) ばね定数を k〔N/m〕とすると，フックの法則より $f = ka$。したがって，$k = \dfrac{f}{a}$〔N/m〕。

(2) $\dfrac{1}{2}kx^2 = \dfrac{1}{2} \times \dfrac{f}{a} \times x^2 = \dfrac{fx^2}{2a}$〔J〕。

1.8 力学的エネルギーの保存

(1) 力学的エネルギーと保存力

既に見てきたように，物体の運動エネルギーと位置エネルギーの和を力学的エネルギーという。そして，位置エネルギーには，「**重力**による位置エネルギー」や「**弾性力**による位置エネルギー」といったように，必ずある「力」が対応している。このように，位置エネルギーに対応している「力」を**保存力**という。つまり，位置エネルギーの種類として「○○力による位置エネルギー」とあった場合，この○○力に当てはまる力を保存力と呼ぶ。なお，保存力でない力を**非保存力**といい，身の周りの多くの力はこれに該当する。

☜位置エネルギーには，「重力による位置エネルギー」や「弾性力による位置エネルギー」の他に，「静電気力による位置エネルギー」や「万有引力による位置エネルギー」などもあることをこの段階で話題にし，保存力は「重力」や「弾性力」に限らない（ただし，そう多くはない）ことを示す。

(2) 力学的エネルギーの保存

物体が保存力だけから仕事をされる環境にあるとき，その運動エネルギーKと位置エネルギーUは相互に変換するが，それらの和である力学的エネルギーEは保存され，次の関係が成り立つ。

$$E = K + U = \text{一定}$$

☜「保存力だけから仕事をされる」であり，「保存力だけが働く」ではないことを念入りに指導したい。

力学的エネルギーが保存される代表的ケースとして，以下の2つを挙げる。

①なめらかな曲面上の運動

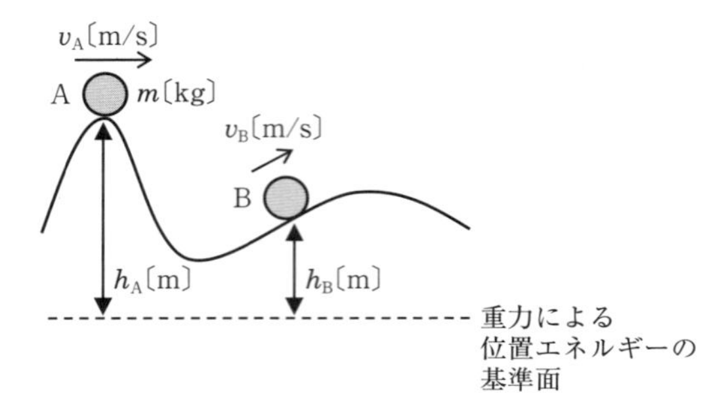

点Aから点Bに移動するまでの間，物体は重力だけから仕事をされるので，両点における物体の力学的エネルギーは等しい。これを式で表現すると，次式のようになる。

$$\frac{1}{2}m{v_A}^2 + mgh_A = \frac{1}{2}m{v_B}^2 + mgh_B$$

☜非保存力である垂直抗力も働き続けるが，これは物体に対して仕事をしない（力の方向と物体の進行方向が常に垂直であるため）。このことを明示しつつ，「（重力という）保存力だけから仕事をされる環境」であることを理解させる。

②つる巻きばねによる運動

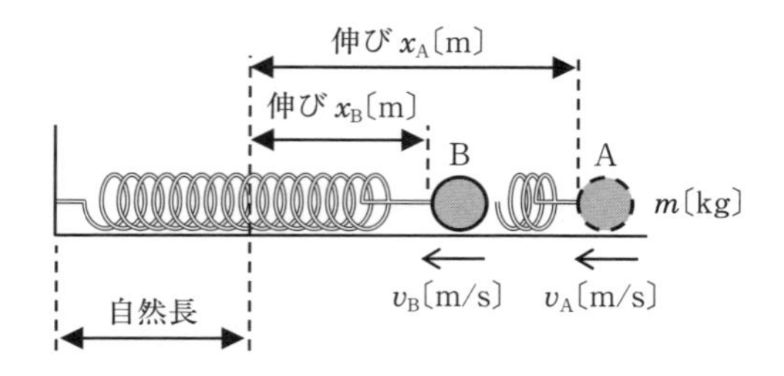

つる巻きばねの先につながれた物体は，点Aから点Bに移動するまでの間，ばねの弾性力だけから仕事をされるので，両点における物体の力学的エネルギーは等しい。これを式で表現すると，次式のようになる。

☜この場合も非保存力である垂直抗力が働き続けるものの，やはり物体に対して仕事をしない。このことを明示しつつ，「（弾性力という）保存力だけから仕事をされる環境」であ

$$\frac{1}{2}m{v_\mathrm{A}}^2+\frac{1}{2}k{x_\mathrm{A}}^2=\frac{1}{2}m{v_\mathrm{B}}^2+\frac{1}{2}k{x_\mathrm{B}}^2$$

演　習

下図のように，なめらかな曲面上において，質量 m〔kg〕の物体を曲面の最下点（重力による位置エネルギーの基準面もここにとる）から高さ H〔m〕の地点より速さ v〔m/s〕で転がし始めた。重力加速度を g〔m/s^2〕として，次の問いに答えよ。

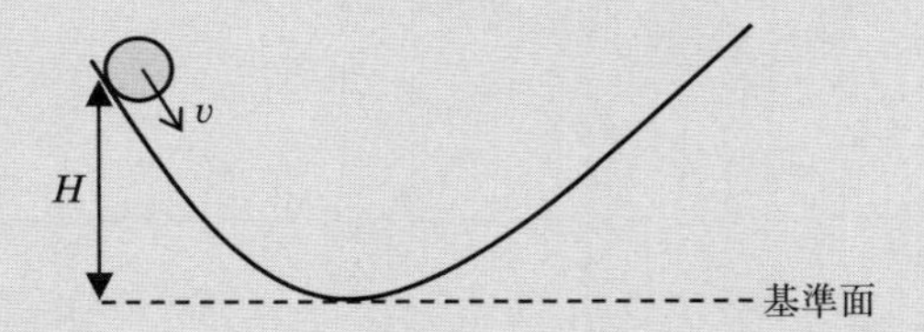

(1)　転がし始める位置において，物体の持つ力学的エネルギーはいくらか。
(2)　物体が最下点を通過するときの速さはいくらか。
(3)　物体が最下点を通過後に初めて到達する最上点の高さはいくらか。

解　答

(1)　力学的エネルギーは運動エネルギーと位置エネルギーの和であることから，$\underline{\frac{1}{2}mv^2+mgH}$〔J〕。
(2)　最下点では位置エネルギーが 0 J になる。最下点を通過するときの物体の速さを v'〔m/s〕とすると，力学的エネルギーの保存より，次式が成り立つ。

ることを理解させる。なお，「垂直抗力は仕事をしない」と決めつけてはいけないことを合わせて指導したい。単純な事例では，例えば，皿の上に物体を載せて，これを上昇させる場合が挙げられる。この場合，物体が受ける垂直抗力の方向に物体が移動する（変位が生じる）ので，物体に対して「垂直抗力は仕事をする」。

$$\frac{1}{2}mv^2 + mgH = \frac{1}{2}mv'^2$$

したがって，$v' = \underline{\sqrt{v^2 + 2gH}}$ 〔m/s〕。

(3) 物体が最下点を通過後に初めて到達する最上点では，運動エネルギーは 0 J となる（このとき，一瞬，静止するため）。最上点の高さを h 〔m〕とすると，力学的エネルギーの保存より，次式が成り立つ。

$$\frac{1}{2}mv^2 + mgH = mgh$$

したがって，$h = \underline{H + \frac{v^2}{2g}}$ 〔m〕。

—Tidbits—

「運動エネルギー」だけに着目すると，受けた仕事 (W) の分だけ運動エネルギー (K) は変化し，以下のような式となる。

$$K_{後} - K_{前} = W$$

一方で，「運動エネルギー」+「位置エネルギー」，つまり，「力学的エネルギー」に着目すると，非保存力から受けた仕事 ($W_{非保存力}$) の分だけ力学的エネルギー (E) は変化し，以下のような式となる。

$$E_{後} - E_{前} = W_{非保存力}$$

演　習

なめらかな斜面とあらい水平面がつながっている次頁の図のような環境において，水平面から高さ 0.25 m の斜面上の点 A に質量 2.0 kg の物体を置き，静かにすべらせたところ，物体は水平面上に達してから 0.70 m の距離をすべって点 B で停止した。重力加速度を 9.8 m/s^2 として，次の問いに答えよ。

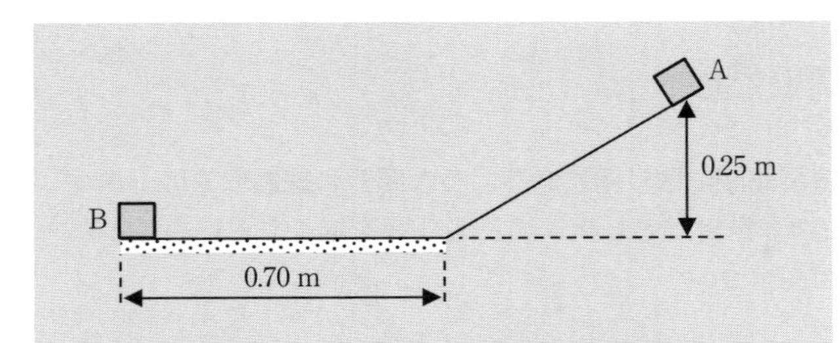

(1) 物体が点 A から点 B まで移動する間の力学的エネルギーの変化はいくらか。

(2) 物体と水平面との間の動摩擦力の大きさ f〔N〕はいくらか。

解　答

(1) 点 B の高さを重力による位置エネルギーの基準面とすると，点 A，B での力学的エネルギーは以下のようになる。
点 A での力学的エネルギー $E_{\mathrm{A}} = K_{\mathrm{A}} + U_{\mathrm{A}} = 0 + 2.0 \times 9.8 \times 0.25 = 4.9\ \mathrm{J}$
点 B での力学的エネルギー $E_{\mathrm{B}} = K_{\mathrm{B}} + U_{\mathrm{B}} = 0 + 0 = 0\ \mathrm{J}$
したがって，力学的エネルギーの変化 $= E_{\mathrm{B}} - E_{\mathrm{A}} = \underline{-4.9\ \mathrm{J}}$。

(2) (1) の値は動摩擦力という非保存力がした仕事 $W_{\text{動摩擦力}}$ に等しい。動摩擦力の向きは，物体の移動の向きと逆であるので，
$W_{\text{動摩擦力}} = -f \times$ 移動距離，つまり $-4.9 = -f \times 0.70$。
したがって，$f = \underline{7.0\ \mathrm{N}}$。

☞「変化」というと単なる「差」と考える学習者もいるが，差を求める引き算の順序はあくまで「後－前」であるという基本的なことも徹底して指導したい。引き算の順序を逆にすると，結果の符号は逆転する。物理学では正負の符号が異なることで重大な差を生むため，こうした引き算の順序についても厳密に行う姿勢を養う。

作図は大切！でも…

物理学の指導，特に，演習問題に取り組ませるような問題処理過程では，常々「図を描きましょう」という声掛けをします。この「図を描く」ということについて，少し考えてみましょう。

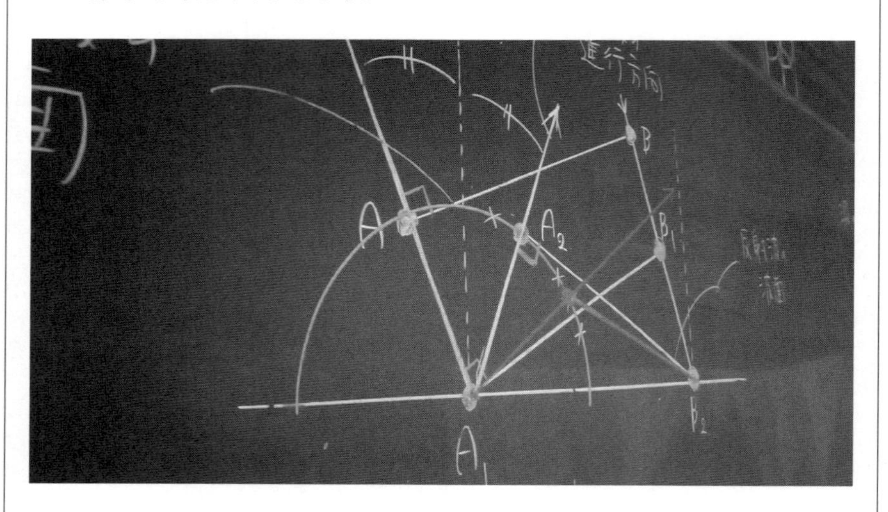

文字情報として与えられた内容を図化する「作図」が問題処理過程にどのような影響を与えるかについては，認知科学的観点を中心に，古くから研究対象とされてきました。こうした研究の中で，Larkin & Simon (1987) は，図で表現することによって，文章では分散してしまう情報が局在化して情報処理の負荷が軽減されるとし，作図の有用性を説いています。また，Tversky ほか (2002) は，図によって問題構造が明らかにされることで，推論や発見が促進されるとしています。物理学の指導においても，学習事項への理解を深め，思考力を養うため，あるいはその程度を測るために，学習者に演習問題を課す場面が少なくありませんが，こうした問題処理過程で作図を施すことの重要性は主張されてきました (Mason & Singh, 2010；Maries & Singh, 2018；Poluakan, 2019)。Heller ほか (1992) は，物理学の問題処理過程を 5 ステップに区分し，その初期段階に作図を施すという作業が必要になるとしています (次頁の表)。

ステップ	内容
1．問題の可視化	問題文の内容を図で表現する
2．問題を物理学的に表現	上記の図に基づき，問題文の内容を物理学的に表現する
3．問題解決の計画	上記の物理学的表現から，問題解決に繋がる数学的な表現に繋げる
4．計画の実行	上記の数学的表現を用い，一連の適切な数学的処理を実行する
5．確認と評価	正しい答えが導かれたかを確認・評価する

このように物理学の問題処理過程における作図の重要性が主張される一方で，Heckler (2010) は，作図させることが問題処理に必ずしも促進的に働かないとし，これを踏まえて，Susac ほか (2019) は，問題処理における作図の役割を決定するにはさらなる研究の蓄積が必要であるとしています。筆者自身も，物理学習に臨む学習者が力学分野の問題を処理する際に施す作図の状況，そして，それと問題解決の成否の関係性についての基礎的データを事例的に調査したことがあります (仲野，2022)。その結果，以下のような結果を得て，「作図は大切！ でも…」といった，奥の深そうな結果となりました。

・作図の状況については男女共に同様の傾向が見られ，両者間での有意差は見られなかった。
・男女共に作図の状況と問題解決の成否には相関関係が認められ，問題解決の成否に作図が重要な要因として関わることが示唆された。
・女子の場合は，男子に比べて作図が問題解決に繋がりにくい傾向が見られ，「作業として作図ができたとしても，その後の思考に発展しにくい」可能性が示された。

「『物理学の問題処理過程においてなされる作図を施すという作業』と『問題解決の成否』の関係性」という観点で俯瞰(ふかん)したとき，これらの関係性を具体的に示す基礎的データの提示は乏しいのが実態です。物理学を学ぶ学習者が問題処理過程で施す作図への理解は，教育実践上も重要であり，関連する基礎的データの蓄積が望まれます。皆さんも，指導現場に立った際は，作図の重要性を認識しつつ，一方で，その奥深さを追究していただきたいものです。

2章｜熱

2.1　熱とエネルギー

(1)　物質の三態と分子の熱運動

固体，液体，気体といった物質の3つの状態を物質の**三態**といい，物質がどの状態をとるかは，温度や圧力により決まる。これらのいずれの状態であっても，物質を構成する原子・分子などは絶え間なく「不規則」で「乱雑」な運動をしており，この運動を**熱運動**という。熱運動は，温度が高いほど**激しい**。

☜教員としては，「物質の『第4の状態』」と呼ばれるプラズマもあることを知っておいてもよいであろう（固体を加熱していくと，液体，気体と状態変化をしていくが，さらに加熱すると気体分子は原子レベルに分かれ，ついには原子から電子が飛び出し，残りは正の電荷を持つイオンとなる。このような状態がプラズマである）。

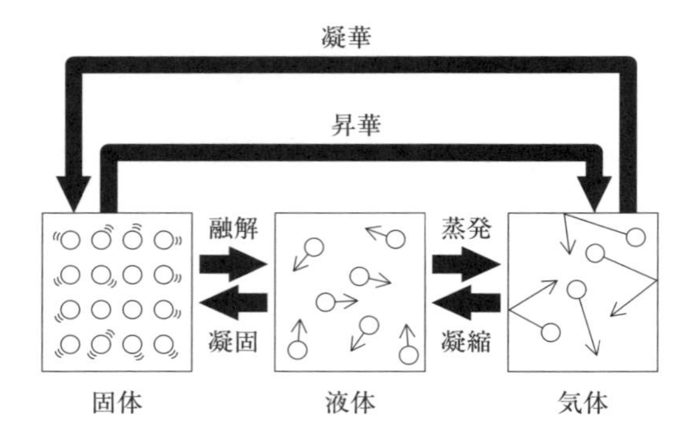

(2)　ブラウン運動

分子の熱運動によって引き起こされる現象にブラウン運動がある。これは，微粒子が見せる不規則な運動であり，微粒子の周囲にある気体や液体の分子が熱運動をし，微粒子に衝突することで引き起こされるものである。次頁の写真には，希釈した墨汁の中において，煤（すす）由来の微粒子がブラウン運動を行う様子を例示する（岡部ほか，2023；仲野，2024）。このように，ブラウン運動を行う微粒子は，時間の経過とともに不規則な軌跡を形成する。

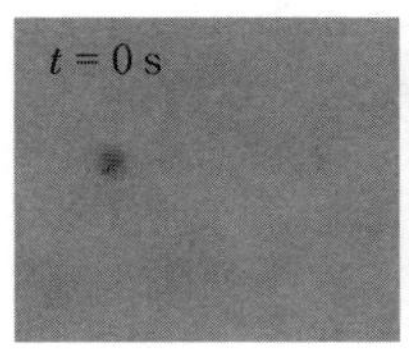

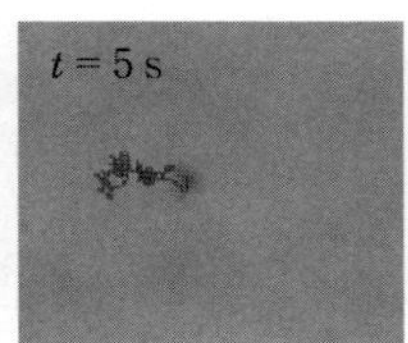

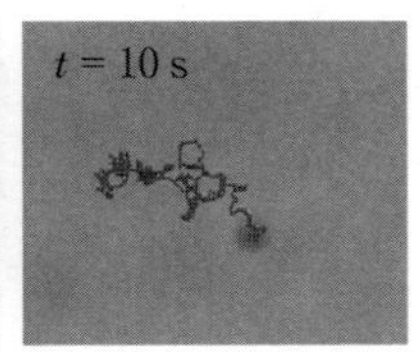

☜「微粒子」は「分子」よりはるかに大きく，例えば数百倍の倍率に設定した顕微鏡で十分観察できるようなサイズである。ブラウン運動では，微粒子自体が熱運動で動くのではなく，あくまでそれを取り囲む「観察できないほど小さい大量の分子」が熱運動をしており，これらが微粒子に衝突して微粒子が動かされる，というメカニズムを理解させる。

—Tidbits—

1827 年，ブラウンは，水面に浮かんだ花粉の不規則な運動を見いだした。このような運動（ブラウン運動／Brownian Motion）を分子の熱運動と関連づける考えは 19 世紀から出だしたものの，明確な理論は 1905 年，アインシュタインの論文で初めて提示され，ブラウン運動が分子の熱運動によって引き起こされる根拠が与えられた。通常，我々が観測する物理量は，いわば「マクロ」な物理現象（水平面上を物体が速さ 10 m/s で進んでいる，など）であるが，「ミクロ」な視点で見れば，周辺の「ミクロ」な熱運動に由来するある種の「ゆらぎ」を有しているであろう（その「ゆらぎ」は観測している物理量の大きさと比較すると極めて小さいがゆえに，無視しているにすぎない）。そういった意味で，ブラウン運動，あるいはその原因たる現象は，微粒子の運動に限らず，ごく身近にかつ普遍的に存在するといえよう。

(3) 温度

温度は，熱運動の**激しさ**を表す物理量であり，〔℃〕の単位で表されるセルシウス温度と，〔K（ケルビン）〕の単位で表される絶対温度がある。セルシウス温度は，**1 気圧**の下で，水の融点を**0** ℃，

☜日本の理科教育では扱われないが，例えばアメリカなどにおいて

沸点を**100** ℃として定められた温度目盛りを適用する。一方，絶対温度は，分子の熱運動が完全に止まる**−273** ℃を基準，つまり**0** Kとして，温度目盛りの間隔をセルシウス温度と等しくとった温度目盛りを適用する。「0」の基準が異なるだけで，温度目盛りの間隔は両者同じであることから，セルシウス温度を t〔℃〕，絶対温度を T〔K〕とすると，両者の関係式は次のようになる（※）。

$$T = t + 273$$

は，ファーレンハイト温度というものも多用され，〔°F〕の単位で表される。ファーレンハイト温度では，水の融点と沸点は，それぞれ，32°F，212°Fである。セルシウス温度を t〔℃〕，ファーレンハイト温度を T_F〔°F〕とすると，両者の関係式は次のようになる。

$$t = \frac{T_F - 32}{1.8}$$

☜（※）「−273 ℃が0 K」という対応関係さえ押さえておけば左記の式は思い出せることを伝え，数式に対する抵抗感を和らげたい。

(4) 熱膨張・熱収縮

理科の実験で多用されるアルコール温度計などの液体温度計は，温度計内の液体の体積が温度によって変化する現象を利用している。このように，物体の体積が温度変化に伴って増減する現象のことを**熱膨張**・**熱収縮**という。これらの現象は，物体を構成している原子・分子の**熱運動**に起因する。例えば，熱膨張のイメージとしては，以下の大まかなステップで理解できる。

① 物体の温度が上昇する
② つまり，物体を構成する原子・分子の**熱運動**が活発化する
③ その結果，原子・分子の互いの間隔（振動の中心位置の間隔）が**広がる**
④ その総和として，物体の体積が**大きく**なる

(5) 内部エネルギー

物体が力学的エネルギーを持っていないときでも，物体を構成している原子・分子はエネルギーを持ち，これを**内部エネルギー**という。原子・分子は，互いに引力・斥力を及ぼし合っており，この力による**位置エネルギー**を持っている。また，原子・分子は熱運動をしていることから，**運動エネルギー**も持っている。このような，物体中に含まれる原子・分子の持つエネルギーの和が内部エネルギーとなる。

☜指導場面では，例えば空気の詰まった箱をイメージさせるとよい。水平面（重力による位置エネルギーの基準はここにとる）の上を速度 v で動く場合と，静止した場合を板書し，「既に知っているように，前者は『箱としてはエネルギーを持っている$\left(\frac{1}{2}mv^2\right)$』が，後者は『箱としてはエネルギーを持っていない (0)』」とまずは確認したい。そのうえで，「しかし，箱の中の気体は？」と尋ね，「熱運動をしており，エネルギーを持っている」と既習事項を思い起こさせ，これが内部エネルギーであると関連づけたい。

演 習

(1)，(2) の空欄に適切な語を入れよ。

(1) 物体を構成している原子・分子は，(　　) をしていることにより，運動エネルギーを持ち，原子・分子間に働く力による (　　) も持つ。

(2) 全ての原子・分子の力学的エネルギーの和を，その物体の (　　) といい，その値は物体の (　　) が高いほど大きくなる。

解 答

(1) 熱運動，位置エネルギー。

(2) 内部エネルギー，温度。

(6) 熱量の保存

例えば，高温物体Aと低温物体Bがあり，これらを接触させる場合を考える。このとき，AとBの接触面では，激しく熱運動をしているAの原子・分子がそれほど熱運動をしていないBの原子・分子に当たり，結果として，Bの原子・分子の熱運動は，AとBの接触面に近い部分から内部に向かって徐々に激しくなっていく。つまり，Bでは，接触しているAから熱運動のエネルギーが流入し（原子・分子の熱運動が激しくなり），温度は**高く**なっていく。一方，Aでは，Bへ熱運動のエネルギーが流出し，温度は**低く**なっていく。このAからBへ移った熱運動のエネルギーを**熱**，その量を**熱量**といい，熱量の単位には〔J（ジュール）〕が用いられる。なお，AとBは最終的に等温度になり，両物体間での熱エネルギー移動がない**熱平衡**という状態に至る。

一般に，高温物体と低温物体を接触させたり，混合させたりした場合，以下の関係が成立し，この関係を**熱量の保存**という。

高温の物体から出た熱量＝**低温**の物体に入った熱量

(7) 熱容量

ある物体の温度を1K上昇させるのに必要な熱量を**熱容量**といい，その単位には〔J/K〕などが使われる。この定義から，「熱容量C〔J/K〕の物体にQ〔J〕の熱量を加えたところ，温度がΔT〔K〕上昇した」とすると，熱容量は以下の式で表される。

$$C = \frac{Q}{\Delta T}$$

☜「1K」と「1℃」は異なるが，「1K上げる（または下げる）」と「1℃上げる（または下げる）」は同じであることをこの段階で改めて認識させたい。

(8) 比熱

単位質量（例えば1kg）の物質の熱容量を**比熱**といい，その単位には〔J/(kg･K)〕などが使われる。この定義から，「比熱 c〔J/(kg·K)〕の物質でできた m〔kg〕の物体に Q〔J〕の熱量を加えたところ，温度が ΔT〔K〕上昇した」とすると，比熱は以下の式で表される。

$$c = \frac{Q}{m\Delta T}$$

(9) 熱容量と比熱の関係性

比熱 c〔J/(kg・K)〕の物質でできた質量 m〔kg〕，熱容量 C〔J/K〕のある物体に，Q〔J〕の熱量を加えたところ，温度が ΔT〔K〕上昇したとする。この場合，前述の 2 式より，$Q = C\Delta T$ とも書け，$Q = mc\Delta T$ とも書ける。つまり，$C\Delta T = mc\Delta T$ となることから $C = mc$ と書け，「比熱 c〔J/(kg·K)〕の物質でできた m〔kg〕の物体」において，「比熱 c〔J/(kg·K)〕と質量 m〔kg〕をかけたものがその物体の熱容量 C〔J/K〕」という単純な関係性があることが分かる。

☜熱とエネルギーの単元では「単位に注意」するよう助言したい。物理学の学習においては，単位は国際単位系に基づいた統一感のある使い方をするものであるが，熱とエネルギーの単元では，その統一感があまり感じられない。温度については，〔℃〕〔K〕，質量については〔g〕〔kg〕が用いられるため，熱容量や比熱について，様々なバリエーションの単位が混在するというのが実態である。

演　習

温度が 10 ℃で質量が 20 g の水の中に，温度が 60 ℃で質量が 30 g のお湯を入れた。混合後の全体の温度はいくらになるか。なお，水やお湯の比熱は 4.2 J/(g·K) とし，水とお湯の間でのみ熱のやり取りがなされるとする。

解　答

熱量の保存より，高温の物体から出た熱量は低温の物体に入った熱量と等しい。また，比熱 c の物質でできた質量 m の物体に出入りする熱量の大きさを Q とし，その際の温度変化の大きさを ΔT

とすると，$Q=mc\Delta T$ で表せる。これらのことから，熱平衡後の温度を t〔℃〕とすると，次式が成り立つ。

$$20\times4.2\times(t-10)=30\times4.2\times(60-t)$$

したがって，$t=\underline{40\ ℃}$。

(10) 潜熱

物質の状態が固体，液体，気体といった三態の間で変化するとき，熱を加え続けても（あるいは放熱し続けても）温度は変わらない（下図）。これは，例えば固体から液体に変化する場合では，原子・分子間の引力による束縛を緩めていくために，加えた熱が使われるからである。このように，「物質の状態変化に使われる熱」のことを**潜熱**という。

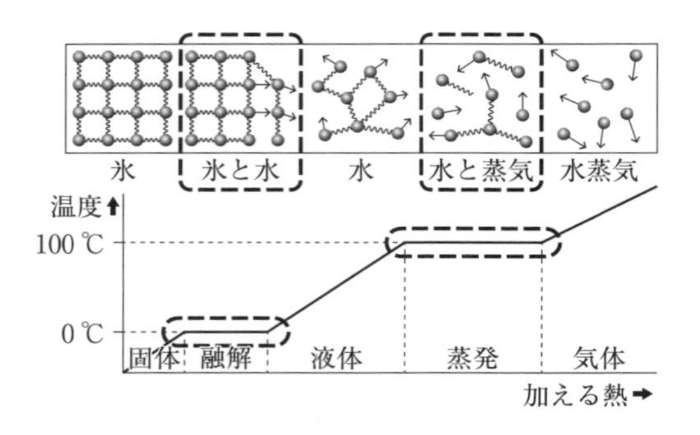

潜熱の熱量は，物質 1 kg あたりの値で表されることが多く，単位には〔J/kg〕がよく用いられる。以下，代表的な潜熱として，融解熱と蒸発熱について補足する。

☜高等学校学習指導要領解説などに記載はないが，温度を変化させるための熱を顕熱という。温度変化として現れない（潜む）「潜熱」と温度変化として現れる（顕在化する）「顕熱」をセットで説明する方が学習者の理解・記憶定着に寄与するのではないだろうか。これに限らず，学習者の理解・記憶定着に資すると思われる場合は，高等学校学習指導要領解説などに記載がなくとも，追加的に言及したいものである。

①融解熱

固体が液体に変わるのに必要な熱，より具体的には「一定圧力の下で，融点にある1kgの固体を融かすときの潜熱」で，加えた熱量を Q〔J〕，融けた質量を m〔kg〕とすると，融解熱 L〔J/kg〕は以下の式で示される。

$$L = \frac{Q}{m}$$

②蒸発熱

液体が気体に変わるのに必要な熱，より具体的には「一定圧力の下で，沸点にある1kgの液体を気体に変化させるときの潜熱」で，加えた熱量を Q〔J〕，蒸発した質量を m〔kg〕とすると，蒸発熱 L〔J/kg〕は以下の式で示される。

$$L = \frac{Q}{m}$$

演　習

0℃の氷が2kgある。この氷を0℃の水にするために必要な熱量を求めよ。ただし，氷の融解熱は 3.3×10^5 J/kgとする。

解　答

投入すべき熱量を Q〔J〕とすると，融解熱の定義から $3.3 \times 10^5 = \dfrac{Q}{2}$ となり，$Q = \underline{6.6 \times 10^5\ \mathrm{J}}$。

(11) 仕事と熱運動のエネルギー

①仕事から熱への転化

例えば，寒い冬に手と手をこすり合わせると温かく感じるように，一般に，物体と物体をこすり合わせると発熱する。これは，**仕事**が**熱**に変わるからであり，より具体的には，「摩擦力に逆らって外力が仕事をし，物体の表面付近の分子同士が衝突して，分子の熱運動が激しくなる」からである。このように，仕事が熱に形を変えることがある。

②熱から仕事への転化

例えば，大気中でなめらかに動くピストンがついたシリンダー内に気体を閉じ込め，この気体に熱を加える場合を考える。この場合，気体分子の熱運動が激しくなることで，気体の内部エネルギーは増加する。そして，気体分子はピストンに激しく衝突するようになり，その結果として，ピストンを移動させるという仕事も行う。このように，**熱**が**仕事**につながることがある。

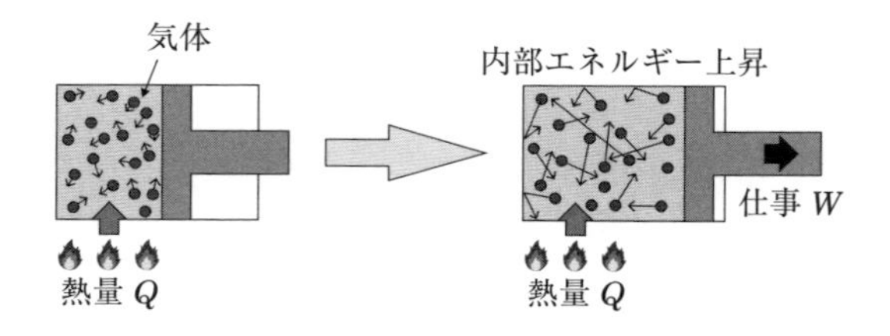

(12) 熱力学第1法則

ある空間に閉じ込められた気体において，「熱という形で流入したエネルギーの一部は，外部にする仕事に使われ，残りは気体分子の熱運動のエネルギーを増加させること，つまり，内部エネルギーの増加に使われる」ということが知られている。このように，「気体に加えられた熱量 Q は，気体の内部エネルギー変化 ΔU と，気体が外部にした仕事 W

との和に等しい」という関係が成り立ち，これを**熱力学第1法則**という。ただし，ある空間に閉じ込められた気体を想定した場合，この気体には熱が入る場合もあれば，出る場合もある。また，この気体が外部に仕事をする場合もあれば，外部から仕事をされる場合もある。そこで，気体に流入する熱量を Q_{in}，気体から放出される熱量を Q_{out}，気体が外部からされる仕事を W_{in}，気体が外部にする仕事を W_{out} と書き分けると，熱力学第1法則は以下の4パターンの式で表現できる。

$$\Delta U = Q_{in} - W_{out}$$
$$\Delta U = Q_{in} + W_{in}$$
$$\Delta U = -Q_{out} - W_{out}$$
$$\Delta U = -Q_{out} + W_{in}$$

☜4つも式が登場し，一見複雑に感じられるが，指導場面では「これらはあくまで等価（表現を変えているだけ）」と伝え，理解を得るようにしたい（例えば「2」=「−（−2）」であるのと同じイメージで「$●_{in}$」=「$-●_{out}$」と考えると，この4式はいずれも等価であることを理解できよう）。

演　習

(1) 気体が外部に30 Jの仕事をし，気体の内部エネルギーは50 J増加した。気体は熱を吸収したか，放出したか。またその量はいくらか。
(2) 気体が外部から80 Jの仕事をされ，内部エネルギーは200 J減少した。気体は熱を吸収したか，放出したか。またその量はいくらか。

解答

(1) 熱力学第1法則の式において，「気体は外部に仕事をした」ので W_{out} を適用する。熱の吸収・放出については不明であるため，一旦 Q_{in} を仮に適用する。すると，熱力学第1法則の式は $\Delta U = Q_{in} - W_{out}$ となり，それぞれの文字に判明している数値を代入すると，$50 = Q_{in} - 30$。したがって，$Q_{in} = 80$ となるので，気体は熱を80 J吸収した。

(2) 熱力学第1法則の式において，「気体は外部から仕事をされた」ので W_{in} を適用する。熱の吸収・放出については不明であるため，一旦 Q_{in} を仮に適用する。すると，熱力学第1法則の式は $\Delta U = Q_{in} + W_{in}$ となり，それぞれの文字に判明している数値を代入すると，$-200 = Q_{in} + 80$。したがって，$Q_{in} = -280$（つまり，$Q_{out} = 280$）となるので，気体は熱を280 J放出した。

(13) 熱機関

自動車のエンジンのように，与えられた熱で仕事をする装置を**熱機関**という。熱機関では，気体が高温熱源から熱を受け取り，熱の一部を**仕事**に変えた後，熱を低温熱源に捨てて元の状態に戻る。なお，熱機関において，供給された熱量の何%を仕事に変えることができるかという数字を**熱効率**という。熱効率は，%表示（例えば，70%）ではなく，割合表示（例えば，0.70）で表現されることもある。

演 習

ある熱機関が 200 J の熱量を受け取り，外部に 60 J の仕事をしたとする。この熱機関が捨てた熱量はいくらか。また，この熱機関の熱効率はいくらか。

解 答

捨てた熱量は 200 − 60 = 140 J。また，熱効率は 60 ÷ 200 = 0.30（または，30%）。

(14) 熱力学第 2 法則

熱い湯の中に氷を入れると，やがて全体が同じ温度のぬるい湯になるが，この逆の現象（ぬるい湯が氷と熱い湯に分かれる現象）は自然には起こり得ない。このように，外から何らかの操作をしない限りはじめの状態に戻らない変化を**不可逆変化**といい，一般的に**熱**に関する現象は不可逆変化である。不可逆変化は「区別のはっきりした秩序ある状態（例：氷と熱い湯にはっきりと分かれている状態）→平均化した無秩序な状態（例：全体的に均一なぬるい湯）」といった方向にしか進行せず，こうした不可逆変化の向きを表す法則を**熱力学第 2 法則**という。

基礎編

3章 | 波

3.1 波の性質

(1) 波

波源に生じた振動が周囲へ伝わる現象を**波**または波動といい，一端を振動させると，同じ振動が少し遅れて隣の場所に起こり，その振動は隣へ隣へと伝わっていく。このとき，波を伝える物質を**媒質**という。

☜「光」という媒質を必要としない波もあることを意識し，「波には必ず媒質が必要である」と強調しすぎない。

(2) 波形

波の形を**波形**という。例えば，下図のような波形の場合，点Aのような部分を**山**，点Bのような部分を**谷**と呼ぶ。

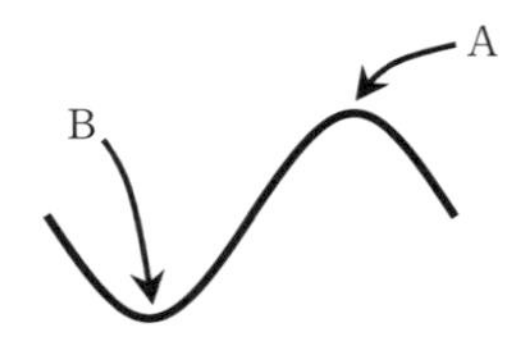

こうした山と谷が連続的に並ぶ波を**連続波**と呼び，連続的に続かない単発の波を**パルス波**と呼ぶ。

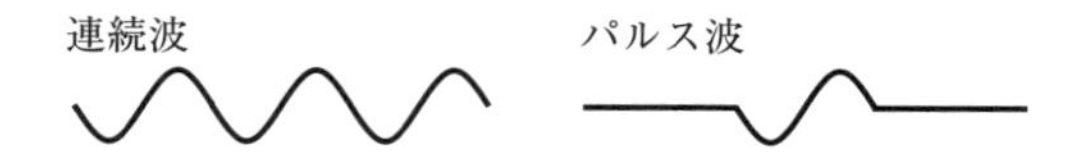

波形において，山の高さや谷の深さを**振幅**と呼び，波1個の長さを**波長**と呼ぶ。

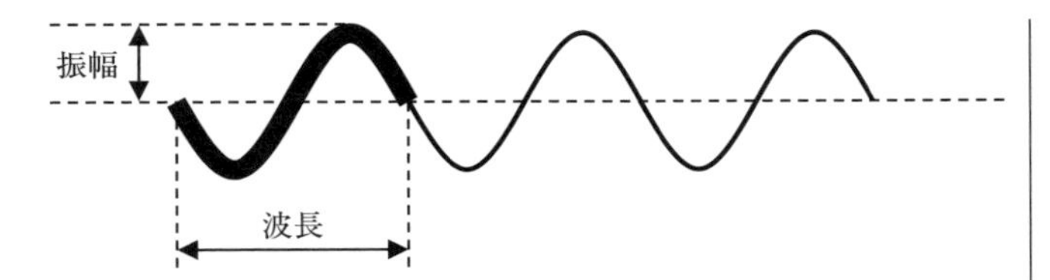

なお，「波形がある」ということは，下図に示すように，媒質の中に本来の位置であるつり合いの位置（振動の中心）からずれている部分とずれていない部分が存在するということである。

媒質のどの部分も，つり合いの位置のまま
→ 波形「なし」

媒質の中に，ずれ（＝変位）発生
→ 波形「あり」

変位

変位

波形は，波の進む向きに**平行移動**し，Δt〔s〕で Δx〔m〕移動したとすると，波の速度 v〔m/s〕は，以下の式で表される。

$$v = \frac{\Delta x}{\Delta t}$$

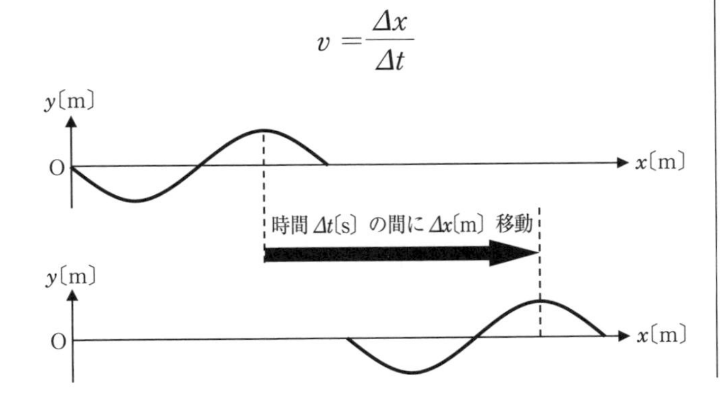

—Tidbits—

石嶺(2000)は，波特有の性質は力学で学習した内容ではとらえにくく，これを理解するには，波の基本概念を「新しい概念」としてとらえねばならないと指摘し，それに向けた指導上の工夫の必要性を説いている。例えば，力学では「速度の合成」というものが成り立つ。これは，「速度 v で真横に矢を射る作業を，矢と同じ方向に速度 V で移動する台の上から行うと，射られた矢の速度は $V+v$ になる」といったような単純な速度の足し合わせの法則であり，容易に納得できよう。しかし，波では力学同様の「速度の合成」が成り立たず，移動する波源から発せられた波の速度は，あくまで波源静止時の波の速度と同じという結果になる。通常，波の学習の前段階で力学を学習する。そのため，力学を学習した学習者が，「波の速度は波源の速度に影響を受ける」という誤概念を持ち込む可能性は，大いに懸念される(仲野，2020)。このように，波は，学習者の学習上(そして，教員の指導上)，特有の難しさが存在する。

(3) 周期的な波

①単振動

等速円運動をする物体を真横から見たとき，物体は単純な往復運動の動きをするように見える。このような物体の動きを**単振動**という。下図のように，つる巻きばねの先に物体を取りつけて振動させる，いわゆるばね振り子の運動も単振動の一例である。

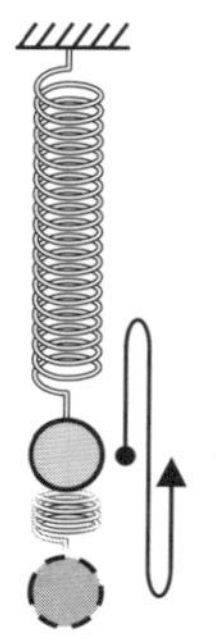

つり合いの位置を中心とした単振動

②単振動の周期と振幅

「等速円運動１回転に要する時間」に対応する，「単振動１振動に要する時間」を単振動の**周期**という。また，「等速円運動の半径」に対応する，「単振動の中心から折り返し点までの長さ」を単振動の**振幅**という。

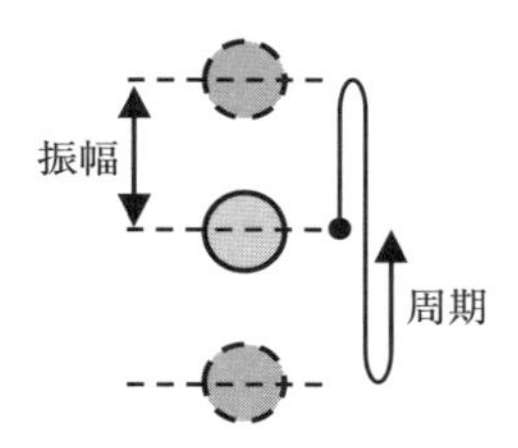

③正弦波

媒質中の１点で y 軸方向に起こった単振動が，x 軸方向に伝わっていくと，時間の経過につれて正弦(sin) 曲線が x 軸方向に移動していくように見える。このような波を**正弦波**という。次頁の図には，波源の単振動が媒質を伝わる様子，つまり正弦波の波形が形成されていく様子を例示する。

☜左記のように，正弦(sin) 曲線が移動していくように見えるため正弦波と呼ばれるが，sin と cos は異なる位相定数を有した同じ振動関数であることを教員としては理解しておかねばならない。

なお，１つの波ができるのにかかる時間を波の**周期**という。波は１周期で１波長分進むことから，波の速さ v，周期 T，波長 λ（ラムダ）の間には，次式が成り立つ。

$$vT = \lambda$$

また，１秒間あたりの媒質の振動回数を**振動数**といい，その単位は〔Hz（ヘルツ）〕が用いられる。次頁の図に例示するように，波源の媒質が１振動す

☜振動数については，「１秒間あたりの媒質の振動回数」「１秒間に生まれる波の個数」といった２つの表現ができるよう指導したい。

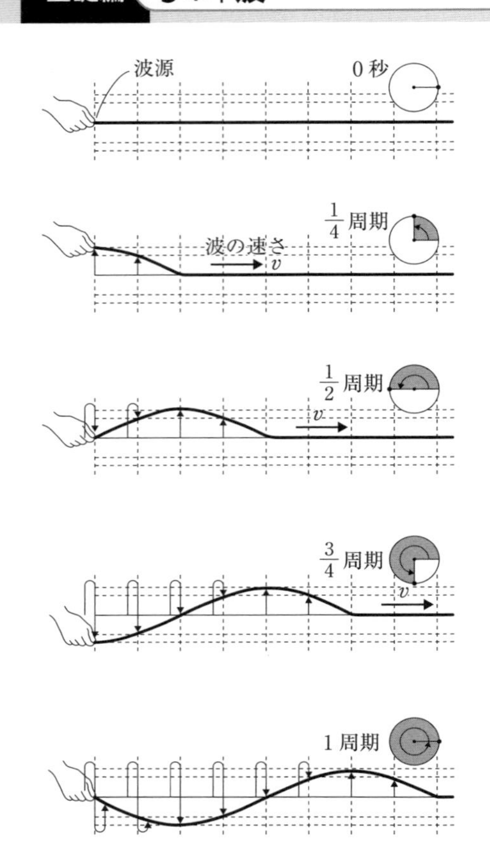

ると波1個が生まれることから，振動数は，「1秒間に生まれる波の個数」ともいえる。振動数は，周期の逆数となり，周期 T，振動数 f の間には，次式が成り立つ。

$$T = \frac{1}{f}$$

振動数 f を用いると，波長 λ の波の速さ v は，以下のようにも書ける。

$$v = f\lambda$$

波長が 5.0 m，振動数が 10 Hz の正弦波が一直線上を進んでいる。この波の周期 T〔s〕と速さ v〔m/s〕はいくらか。

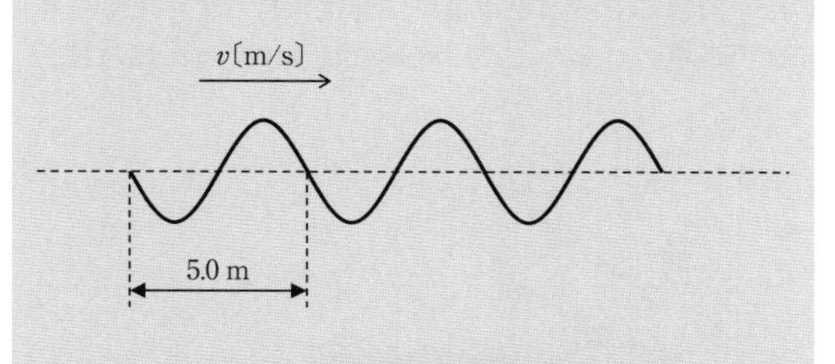

解　答

$T = \dfrac{1}{f} = \dfrac{1}{10} = \underline{0.10\ \mathrm{s}}$。$v = f\lambda = 10 \times 5.0 = \underline{50\ \mathrm{m/s}}$。

(4) 横波と縦波

媒質の各点の振動方向が波の進行方向に対して直角である波を**横波**といい，媒質の各点の振動方向が波の進行方向と同方向である波を**縦波**という。

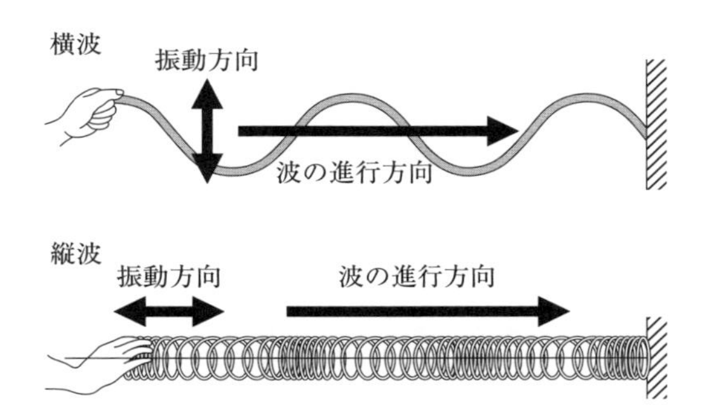

固体は，原子・分子同士が強く結合しており，「おもり同士があらゆる方向からばねでつながれているイメージ」に似ている。そのため，どの方向にもひずみが伝わることから，固体中では，横波も縦波も伝わる。一方，液体や気体は，原子・分子同士の結合が比較的弱く，圧縮や膨張には弾性を持っていても，ずれやねじれの変形では元に戻らない。そのため，液体や気体中では，縦波は伝わり横波は伝わらない。

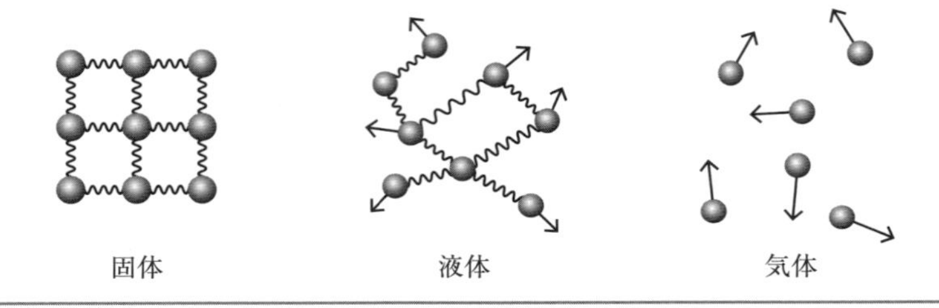

(5) 波の独立性と波の重ね合わせ

例えば，下図のように媒質の左右からパルス波を送ったとき，それぞれの波は，衝突後も他方の波の影響を受けず，**向き**や**速さ**，**波形**を保ったまま進む。

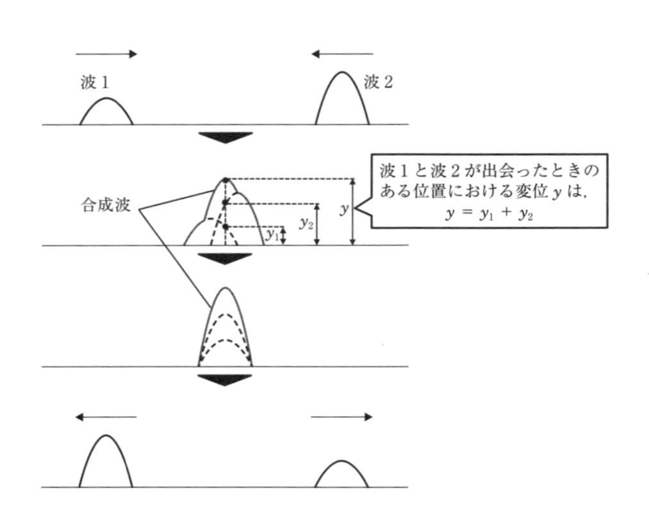

☜波の独立性や波の重ね合わせなど，波の詳細な動きを授業の中で示す際，ウェーブマシンのような現物を使用してもよいが，シミュレーションソフトを活用することも有効である。物理学に限らず，理科では現物主義を大切にしたいが，コンピュータ活用も積極的に図りたい。

このような性質を波の**独立性**という。なお，波が衝突し，重なり合っているときの波形は，それぞれの波が単独で伝わるときの変位の和になる。これを波の**重ね合わせの原理**という。重ね合わせによってできた波を**合成波**という。

(6) 定在波

振幅，波長が等しい2つの波を下図のように左右から同じ**速さ**で供給し続けると，合成波は右にも左にも進まないように見える。このような合成波を**定在波**，あるいは定常波という。これに対して，1つの正弦波のように，時間と共に進む波を**進行波**という。定在波において，全く振動しない点を**節**（ふし），最も大きな振幅で振動する点を**腹**（はら）という。

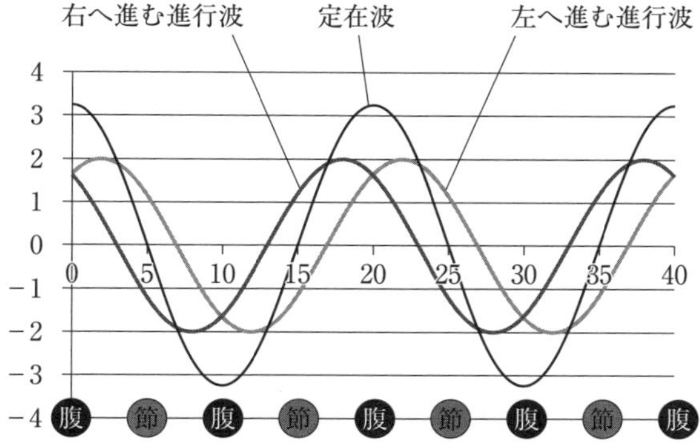

定在波については，以下のことがいえる。

- 腹の振幅…元となる波の振幅の **2** 倍
- 周期…元となる波と**同じ**
- 振動数…元となる波と**同じ**
- 腹と腹（節と節）の間隔…元となる波の波長の $\frac{1}{2}$
- 腹と節の間隔…元となる波の波長の $\frac{1}{4}$

☜こうした定在波に関する重要な結論は，数学的に導くことができるが，図からも導くことができる。指導場面では，単に知識として伝えるのではなく，できる限り学習者自身に図を描かせながら導かせたい。

演　習

下図は，x 軸の正の向きに進む波（実線）と x 軸の負の向きに進む波（破線）のある時刻の様子を示す。これらの波の波長は 4.0 m，速さは 1.0 m/s としたとき，次の問いに答えよ。

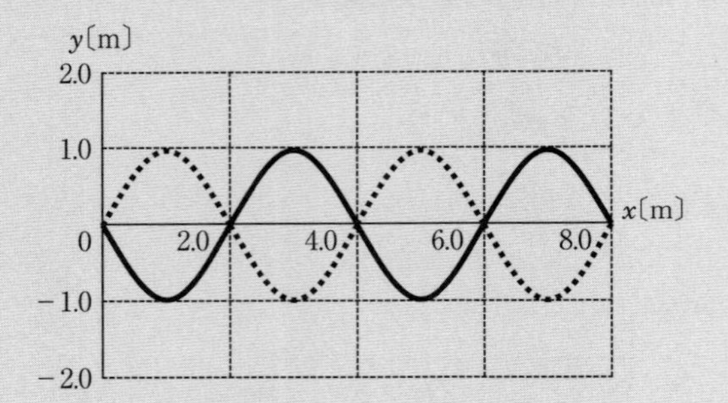

(1) 1.0 s のそれぞれの波の様子を作図し，合成波も作図せよ。

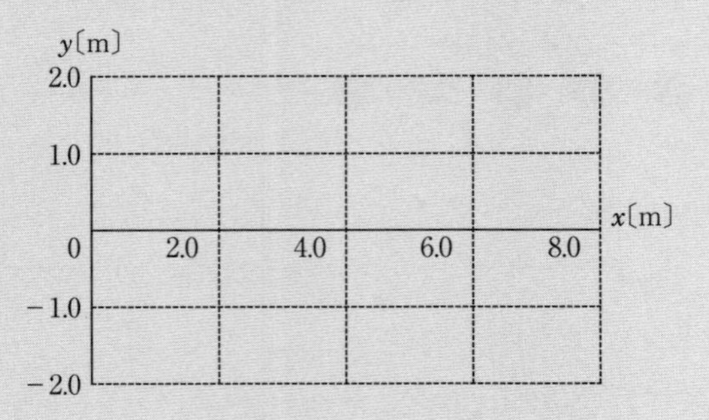

(2) 腹の位置，節の位置はどこか。

解　答

(1) x 軸の正の向きに進む波（実線）を 1.0 m だけ正の向きへ，x 軸の負の向きに進む波（破線）を 1.0 m だけ負の向きへ動かせると，1.0 s のそれぞれの波の様子が描ける（下図のように両方の波は重なる）。また，これらの合成波は，灰色実線のようになる。

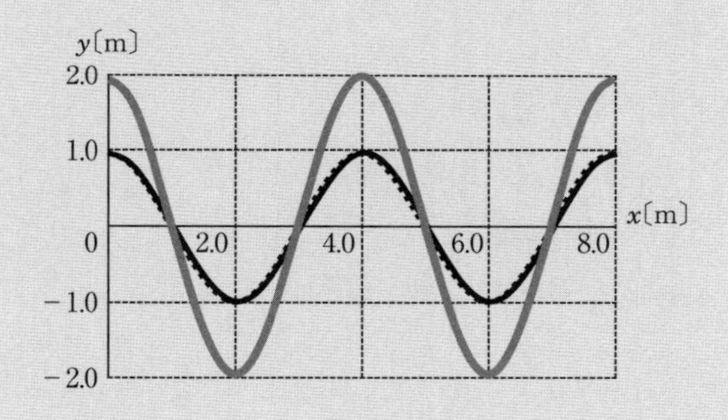

(2) 上図から，腹の位置，節の位置は以下のように判明する。
腹の位置…0，2.0，4.0，6.0，8.0 m
節の位置…1.0，3.0，5.0，7.0 m

(7) 波の反射

海の波が岸壁に達した場合，その後，岸壁が波打つのではなく，波は海の方へ返っていく。このように，波は媒質の端まで達すると，その点で反射して，返っていく。この現象を波の**反射**という。このとき，反射する前の波を**入射波**，反射した後の波を**反射波**という。

(8) 媒質の端の状態

波の反射の様子は，媒質の端の状態（固定されているか否か）によって異なる。岸壁近くの海水のように媒質が自由に動ける端を**自由端**といい，そこでの反射を**自由端反射**という。一方，ロープの先を手で固定するように媒質が固定されている端を**固定端**といい，そこでの反射を**固定端反射**という。

(9) 反射の様子

①自由端反射の様子

自由端反射の場合，例えば，波の**山**が入射すると，反射波も**山**となる。一般的に，自由端反射では，下図のように「返っていく波（反射波）は『自由端の反対側から来た，入射波と線対称な波』」と考える。

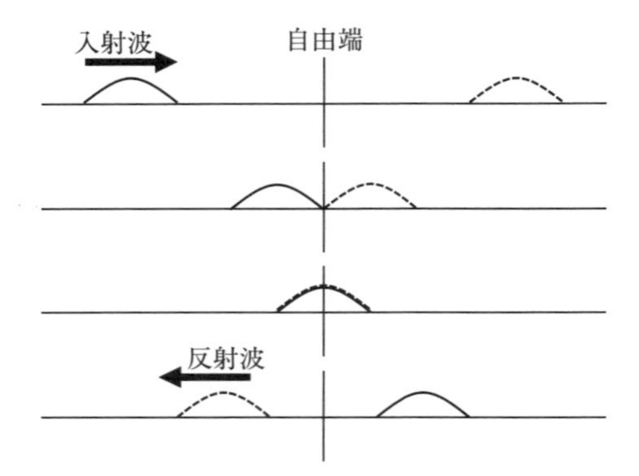

②固定端反射の様子

固定端反射の場合，例えば，波の**山**が入射すると，反射波は**谷**となる。一般的に，固定端反射では，次頁の図のように「返っていく波（反射波）は『固定端の反対側から来た，入射波と点対称な波』」と考える。

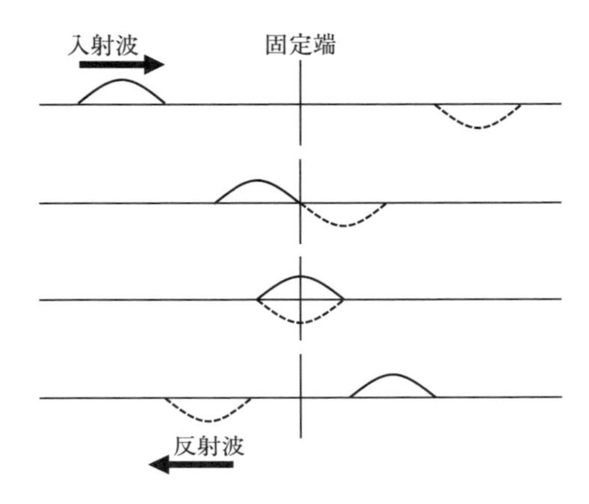

(10) 正弦波の反射と定在波

自由端反射であろうが固定端反射であろうが，入射波が正弦波なら反射波も正弦波となる。そのため，反射が起こる端に向けて正弦波を送り続けると，振幅，波長が等しい2つの波が左右から同じ速さで供給され続ける状況が生まれ，入射波と反射波が重なる合成波として，**定在波**ができる。このとき，自由端反射であれば自由端は**腹**となり，固定端反射であれば固定端は**節**となる（その理由は，以下参照）。

(11) 反射波の描き方

①自由端反射

入射波を「媒質の端」の向こう側に侵入したように（境界線を越えて入射波が続いているように）一旦描き，境界線の向こう側に描いた分を境界線の手前側へ線対称に折り返す。正弦波の場合，例えば次頁上の図のように作図でき，合成波の様子から，自由端反射では自由端が腹となることが分かる。

☜波の学習では「波を実際に描く」ことが極めて重要である。特に，波の学習の初期段階では，作図機会を多く持たせたい。

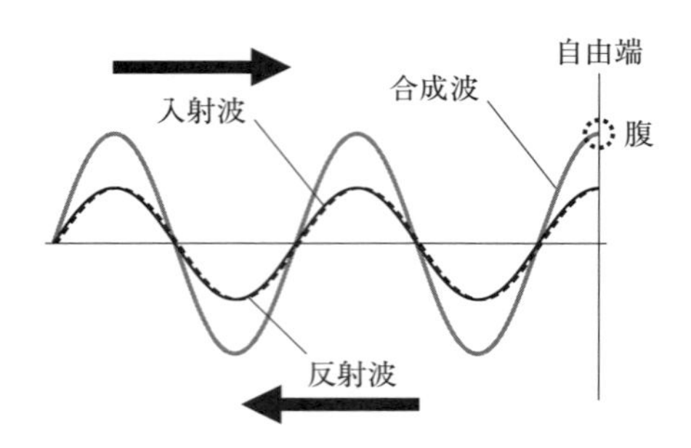

②固定端反射

入射波を「媒質の端」の向こう側に侵入したように（境界線を越えて入射波が続いているように）一旦描き，境界線の向こう側に描いた分を境界線の手前側へ点対称に折り返す。正弦波の場合，例えば下図のように作図でき，合成波の様子から，固定端反射では固定端が節となることが分かる。

☜端が固定された状態での「固定端反射」であるので，その端は動きようがなく，「節」になるのは当然ともいえる。

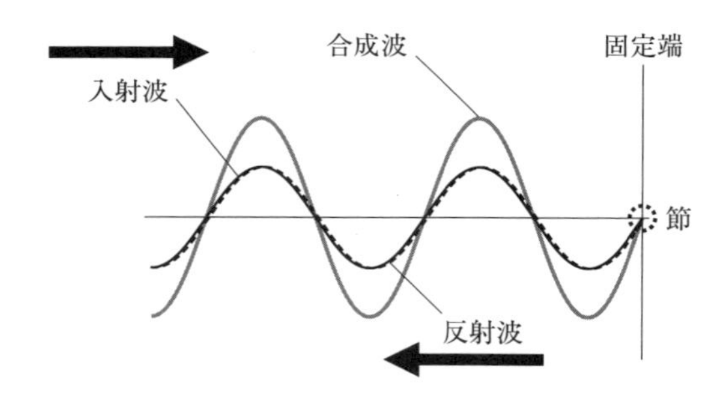

3.2　音

(1) 音波

音を出すものを**音源**，または発音体という。こうした音源の振動が空気などを媒質として伝わる波を**音波**という。例えば，下図のように太鼓の鼓面をたたくと，鼓面は飛び出したり，凹んだりといった振動を繰り返す。鼓面が飛び出すと，外の空気は押されて「密」な状態ができる。一方，鼓面が凹むと，外の空気は伸ばされて「疎」な状態ができる。このようにして形成される「空気の疎密の波」が音波であり，これが耳に届いて鼓膜をふるわせることで，我々は音として聞くことができる。音波は，媒質の各点の振動方向が波の進行方向と同方向の**縦波**である。なお，音の振動を伝える物質がない真空中では，たとえ音源が激しく振動しようとも，音は**聞こえない**。

☜音も波であることは，例えば2箇所から送る音波が形成する「定在波」を感じさせて実感させることができる。同じ振動数の音が出る音源を，教室内の2箇所に配置し，その間をゆっくり音を聞きながら歩かせてみると，定在波の腹にあたる「大きな音」の所と，節にあたる「小さな音」の所を感じ取ることができる。既習事項の復習も兼ねたこうした体験を導入しながら，新たな学習事項へのつながりを持たせていきたい。

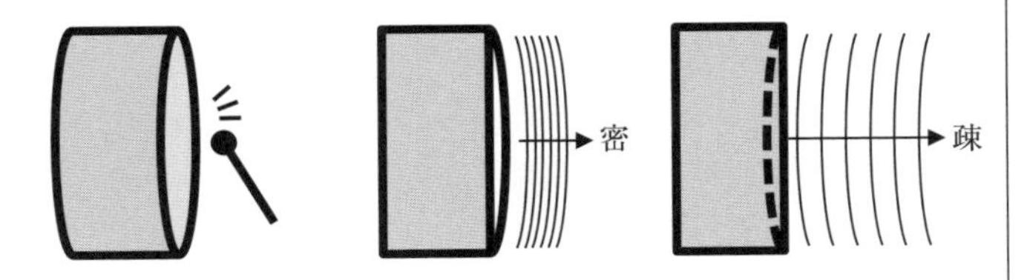

(2) 音の速さ

音の速さは，一般に，気体中よりも液体中の方が**速く**，液体中よりも固体中の方が**速い**。また，空気中での音の速さ V〔m/s〕は，常温付近では，媒質である空気の**温度**に比例する。具体的には，1気圧の下で，気温が t〔℃〕の乾燥した空気中を伝

わる音の速さ V〔m/s〕は，次式に従うことが知られている。

$$V = 331.5 + 0.6t$$

☜ここでの温度の単位は〔K〕ではなく，〔℃〕であることに注意するよう呼びかける。

演　習

気温 10 ℃の平地において壁に向かって音を一瞬放ったところ，それから 0.2 s 後に，壁で反射した音が聞こえた。この状況について，次の問いに答えよ。有効数字は考えなくてよい。

(1) 音の速さはいくらか。

(2) この音の振動数が 3000 Hz であった場合，音の波長はいくらか。

(3) 音を放った場所から壁までの距離はいくらか。

解　答

(1) 音の速さを V〔m/s〕とすると，$V = 331.5 + 0.6 \times 10 = \underline{337.5\ \mathrm{m/s}}$。

(2) 波全般において，波の速さ v，振動数 f，波長 λ の間には，$v = f\lambda$ の関係があることから，求める波長を λ〔m〕とすると，$\lambda = \dfrac{337.5}{3000} = \underline{0.1125\ \mathrm{m}}$。

(3) 音を放った場所から壁までの距離を L〔m〕とすると，$V \times 0.2 = 2L$ が成り立つ。したがって，$L = \dfrac{337.5 \times 0.2}{2} = \underline{33.75\ \mathrm{m}}$。

(3) 音の三要素

音を特徴づける「音の大きさ」「音の高さ」「音色」を**音の三要素**という。このうち，音の大きさは波の**振幅**に関係し，振幅が大きいほど，音は**大きい**。また，音の高さは波の**振動数**に関係し，振動数が大きいほど，音は**高い**。そして，音色の違いは，波の**波形**の違いに表れる。なお，様々な音がそれぞれ異なった波形を有する中（下図），音叉（おんさ）や時報の音は正弦曲線の波形を持ち，こうした波形を持つ音を**純音**という。

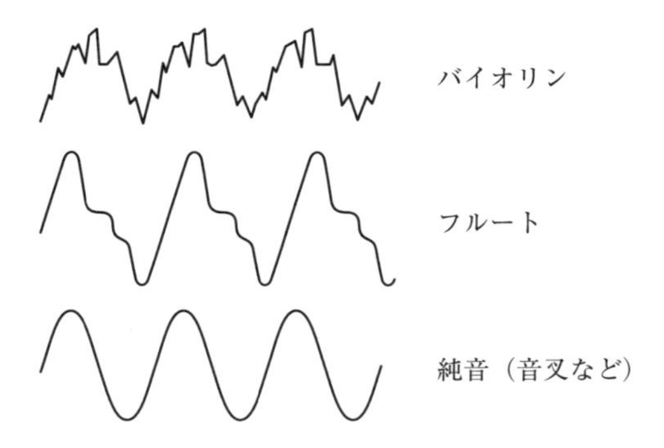

人の聞くことができる音の振動数は約 20〜20000 Hz とされ，この範囲の音を**可聴音**という。振動数がこの範囲より大きく，人には聞こえない音を**超音波**という。

☜どこからどこまでの範囲が聞こえるか，（やや不快ではあるが）教室内で実際に聞かせてみて確かめ合うとよい。

(4)　音源の振動（弦の固有振動を題材に）

両端が固定された弦をはじくと，弦を伝わった振動が，両端を**固定端**として何度も反射して重なり合い，**定在波**ができる。このとき，弦の両端は固定されているため，弦に発生する定在波は，常に両端が**節**となる。次頁の図のように，弦を穏やかに振動させ始めてはじめに現れる振動が**基本振動**であり，徐々に振動を強くしていくと別の定在波パターンとして**2 倍振動**，そして**3 倍振動**と複雑化していく。弦が基本振動を起こしているときに聞こえる音を**基本音**といい，同様に，2倍振動，3倍振動を起こしているときに聞こえる音を**2倍音**，**3倍音**という。

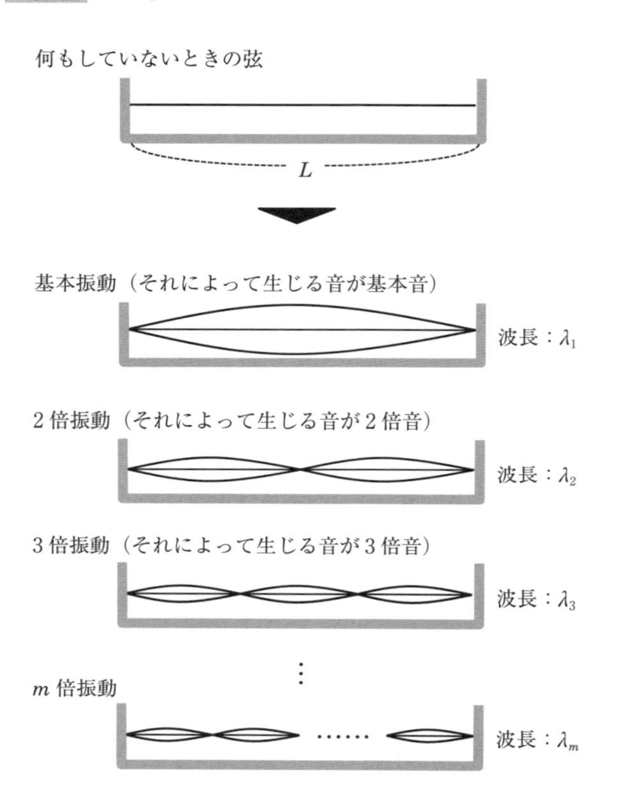

両端が固定された弦では，「定在波が発生する場合，常に両端が節となる」という制約条件から，定在波パターンは自ずと限られる。つまり，弦に生じる定在波は，上図に示すように，**半波長**の整数倍が弦の長さに等しくなるようなパターンに限られる。このように，ある弦を振動させたときに見られる，その弦固有の振動を**固有振動**といい，固有振動を起こしているときの振動数を**固有振動数**という。

(5) 共振と共鳴

弦だけでなく，様々な物体には，材質や形状などで決まる固有の振動数，つまり固有振動数がある。仮に，振動する物体に対して，物体の固有振動数に合った振動・力を外部から加えると，加える振動・力が小さくても次第に大きな振動になっていく現象が見られる。この現象を**共振**といい，共振に伴って音を発生する場合，この現象を**共鳴**という。例えば，全く同じ音叉を向かい合わせに設置し，一方をたたいて音を発生させると，もう一方も振動を起こして音を出すようになる現象が確認される。

☜イメージとしては，「揺れのタイミングに合わせて，ブランコを後ろから押し続けると，徐々に揺れが大きくなっていく」といった誰もが有するような経験談を添えたい。

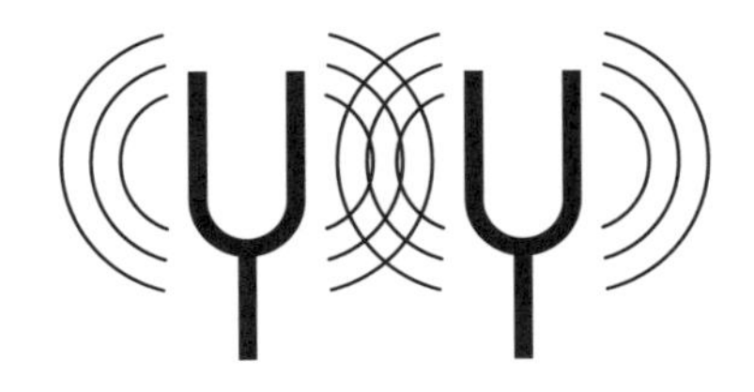

(6) うなり

振動数がわずかに異なる2つの音を同時に鳴らすと，「ウォーン，ウォーン」と周期的な音の強弱を繰り返す現象が起こる。この現象を**うなり**という。2つの音源の振動数がわずかに異なると，ある瞬間にタイミングがピッタリ合って強め合ったとしても，その後徐々にずれが生じて弱め合うようになる。そして，さらに時間が経つと，再びタイミングが合って強め合う。この繰り返しによって，振幅が波動的に変化するような合成波となる。このように，2つの音のタイミングがそろってから，次にそろうまでの時間 T〔s〕をうなりの**周期**という。な

☜指導後には，「なぜ，『わずかに異なる振動数』である必要があるのか」と問い，理解を深めさせたい。後述のように，「1 s 間のうなりの回数は，2つの音の振動数の差」であることから，振動数の差が大きすぎると，1 s 間のうなりの回数が，耳で認識できない（例えば，1 s 間に 1000 回の「ウォーン，ウォーン」といった周期的な音の強弱は認識できな

お，下図には，「わずかに振動数が異なる」ある2つの音A，Bについて，一度タイミングがそろってから，次にそろうまでの振幅の時間的な変化を例示している。それぞれの音について，この範囲に何波長分含まれているか数えると，ちょうど1波長分の差があることが分かる。この例に限らず，うなりの周期，つまり「2つの音のタイミングがそろってから，次にそろうまでの時間」の間には，送り出された波の個数でいうと「ちょうど波1個分」だけ差が生じる。

ここで，うなりを起こす2つの波の振動数を f_1〔Hz〕，f_2〔Hz〕とすると，うなりの周期 T〔s〕に含まれる波の数はちょうど1つだけ異なるため，次式が成り立つ（絶対値記号をつけているのは，f_1 と f_2 のどちらが大きいか規定していないため）。

い）。我々がうなりをうなりとして認識できるのは，うなりの回数が1s間に5回くらいまで，つまり $N \leqq 5$ の範囲といわれている（星崎・町田，2008）。

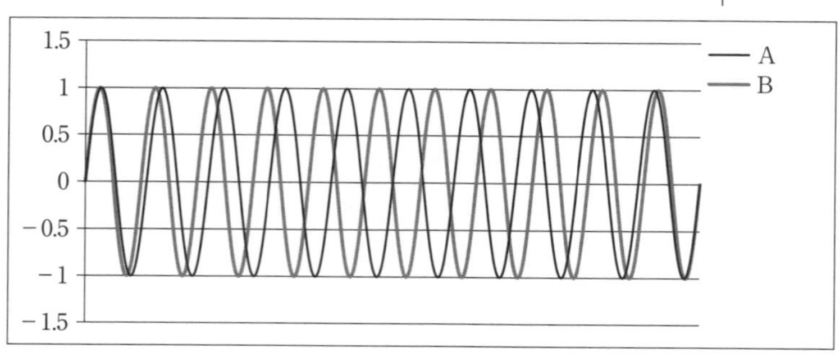

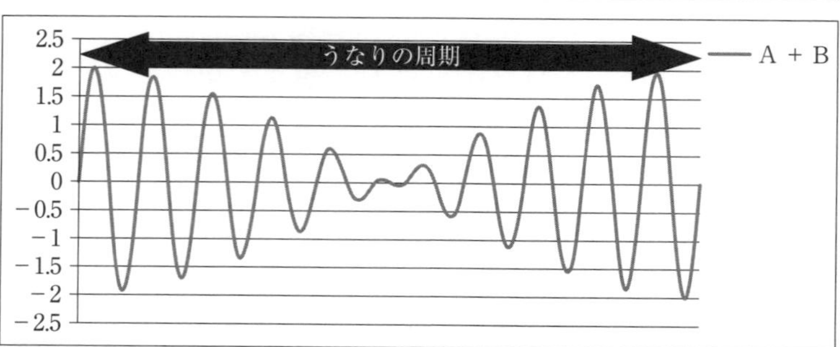

$$|f_1T - f_2T| = 1$$

1s 間のうなりの回数を N 回とすると,「1s：N 回うなりが聞こえる＝ T〔s〕：1回うなりが聞こえる」という比の関係が成り立つことから，次式が得られる。このことから，1s 間のうなりの回数は，単純に，2つの音の振動数の差で求まることが分かる。

$$N = \frac{1}{T} = |f_1 - f_2|$$

☜振動数は「1s 間に生まれる波の個数」ともいえることから，うなりの周期 T〔s〕に含まれる波はそれぞれ f_1T 個，f_2T 個となることを丁寧に説明したい。

演　習

振動数が 500 Hz の音源 A と，振動数が 505 Hz の音源 B，振動数の分からない音源 C がある。A と C を同時に鳴らすと毎秒 4 回のうなりが聞こえ，B と C を同時に鳴らすと毎秒 1 回のうなりが聞こえた。音源 C の振動数はいくらか。

解　答

音源 C の振動数を f_C〔Hz〕とすると，
A・C について… $4 = |500 - f_C|$ であるから，$f_C = 496$，または 504 Hz
B・C について… $1 = |505 - f_C|$ であるから，$f_C = 504$，または 506 Hz
したがって，$f_C = \underline{504\ \text{Hz}}$。

基礎編

4章 | 電気と磁気

4.1 静電気と電流

(1) 電荷

電気のことを微視的に「電荷」と表現する。電荷には，**正**の電荷と**負**の電荷がある。

(2) 電荷の最小単位

物質はいろいろな原子が結合して作られている。原子は正の電荷を持った**原子核**と負の電荷を持った**電子**で構成され，原子核は正の電荷を持った**陽子**と電気的に中性の**中性子**でできている。電荷の量を**電気量**といい，これはいくらでも細かく分割できるものではなく，最小の量がある。これを**電気素量**といい，e で表す。電気素量は，電子の持っている電荷の絶対値であり，陽子の電荷でもある（電子は負の電荷を持ち，陽子は正の電荷を持つが，共にその電気量の大きさは電気素量の値で同じ）。電気量の単位は〔C（クーロン）〕であり，電気素量 $e = 1.6022 \times 10^{-19}$ C である。

☜電気量のことを電荷ということもあるなど，電気量と電荷の区別については，それほど神経質にこだわる必要はないともされる（穴田，2000）。事実，指導現場でも区別なく使われる場合が多い。

(3) 帯電

物体が電気を持つことを**帯電**といい，帯電している物体を**帯電体**という。「電気的に中性な状態」の原子では陽子の数と電子の数は等しい。中性の原子が電子を 1 個放すと，電気量 e である「1 価の

陽イオン」となり，電子を１個取り込むと，電気量 $-e$ である「１価の**陰イオン**」となる。物質の帯電は，こうした物質内の電子の過不足に基づいており，電子が不足すると**正**に，電子を余分に持つと**負**に帯電する。例えば，種類の異なる物質を互いに摩擦し合うと，どちらが電子を放しやすいかということに基づき，一方は正に，他方は負に帯電したりする。有名なものでいえば，ポリプロピレンでできた一般的なストローをティッシュペーパーで摩擦すると，ストローは負に帯電するといったものがある。この組み合わせの場合，比較的電子を放しやすいティッシュペーパーからストローの方に電子が移動する。

(4) 静電気力

摩擦などによって生じた電気が物体にたまったまま静止している場合，このような電気を**静電気**という。静電気を持った帯電体同士，つまり電荷を持った帯電体同士は互いに力を及ぼし合い，こうした力を**静電気力**，または電気力という。同符号の電荷は，互いに反発し合う**斥力**を及ぼし合い，異符号の電荷は互いに引き合う**引力**を及ぼし合う。静電気力は空間を隔てて直接に伝わるのではなく，電荷の周辺の空間が他の電荷に静電気力を及ぼすような特別な状態に変化し，その空間によって次々に力が伝えられると考える。こうした静電気力の及ぶ空間を**電界**，または電場という。

☜静電気をためたり放電したりして静電気の作用を可視化できる装置にバンデグラフがある。これを授業で使用した場合（例：髪の毛を逆立てる，放電の様子を見せたり感じさせたりする），静電気の存在を実感できるとともに，授業の場としても非常に盛り上がる。ただし，聴力障害により人工内耳を装着しているような学習者がいる場合は注意が必要である。バンデグラフにより生み出される強力な静電気は，機器に（場合によっては，学

(5) 電気を流すものと流さないもの

電気をよく通すものを**導体**といい，その代表例は，自由電子と呼ばれる電子が動き回っている**金属**である。一方，電気を通さないものを**不導体**，または絶縁体といい，その代表例としては，電子が固定化されていて動けないゴムなどが挙げられる。なお，電気の通しやすさが導体と不導体の中間程度の物質もあり，このような物質を**半導体**という。その代表例としては，ある電圧を超えれば一気に電流が流れるLEDなどが挙げられる。

習者自身の身体にも）重大な支障を生じさせる。物理学の指導では，演示・実験が極めて重要ではあるが，こうした例に見るように，実施にあたっては，多様な特性を有した学習者がいることに都度気を配る必要もある。

—Tidbits—

電気の流れやすさの違いから金属，半導体，不導体を区別するのではなく，「エネルギーバンド」という概念を用い，固体内の電子エネルギー状態の違いからこれらを区別する考え方もある。詳細については固体物性関係の専門書（例えば，山内・馬場，1993；上野ほか，1996）を参照されたいが，単に「電気の流れやすさの違い」から区別するより，具体的で納得度の高い考え方であろう。

(6) 電流

電荷が移動する現象を**電流**と呼ぶ。電流の大きさは1s間に移動する電気量で定義され，1s間に1Cの電荷が移動するときの電流の大きさを1Aとする。つまり，ある場所をΔt〔s〕の間にΔQ〔C〕の電荷が移動するとき，電流の大きさI〔A〕は次式で求められる。

$$I = \frac{\Delta Q}{\Delta t}$$（単位の関係は〔C〕=〔A〕×〔s〕）

なお，電流が流れるためには，次の3つの条件が同時に成り立つことが必要である。

①電荷が自由にその物質中を移動できる

㊟慣習的に，電流の向きは**正**の電荷が流れる向きと約束されており，電子など**負**の電荷が流れる向きとは反対となる

②自由に動くことのできる電荷が次々に供給される

③電荷を移動させるための電界がある

☜電流が流れることを「電子が動いている」ことと同一視する学習者がいるが，必ずしもそれに限らないことを伝えたい。電流を生じさせる電荷は，正の電荷でもよく，また，イオンでもよい（電池の電解質内におけるイオンの動きを思い起こさせる）。

—Tidbits—

電流は「電荷が運動する現象」といえる。ただし，（特殊な状況とはいえ）仮に正の電荷と負の電荷がともに運動した場合は注意が必要となる。内容・表記ともに本書で扱う範囲を超えるが，（各自の自主的な深掘りを期して）厳密に述べると以下のようになる。例えば，電流に垂直な単位面積を考え，そこを通過する電流を電流密度と呼び，これを$\vec{J}$で表すとする。単位体積中に含まれる荷電粒子が持つ電荷をq_i（$i=1$，2，3，…，N），そのi番目の荷電粒子の速度を$\vec{v_i}$とすると，この電流密度$\vec{J}(x,\ y,\ z)$は以下のように表現できる。

$$\vec{J}=\sum_{i=1}^{N}q_i\vec{v_i}\delta(x-x_i)\delta(y-y_i)\delta(z-z_i)$$

ここで，それぞれの荷電粒子が移動して$\vec{v_i}\neq\vec{0}$であっても，正の電荷と負の電荷が各々運動して，以下の式になる場合は，電流が生じない。

$$\sum_{i=1}^{N}q_i\vec{v_i}=\vec{0}$$

電流については，重要な物理現象の一つとして小学校から扱われる。「電子」をはじめとする荷電粒子の概念は小学校では登場しないものの，遅くとも高等学校では荷電粒子の概念と関連づけて電流を理解することが求められる。学習者の先々を見据えて指導する教員としては，電流の本質を微視的なレベルから理解しておきたい。

演習

ある導線の断面を 0.96 A の電流が 2.0 s 間流れたとする。これについて，次の問いに答えよ。有効数字は考えなくてよい。

(1) 2.0 s 間に運ばれた電気量はいくらか。

(2) 2.0 s 間にこの断面を通過した電子数はいくらか。電気素量 e は 1.6×10^{-19} C とする。

解答

(1)「ある場所を Δt〔s〕の間に ΔQ〔C〕の電荷が移動するとき，電流の大きさ I〔A〕は $I = \dfrac{\Delta Q}{\Delta t}$」と書けることから，求める電気量は，$0.96 \times 2.0 = \underline{1.92\ \text{C}}$。

(2) 1.0 s 間にこの断面を通過した電子の数を n 個とすると，(1) で求めた電気量は，電子 1 個の持っている電荷の絶対値 (電気素量 $e = 1.6 \times 10^{-19}$) $\times\ n$ に相当する。したがって，$n = \dfrac{1.92}{1.6 \times 10^{-19}} = \underline{1.2 \times 10^{19}\ 個}$。

(7) オームの法則

導体の両端に電圧 V〔V(ボルト)〕をかけると，電界が生じて，電流が流れる。このとき流れる電流を I〔A〕とすると，次式が成り立ち，この関係を**オームの法則**という。

$$V = RI$$

ここで，R は導体の種類や長さ，太さなどによって決まる**抵抗**，または電気抵抗と呼ばれる値であり，単位は〔Ω(オーム)〕で表される。抵抗は，次式で表されるように，導体の長さ L〔m〕に比例

☜「電流は抵抗やその他の電気素子を通過するとき，『消費される』」と考える学習者は多い。電流の流れをエネルギーの移動のようなものと混同しないよう，指導する必要がある。

し，断面積 S〔m^2〕に反比例する。

$$R = \rho \frac{L}{S}$$

ここで，ρ は物質ごとに固有の**抵抗率**，または比抵抗と呼ばれるもので，単位は〔Ω･m〕で表される。

なお，一定の抵抗を持つ導体自体を抵抗と呼ぶこともある。

☜抵抗 R の代わりに抵抗率 ρ を用いることで物質の形状や大小に左右されない状態で「物質固有の抵抗」を比較できる。このように，同様のものを異なった方法で表現する場合，それぞれのメリットなど，差異を明確に伝えたい。

演　習

(1) ある金属の両端に 10 V の電圧を加えたところ，この金属に 200 mA の電流が流れた。この金属の抵抗 R〔Ω〕はいくらか。

(2) ある金属の常温での抵抗率が 1.6×10^{-8} Ω･m であるとする。この金属が長さ 1.0 m，断面積 1.0 mm^2 で存在すれば，常温での抵抗 R〔Ω〕はいくらか。

解　答

(1) オームの法則から，$10 = R \times 0.200$。したがって，$R = \underline{50\ \Omega}$。

(2) 1.0 mm^2 は $1.0 \times 10^{-6}\ \mathrm{m}^2$ であるので，抵抗率の式 $R = \rho \frac{L}{S}$ より，$R = 1.6 \times 10^{-8} \times \frac{1.0}{1.0 \times 10^{-6}} = \underline{1.6 \times 10^{-2}\ \Omega}$。

(8) 抵抗の連結

次頁上の図のように，抵抗を**直列**に連結した場合の全体の抵抗，つまり**合成抵抗** R は次式で求めることができる。

$$R = R_1 + R_2 + \cdots + R_n$$

一方，下図のように，抵抗を**並列**に連結した場合の**合成抵抗**Rは次式で求めることができる。

$$\frac{1}{R} = \frac{1}{R_1} + \frac{1}{R_2} + \cdots + \frac{1}{R_n}$$

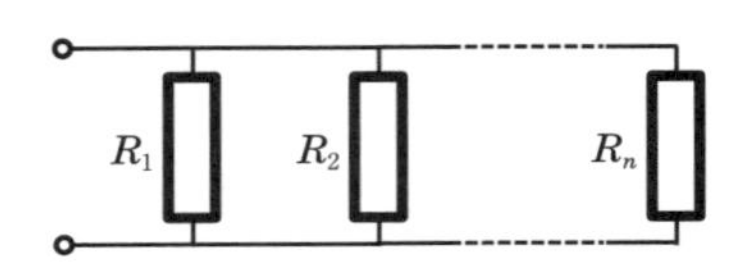

(9) ジュール熱

抵抗に電流が流れると**ジュール熱**という熱が発生する。かけられている電圧により電子は加速されて速さを増そうとするが，抵抗を構成している金属イオンに妨げられて速さを落とし，そしてまた加速される，ということを繰り返す。こうして電子が抵抗中の金属イオンと衝突することによって「失う運動エネルギー」がジュール熱となる。

(10) 電力と電力量

大きさ R〔Ω〕の抵抗に電流 I〔A〕が流れ，電圧 V〔V〕がかかっているとすると，抵抗で消費する**電力**P〔W（ワット）〕は次のように定義される。

$$P = VI \left(= RI^2 = \frac{V^2}{R}\right)$$

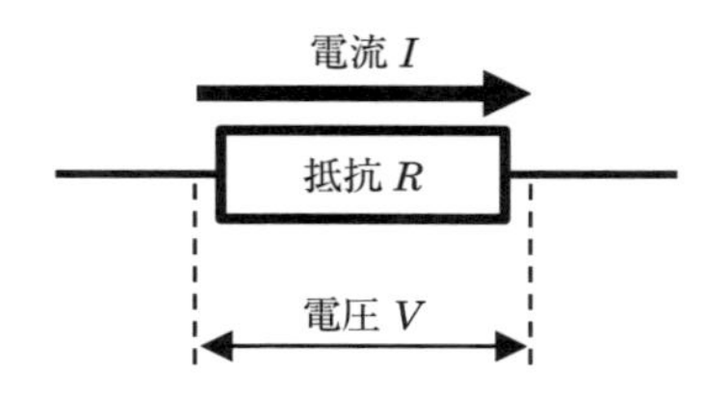

これは1秒間に抵抗で消費するエネルギーであり，時間 t〔s〕の間に消費する全エネルギー W〔J（ジュール）〕は次のように書け，**電力量**と呼ばれる。

$$W = Pt$$

演　習

1.0 Ω，5.0 Ω，20 Ω の3つの抵抗を下図のように接続した回路がある。これについて，次の問いに答えよ。

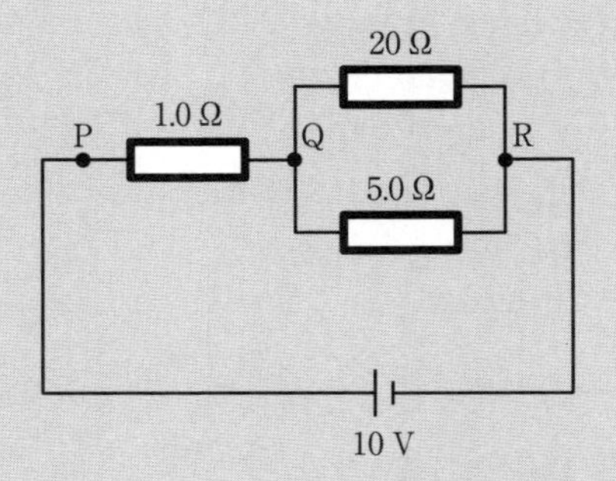

(1) PR 間の合成抵抗はいくらか。
(2) 1.0 Ω の抵抗を流れる電流はいくらか。
(3) 5.0 Ω の抵抗で消費する電力はいくらか。

解　答

(1) 2つの抵抗が並列に連結している QR 間の合成抵抗を R'〔Ω〕とすると，以下の式が成り立つ。

$$\frac{1}{R'} = \frac{1}{20} + \frac{1}{5.0} = \frac{1}{4.0}$$

したがって，$R' = 4.0\,\Omega$。これとPQ間の抵抗 ($1.0\,\Omega$) は直列に連結しているので，PR間の合成抵抗を R〔Ω〕とすると，以下のようになる。

$$R = 4.0 + 1.0 = \underline{5.0\,\Omega}。$$

(2) $1.0\,\Omega$ の抵抗を流れる電流は回路全体を流れる電流でもあり，これを I〔A〕とする。(1) で求めた回路全体の合成抵抗 $5.0\,\Omega$ に電圧 10 V がかかって I〔A〕の電流が流れると考えると，オームの法則から以下の式が成り立つ。

$$10 = 5.0 \times I$$

したがって，$I = \underline{2.0\,\mathrm{A}}$。

(3) $5.0\,\Omega$ の抵抗にかかる電圧は，$20\,\Omega$ の抵抗にかかる電圧と等しい。QR間の合成抵抗は (1) より $4.0\,\Omega$ なので，(2) で求めた電流を用いると，オームの法則より，QR間にかかる電圧が分かる。つまり，QR間にかかる電圧を V_{QR}〔V〕とすると，以下のようになる。

$$V_{QR} = 4.0 \times 2.0 = 8.0\,\mathrm{V}$$

この電圧をオームの法則に適用し，$5.0\,\Omega$ の抵抗を流れる電流 $I_{5.0}$〔A〕を求めると以下のようになる。

$$I_{5.0} = \frac{8.0}{5.0} = 1.6\,\mathrm{A}$$

したがって，$5.0\,\Omega$ の抵抗で消費する電力は，$V_{QR} \times I_{5.0} = 8.0 \times 1.6 = 12.8 \fallingdotseq \underline{13\,\mathrm{W}}$。

4.2　交流と電磁波

(1)　電流と磁界

①磁界（磁場）

磁石の周りに鉄粉をまくと，模様ができる。これは，鉄粉が磁石から**磁力**，または磁気力という力を受け，この力の強弱や向きに基づいて分布するからである。また，ある磁石の近くに別の磁石を置いても，互いに力を及ぼし合う。このような「磁力が働く空間」を**磁界**，または磁場といい，上記の鉄粉の模様は，この磁界の様子を表している。

②磁力線

磁界の様子は，**磁力線**という線で表現することがある。磁力線で磁界の様子を表現する際の主な約束としては，以下のようなものがある。

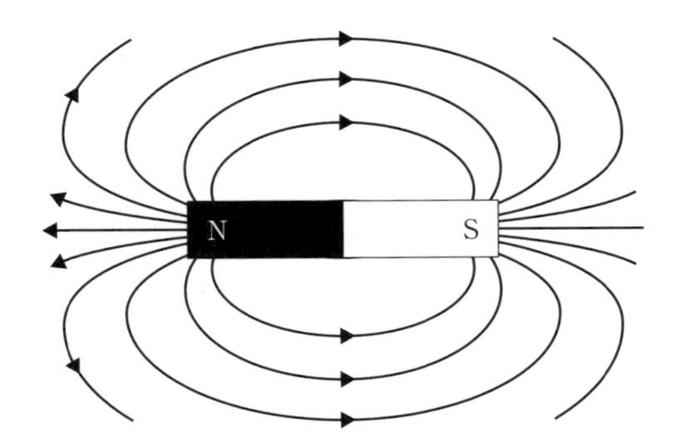

- N 極から出て，S 極に入る
- 磁力線の接線の向きが，その点の磁界の向き
- 磁力線が密集しているところほど，磁界が強い

③電流がつくる磁界

導線に電流を流すと，その周囲に**磁界**ができる。このとき，電流の向きと磁界の向きの間には**右ねじの法則**が成り立つ。これは，ねじの進む方向と電流の流れる方向とを一致させると，ねじを回す方向が磁力線の方向と一致するというものである。ねじの代わりに右手を用い，「右手の親指を立て，残り4本の指を握ったとき，親指の向きが電流の向き，他の4本の指の向きが磁界の向き」と考えてもよい（下図）。なお，磁界の強さは，電流が**大きい**ほど，また，導線に**近い**ほど強くなる。

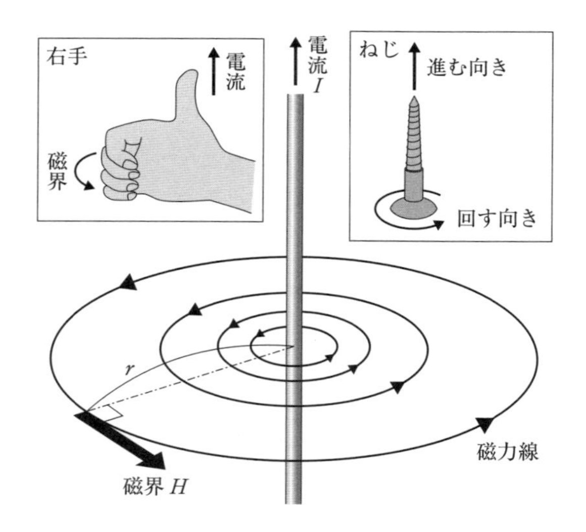

導線に電流が流れると，その周囲には「磁力が働く空間」である磁界ができるため，そこに磁石（例えば，方位磁針）を置くと，磁石は力を受ける（方位磁針であれば方向を変える）といった結果につながる。

(2) 電流が磁界から受ける力

電流が磁石（例えば，方位磁針）に力を及ぼすのであれば，その逆の作用，つまり，磁石も電流に力を及ぼすということが起こるはずである。これは，作用反作用の法則から当然のことであり，「磁界の中を電流が流れると，電流は磁界から力を受ける」ことが実証されている。この力を**電磁力**といい，「電流」「磁界」「電磁力」の間には，次のような関係がある。

- 強さ…電流が強いほど，また，磁界が強いほど，電流が磁界から受ける力は**大きい**。
- 向き…「左手の中指を電流の向き，人さし指を磁界の向きに合わせたとき，電流が磁界から受ける力の向きは親指の向きに一致する」という**フレミングの左手の法則**に従う。

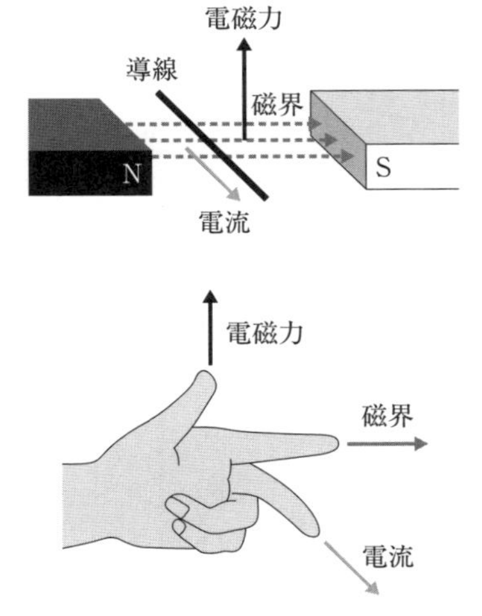

☜電流が磁界から力を受ける様子を観察する装置としては，磁界中に吊り下げた水平な導線に電流を流してその動きを確認するもの（三沢，2010；加堂・松浦，2017）が代表的であり，この場合，電流を生じさせているのは電子の負の電荷である。これを含め，一般的に，電流が磁界から力を受ける様子を観察する装置では，「電流を生じさせているのは電子の負の電荷」に偏っているのが実態である。先述のように，電流を生じさせる電荷は，電子の負の電荷に限らないのであり，電荷を持った「電子以外の粒子」による電流に磁界が作用する様子を学習者に観察させることは，電流が磁界から受ける力だけでなく，電流概念そのものへの理解を深めさせるうえでも重要であろう。教員としては，慣習にとらわれず，理科教育の現状が抱える課題を敏感に感じ取り，教材・教員の改善・開発を図る挑戦を進めていただきたい。

(3) 電磁誘導

コイルに磁石を近づけたり，コイルから磁石を遠ざけたりすると，コイルに**電圧**が発生し，**電流**が流れる。この現象を**電磁誘導**といい，コイルを貫く磁力線の数の変化と関係している。電磁誘導によって生じる電圧を**誘導起電力**，このとき回路に流れる電流を**誘導電流**という。下図のように，磁石をコイルに近づけると，コイルの内側をより多くの磁力線が通るようになる。すると，こうした磁力線の増加を妨げようとするように誘導電流が流れる。このように，磁石をコイルに近づけたり，コイルから遠ざけたりしたとき，コイルの内部の磁界が変化し，誘導電流が磁界の変化を**打ち消す**方向に流れる。これを**レンツの法則**という。

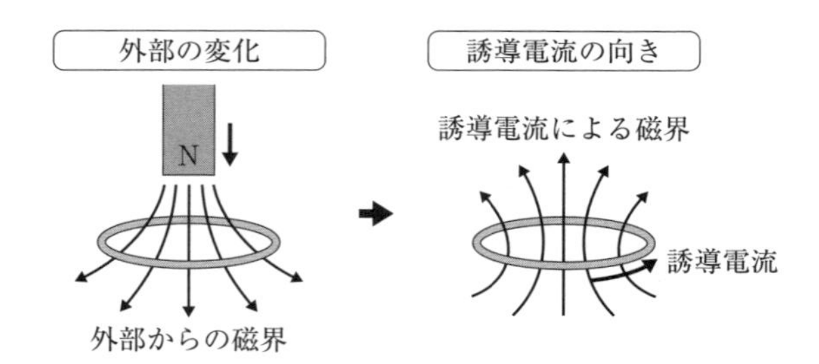

(4) 交流

①交流と直流

乾電池に電球をつなぐと，電球には向きと大きさが一定の電流が流れる。このような向きと大きさが変わらない電流を**直流**という。この場合，電流は常に電池の＋極から－極に流れる。一方，家庭用のコンセントに供給されている電流の向きと大きさは周期的に変動する。このような周期的に向きと大きさを変える電流を**交流**という。

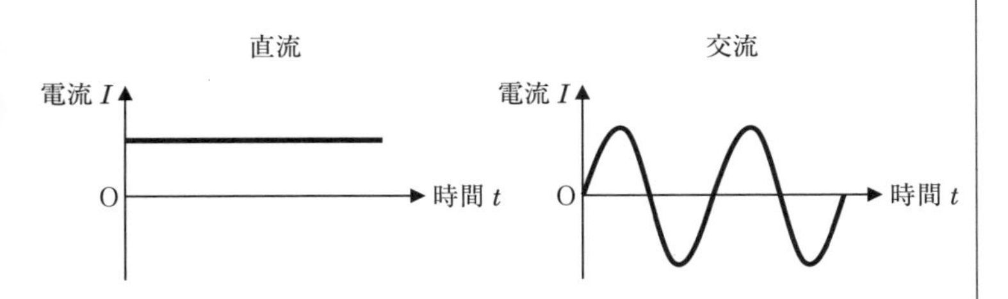

②交流の周波数

交流では，電圧，電流とも，周期的に変動（つまり，電気的に振動）しており，その1回分にかかる時間を**周期**といい，1秒間あたりの振動の回数を**周波数**という。なお，周波数の単位は，振動数と同じ〔Hz〕である。家庭用の交流は，東日本では**50 Hz**，西日本では**60 Hz**と，異なる周波数が使われている。

☜周波数も振動数も，「単位時間あたりの振動の回数」で実質的には同じであるが，力学や波動の分野では「振動数」，交流や電磁波などの電磁気の分野では「周波数」を用いることが多い。このようなことも伝え，学習者の混乱を防ぎたい。

演 習

西日本では，家庭用電源の交流の周波数は 60 Hz である。この場合，交流の周期はいくらか。

解 答

周波数を f〔Hz〕，周期を T〔s〕とすると，通常の波と同様に，$T = \dfrac{1}{f}$ が成り立つ。したがって，求める周期は，$\dfrac{1}{60} = 0.0166\cdots \fallingdotseq \underline{1.7 \times 10^{-2}\ \mathrm{s}}$。

(5) 変圧器（トランス）

交流では，変圧器を用いて**電圧**を上げ下げすることができる。身近な変圧器としては，街中の電柱などに設置されている「柱上変圧器」がある（下図）。これは，配電用変電所から送られてくる電気の電圧を下げる役割を果たしている。一般的に，発電所で生み出された電気は，超高圧変電所，一次変電所，二次変電所，配電用変電所と各変電所で徐々に電圧を下げながら家庭や学校，会社などに送られる。配電用変電所を出た段階ではまだかなりの高電圧であり，家庭などでは使用できないため，柱上変圧器によって家庭用などで使用できるレベル（100 V～200 V）まで電圧を下げている。

（画像提供：関西電力送配電）

(6) 送電線

交流の電気は，発電所から各家庭に送電線を通して送られる。このとき，送電線の抵抗のために**ジュール熱**が発生し，供給された電力の一部が失われる。これを**電力損失**という。同じ大きさの電力を送るのであれば，電圧を大きくする（つまり電流を小さくする）方が電力損失を小さくすることができる（抵抗を通過する電流こそ，電力が熱として失われる根本要因である）。そのため，交流では，高い電圧で遠方に送られている。

(7) 電磁波

一般的に，電界の変化は磁界の変化を生じ，磁界の変化は電界の変化を生じる。「導線に電流が流れるとその周りに磁界が生まれる」「コイルに磁石を出し入れするとコイルに誘導電流が流れる」といった現象は，そうした関係性に基づくものである。このように**電界**と**磁界**は互いに影響し合うものであり，電界と磁界が互いに影響し合いながら空間を伝わっていく波を**電磁波**という。電磁波の主な性質としては，次のようなものがある。

- 電界と磁界の振動の向きは，互いに**垂直**
- 電磁波の進行方向は，電界・磁界の向きと**垂直**
- 真空中でも伝わる
- 光速（3.0×10^8 m/s）で進む

☜あくまで波であるので，光速を c〔m/s〕，電磁波の波長を λ〔m〕，周波数を f〔Hz〕とすると，$c = f\lambda$ が成り立つことも念のため触れたい。

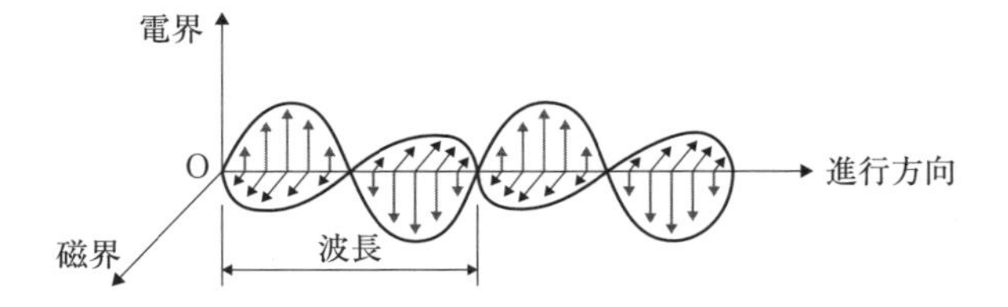

(8) 電磁波の分類とその利用

電磁波は，波長の違いにより異なった性質を示す。大まかな分類と利用について整理したものを次頁の図に示す。

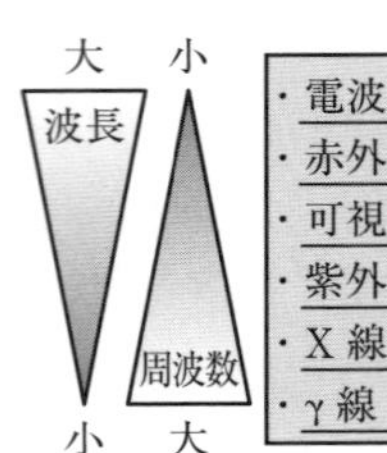

・電波	マイクロ波～長波・超長波まで，通信や放送に利用
・赤外線	温度の高い物体から放射され，物を温める性質もある
・可視光線	虹の７色は，波長が長いものから「赤・橙・黄・緑・青・藍・紫」
・紫外線	物質に対する化学作用が強く，殺菌用途が代表的
・X 線	物質に対する透過性が大きく，医療検査に使われる（レントゲン）
・γ 線	X 線よりエネルギー・透過性が高く，より精密な検査・治療に利用

基礎編

5章 | 生活の中のエネルギー

5.1 様々なエネルギーとその利用

(1) エネルギー

生活の中には様々な種類のエネルギーがあり，大まかに分類すると，以下のようなものが挙げられる。

①**力学的**エネルギー

- 運動エネルギーと位置エネルギーの和

②**熱**エネルギー

- 粒子の熱運動によるエネルギー

③**電気**エネルギー

- 静電気や電流が持つエネルギー
  ※例…電流を流して，モーターを回転させることができる

④**光**エネルギー

- 光の持つエネルギー
  ※例…太陽電池は光エネルギーを利用して電力を得ることができる
  ※例…太陽熱温水器は光エネルギーを利用して水を温めることができる

⑤**化学**エネルギー

- 原子や分子が持っているエネルギーのうち，化学反応によって取り出せるエネルギー
  ※例…石油を燃焼させる化学反応によりエネルギーを得ることができる

⑥**原子力**エネルギー（または，核エネルギー）

- 原子核が分裂や融合するときに取り出すことが

☜国際的な地球温暖化対策への取組みの中で，あるいは我が国の低いエネルギー自給率を改善する取組みの中で，日々「新しいエネルギー」が開発されている。理科教育に従事する教員としては，科学技術面のトレンドはもちろんのこと，それを取り巻く政策面，経済面，社会面のトレンドも把握し，指導場面に盛り込めるように努めたい。

できるエネルギー

※例…原子力発電ではウランなどの核分裂の際に放出されるエネルギーを利用

(2) エネルギーの変換と保存

他のエネルギーを電気エネルギーに変換すること（水力，火力，原子力，太陽光や風力などを利用して電気をつくること）を**発電**という。発電によって得られた電気エネルギーは，以下のような別の種類のエネルギーにも変換され，日常生活に使われている。

- 力学的エネルギー…掃除機，洗濯機，扇風機など
- 熱エネルギー…アイロン，ドライヤー，電気ストーブなど
- 光エネルギー…LED照明，テレビなど

このように，エネルギーは別の種類のエネルギーに変換できる。しかし，変換の前後において，エネルギーの総量は変わらず，これを**エネルギー保存の法則**という。

(3) エネルギー資源と発電

自然界には火力発電の燃料である石油・石炭や，原子力発電の燃料になる天然ウランなどのエネルギー資源が存在している。このような自然から採取したままの未処理のエネルギー資源を**一次**エネルギーという。一次エネルギーを発電などによって使いやすく加工したものを**二次**エネルギーといい，電気やガソリン，灯油，都市ガスなどがこれにあたる。発電では一次エネルギーを電気エネルギーに変

換しており，火力発電，水力発電，原子力発電などの他，太陽光発電や風力発電，地熱発電など，新しい発電方法の開発・導入も進んでいる。

(4) 化石燃料

石油や石炭，天然ガスなどをまとめて**化石燃料**という。化石燃料は，太古の動植物が地中に埋もれ，含まれていた有機物が長い年月をかけて変成してできたと考えられている。植物は太陽の光を受けて光合成を行い，有機物をつくり出す。動物も食物連鎖をたどれば植物に行き着く。そういった意味では，化石燃料が生み出す化学エネルギーは，**太陽**のエネルギーに由来すると考えることもできる。

(5) 放射線

ウランやラジウムなどの不安定な原子核は，高いエネルギーを持った粒子や電磁波を放出し，より安定な別の原子核に変化する。このとき放出される粒子や電磁波を**放射線**という。また，放射線を出す性質を**放射能**，放射線を出す物質を**放射性物質**という。

(6) 放射線の単位

放射線の単位には，その用途に応じていくつかの種類がある。例えば，1 Bq（ベクレル）は毎秒 1 個の割合で原子核が崩壊するときの放射能の強さである。また，放射線が物質に吸収されるとき，物質に与えられるエネルギーの大きさは〔Gy（グレイ）〕という単位で表す。放射線の人体への影響は，〔Sv

(シーベルト)〕という単位で表す。

物理量	単位	説明
放射能の強さ	Bq	原子核が毎秒1個の割合で崩壊するときの放射能の強さが1 Bq
吸収線量	Gy	物質1 kgあたりに吸収されるエネルギーが1 Jであるときの吸収線量が1 Gy
等価線量	Sv	放射線ごとに決められた係数(人体への影響が大きいほど大きい)を吸収線量にかけた量
実効線量	Sv	被曝する組織・器官によって決められた係数(係数を全身で合計すると1になる)を各部位の等価線量にかけ，全身で足し合わせた量

生体が放射線を受けることを**被曝**という。被曝すると放射線の**電離**作用によって細胞内の遺伝子が損傷し，将来的なガンの原因となるなど，深刻な放射線障害を引き起こすことがある。放射線の人体への影響の大きさは**実効線量**で表される。なお，放射性物質が体の外にあり，体外から放射線を受けることを**外部被曝**，放射性物質が体の中に入り，体内から放射線を受けることを**内部被曝**という。

☜よりよい未来社会に向け，自然科学・科学技術の神秘や有用性だけでなく，「負の側面」を学ばせることも理科教育の重要な役割である。

応用編

応用編

1章 | 力学

1.1 平面内の運動，落体の運動

(1) 位置

力学（mechanics）は力の作用によって生ずる現象を調べる学問といえ，力の作用により運動状態が変化する現象を調べる動力学（dynamics）と，力は作用しているが運動状態が変化しない現象（いわゆるつり合いの状態の現象）を調べる静力学（statics）に分けられよう。ただし，いずれにしても，**座標**を利用することで，物体がどこでどうなっているかを厳密に表現することができる。

既に見てきたように，通常，ある直線上での位置を議論する場合は1軸（例えば，x 軸）のみの設定，つまり数直線が1本あればよいが，平面内の位置を議論する場合は2軸（例えば，x 軸と y 軸），空間内の位置を議論する場合には3軸（例えば，x 軸と y 軸と z 軸）設定することとなる。ここまでは，ある直線上での位置やその変化などを扱ってきたが，ここからは，平面内の位置やその変化などを扱っていく（空間内の位置やその変化などについては，平面内での考え方を理解できれば応用可能である）。

ある平面内での位置を指定したいとき，原点を始点とする**位置ベクトル**という考え方がある。例えば，ある机の上に消しゴムが置いてあり，その場所を表現したいとき，机の左手前の角を原点とすれば，「原点から…の方向に～だけ進んだ所に消しゴムがある」と厳密に表現できる。このように，ある点Pの位置は，「どちらの方向にどれだけの大きさ」行けばその場所に行き着くかといった，まさにベクトルで表現することができ，このようなベクトルを位置ベクトルという。位置ベクトルはベクトルであるので，通常どおり，図示する際には**矢印**で表現し，記号で表すときは$\vec{r}$のように，文字の上に→を書く（下図）。さらに，平面内（通常は，x軸とy軸を設定した平面内）の場合，$(x_1,\ y_1)$のようにx座標とy座標を（　）内に並記して表現することもあり，これを成分表示という。下図に示す点Pの場合，その位置ベクトルは$\vec{r}$であり，$(x_1,\ y_1)$でもある。つまり，$\vec{r}=(x_1,\ y_1)$である。

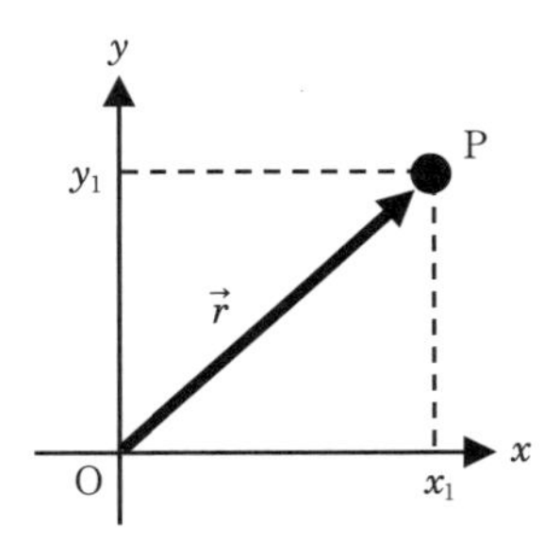

一般的に，成分表示で表現したベクトル同士を足したり引いたりする場合は，成分同士を単純に足す，あるいは引けばよい。具体的には，以下の事例のようになる。

$$\overrightarrow{r_1}=(x_1,\ y_1),\ \overrightarrow{r_2}=(x_2,\ y_2)\text{なら，}$$
$$\overrightarrow{r_1}+\overrightarrow{r_2}=(x_1+x_2,\ y_1+y_2)$$

また，成分表示で表現したベクトルに対し，ある

☜例えば，(1，1) と (2，2) を足すといったような単純な具体例で考えさせればよい。「原点からx軸方向に1，y軸方向に1進んだ点に向かう」ことと「原点からx軸方向に2，y軸方向に2進んだ点に向かう」ことの足し合わせは，つまり「原点からx軸方向に3，

数字・文字を掛けたり，あるいはある数字・文字で割ったりする場合は，以下の事例のように，各成分に掛け算や割り算を施す形となる。

$$\overrightarrow{r_1}=(x_1,\ y_1)\text{ なら，}2\overrightarrow{r_1}=(2x_1,\ 2y_1)$$

$$\overrightarrow{r_1}=(x_1,\ y_1)\text{ なら，}\frac{\overrightarrow{r_1}}{2}=\left(\frac{x_1}{2},\ \frac{y_1}{2}\right)$$

(2) 変位

物体の位置が変化した量，すなわち変位の考え方は，平面内においても直線上と同じで終わりの位置とはじめの位置のみで決まり，終わりの位置からはじめの位置を引いたものとなる。すなわち，はじめの位置を $\overrightarrow{r_1}=(x_1,\ y_1)$，終わりの位置を $\overrightarrow{r_2}=(x_2,\ y_2)$ で表し，変位を $\varDelta\vec{r}$ とすると，$\varDelta\vec{r}$ は以下のようになる。

$$\varDelta\vec{r}=\overrightarrow{r_2}-\overrightarrow{r_1}=(x_2-x_1,\ y_2-y_1)$$

演　習

下図のような地図があるとする。地図上の適当な位置に原点をとって，大学から博物館までまっすぐ移動したときの変位（位置の変化）をベクトルの成分表示で表せ。設定すべき座標は直交する x 軸と y 軸とし，図中1マスの大きさは1（単位は考えなくてよい）とする。

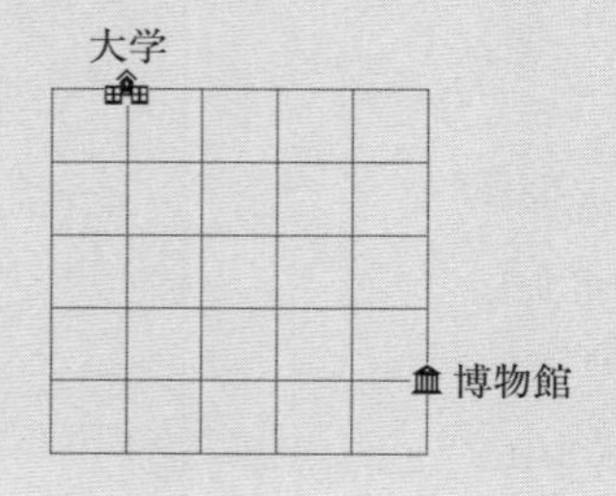

y 軸方向に3進んだ点に向かう」こと，つまり (3，3) となる。

☜基礎編でも登場した $\varDelta$ がこの後しばらく連続して登場する。ここで，単純な「直線上の運動」の場合を題材に，$\varDelta$ の使われ方について見直しを図るとよいであろう。まず，位置と変位（x と $\varDelta x$），速度と速度変化（v と $\varDelta v$）などは混同されがちであるので，その違いについて再確認を促したい。加えて，$\varDelta$ の使われ方の「不統一性」について触れてもよい。例えば，等速直線運動における公式 $x=vt$ や等加速度直線運動における公式 $v=v_0+at$ などにおける「t」は，あるスタート時点を時刻0と設定したときの時刻 t という

解　答

大学の位置ベクトルを $\vec{r_1}$，博物館の位置ベクトルを $\vec{r_2}$，求める変位を $\Delta\vec{r}$ とする。例えば，下図の点 A の位置に原点をとると，

$$\vec{r_1} = (0,\ 4)$$
$$\vec{r_2} = (4,\ 0)$$

したがって，$\Delta\vec{r}$ は次のようになる。

$$\Delta\vec{r} = (4 - 0,\ 0 - 4) = \underline{(4,\ -4)}$$

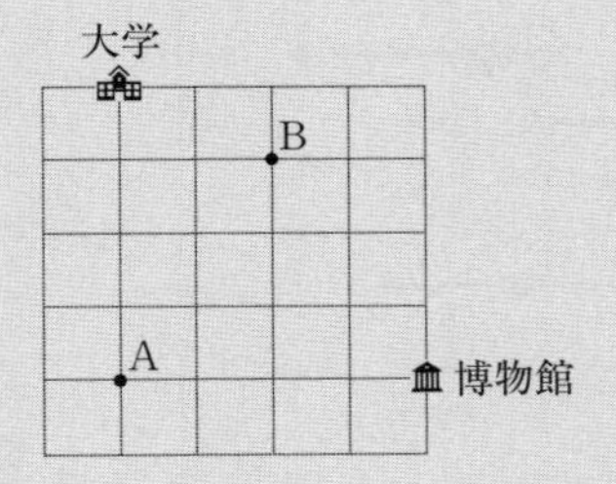

なお，原点を他の場所，例えば，上図の点 B の位置にとると，大学や博物館の位置ベクトルは以下のように先ほどとは違ってくる。

$$\vec{r_1} = (-2,\ 1)$$
$$\vec{r_2} = (2,\ -3)$$

しかし，これらから変位を計算すると $\Delta\vec{r} = (4,\ -4)$ となり，先ほどと同じ結果となる（大学から博物館にまっすぐ移動したという場合，その 1 つの出来事における変位は 1 通りしかあり得ない）。位置ベクトルというもの，そしてそれらから導かれる変位というものへの理解を深めさせるのに，こうした練習は有用であり，身近な地域の地図を使うなどして楽しく指導したい。

意味で，「時刻」を意味している。ただし，実質的には「時間変化（時間間隔）」を意味しているともいえるので，$x = v\Delta t$ や $v = v_0 + a\Delta t$ などと，「Δt」で表記してもよい。学習者に混乱を招くことは避けるよう意識しなければいけないが，こうした深い見直しと整理を学習の進度に合わせてはさみ込んでいきたい。

(3) 「平面内の運動」での変位と速度，加速度：「直線上の運動」と対比して

ある直線上を進む物体の時刻 t_1，t_2 における位置や速度を下図（上）に示す。一方，ある平面内を進む物体の時刻 t_1，t_2 における位置や速度を下図（下）に示す。これらの図を基に，平面内の運動における変位と速度，加速度は，直線上の運動と同様に表現できることを確認する。

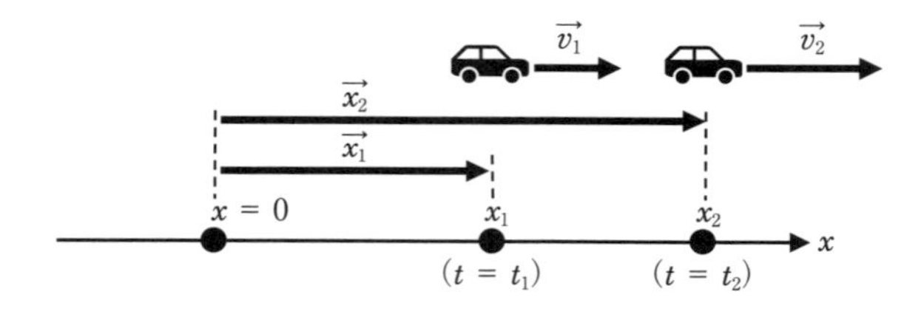

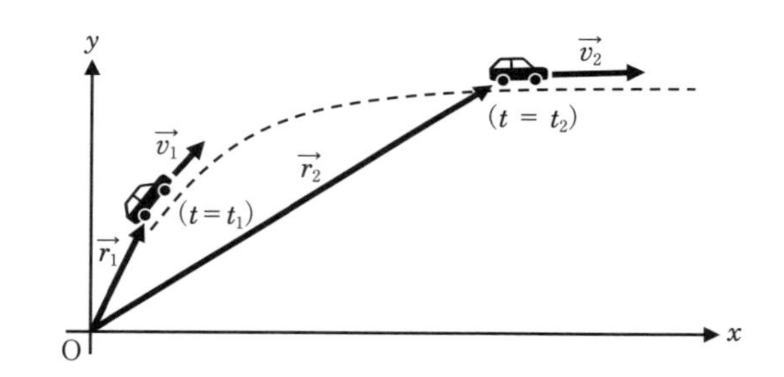

まず，変位について考える。直線上の運動において，時刻 t_1～t_2 間の変位 Δx は次式で書けた。

$$\Delta x = x_2 - x_1$$

ベクトルを用いた式（以下，ベクトル式）で上式を表現し直すと，次式のようになる（ここで，$x = 0$ から $x = x_●$ までのベクトルを $\overrightarrow{x_●}$ と書く）。

$$\Delta\vec{x} = \overrightarrow{x_2} - \overrightarrow{x_1}$$

☜「ベクトルにできる

この式と既に登場した平面内の運動における変位の式（次式）とを見比べると，本質的に同じ（「変位」=「終わりの位置の位置ベクトル」−「はじめの位置の位置ベクトル」）であることが分かるであろう。

ところに→をつけ加えるだけ」と端的に説明する。

$$\varDelta\vec{r} = \vec{r_2} - \vec{r_1}$$

次に，速度について考える。直線上の運動において，時刻 t_1〜t_2 間（$=\varDelta t$ とする）の平均の速度 $\overline{v}$ は次式で書けた。

$$\overline{v} = \frac{x_2 - x_1}{t_2 - t_1} = \frac{\varDelta x}{\varDelta t}$$

そして，ベクトル式で上式を表現し直すと，次式のようになる。

$$\overline{\vec{v}} = \frac{\vec{x_2} - \vec{x_1}}{t_2 - t_1} = \frac{\varDelta\vec{x}}{\varDelta t}$$

☜「ベクトルにできるところに→をつけ加えるだけ」と改めて説明する（時間変化 $\varDelta t$ は「大きさ」はあるが「向き」がないため，ベクトルではない。したがって，$\varDelta t$ には→はつけ加えられない）。

平面内の運動における平均の速度の式もこの式と本質的に同じ（「平均の速度」=「変位」÷「時間変化」）で，次式のようになる。なお，ここで $\varDelta t$ を限りなく小さくしていくと**瞬間の速度** $\vec{v}$ となる。瞬間の速度の方向は，その時刻に物体が存在する位置で，物体の軌跡に引いた**接線**の方向となる（次頁の図）。一般に，「速度」といえば「瞬間の速度」を指す点は，直線上の運動と同じである。

$$\overline{\vec{v}} = \frac{\vec{r_2} - \vec{r_1}}{t_2 - t_1} = \frac{\varDelta\vec{r}}{\varDelta t}$$

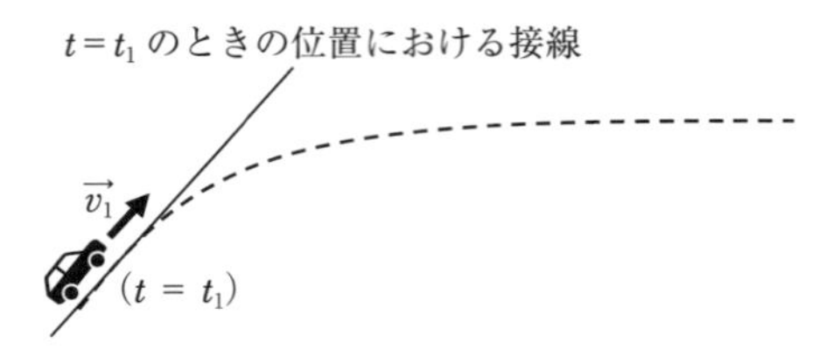

最後に，加速度について考える。直線上の運動において，時刻 t_1～t_2 間（$=\varDelta t$ とする）の平均の加速度 $\overline{a}$ は次式で書けた。

$$\overline{a} = \frac{v_2 - v_1}{t_2 - t_1} = \frac{\varDelta v}{\varDelta t}$$

そして，ベクトル式で上式を表現し直すと，次式のようになる。

$$\overline{\vec{a}} = \frac{\vec{v_2} - \vec{v_1}}{t_2 - t_1} = \frac{\varDelta \vec{v}}{\varDelta t}$$

平面内の運動における平均の加速度の式もこの式と本質的に同じ（「平均の加速度」＝「速度変化」÷「時間変化」）で，表記上も次式のように同じものとなる。なお，ここで $\varDelta t$ を限りなく小さくしていくと**瞬間の加速度** $\vec{a}$ となる。瞬間の加速度の方向は，その時刻の物体の速度変化の方向となる。一般に，「加速度」といえば「瞬間の加速度」を指す点は，直線上の運動と同じである。

$$\overline{\vec{a}} = \frac{\vec{v_2} - \vec{v_1}}{t_2 - t_1} = \frac{\varDelta \vec{v}}{\varDelta t}$$

ここまで見てきたことを整理すると，重要なことは以下 2 点である。

☜学習者にとって，ここはややイメージしにくいかもしれない。例えば，等速円運動を学習した後に改めてここを復習させると，比較的スムーズに理解できよう。

- 「直線上の運動」での変位と速度，加速度はベクトル式で表現し直すことができる。
- 「平面内の運動」での変位と速度，加速度の表現は，それらと同様である。

(4) 速度の合成と分解

流れのない水面を一定の速さで進むことのできる船があるとし，これを流れのある川の下流方向に進めたとする。このような場合（いわば，「直線上の運動」である場合），岸にじっと立っている人から見た船の速さは，本来の船の速さに，「土台」である水が動く速さを足したものになることは理解できるであろう。すなわち，速度 v_1 で進める船があるとし，これを速度 v_2 で流れる川の下流方向に進めたとすると，岸にじっと立っている人から見た船の速度 v は次式で表せる。

$$v = v_1 + v_2$$

ベクトル式で上式を表現し直すと，次式のようになる。

$$\vec{v} = \vec{v_1} + \vec{v_2}$$

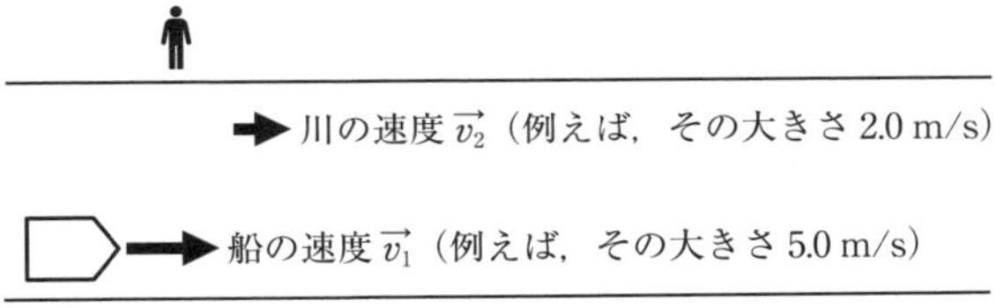

川の速度 $\vec{v_2}$（例えば，その大きさ 2.0 m/s）

船の速度 $\vec{v_1}$（例えば，その大きさ 5.0 m/s）

このような v（あるいは $\vec{v}$）を**合成速度**といい，これを求めることを**速度の合成**という。

一方，船の速度と川の流れの速度が今のように同じ直線上にない場合（いわば，「平面内の運動」である場合），どのようになるか。その場合も，同様の式で表せる。例えば，下図のように，速度 v_1 で進むことのできる船を速度 v_2 で流れる川の流れに垂直となる方向へ船首を向け，進めたとする。このとき，岸にじっと立っている人から見た船の速度は次式で表せる。

先ほど，「平面内の運動」での変位と速度，加速度を「直線上の運動」と対比し，「『直線上の運動』はベクトル式で表現し直すことができ，そのベクトル式は『平面内の運動』を表現する式と同様」であることを見てきたが，速度の合成においてもそのことが当てはまる。

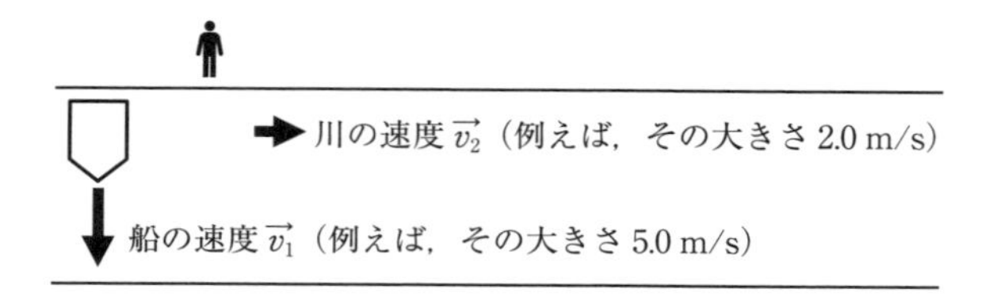

$$\vec{v} = \overrightarrow{v_1} + \overrightarrow{v_2}$$

なお，前の 2 つの図に示しているように，例えば船の速さが 5.0 m/s，川の速さが 2.0 m/s であるなら，合成速度の大きさは，以下のようになることに注意が必要である。

- 直線上の運動では，5.0 ＋ 2.0 といったスカラーの計算で求まる。
  →ただし，足し合わせる速度の符号に注意する必要はある（足し合わせる2つの速度が同方向なら同符号の足し算，逆方向なら異符号の足し算）。

→ p. 141 の図の場合であれば，合成速度の大きさは 7.0 m/s となる。

- 平面上の運動では，5.0 ＋ 2.0 といったスカラーの計算で求められない。

→力の合成のように，ベクトルの足し合わせを図形的に考えねばならない。

→前頁の図の場合であれば，次のような図で考えて，合成速度の大きさは $\sqrt{29}$ m/s となる。

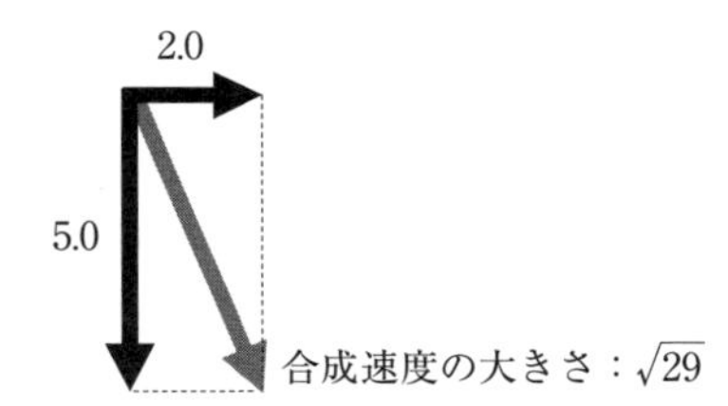

速度の合成とは逆に，1つのベクトルで表された速度を，2つの方向に分解することもでき，これを**速度の分解**という。考え方としては，力の分解と同じである。

(5) 相対速度

物体の運動は観測者の運動状態によって見え方に違いが生じる。例えば，Aが，その前を同じ方向に進んでいるBを追いかけているとする。このような場合（いわば，「直線上の運動」である場合），Aから見たBの速さは，本来のBの速さから，Aの速さを引いたものになる（本来のBの速さほど速く動いているようには感じない）ことは理解できるであろう。すなわち，速度 v_{A} で進む A が，その前を同じ方向に速度 v_{B} で進んでいる B を追いかけているとすると，A から見た B の速度 v_{AB} は次式で表せる。

$$v_{\mathrm{AB}} = v_{\mathrm{B}} - v_{\mathrm{A}}$$

ベクトル式で上式を表現し直すと，次式のようになる。

$$\overrightarrow{v_{\mathrm{AB}}} = \overrightarrow{v_{\mathrm{B}}} - \overrightarrow{v_{\mathrm{A}}}$$

A $\overrightarrow{v_{\mathrm{A}}}$　B $\overrightarrow{v_{\mathrm{B}}}$

このような v_{AB}（あるいは $\overrightarrow{v_{\mathrm{AB}}}$）を「A に対する B の**相対速度**」という。

☜相対速度を求めるには，どちらからどちらを引くのか，順序に注意するよう指導する（知りたいのは「A から見た B の相対速度」，つまり，あくまで「B」の速度であるから，主体となる B の速度「v_{B}」から書き出す，などと助言）。

なお，A の速度と B の速度が今のように同じ直線上にない場合（いわば，「平面内の運動」である場合），どのようになるか。その場合も，やはり同様の式で表せる。例えば，下図のように A，B が進んだとしても，A に対する B の相対速度は次式で表せる。すなわち，相対速度においても，「『直線上の運動』はベクトル式で表現し直すことができ，そのベクトル式は『平面内の運動』を表現する式と同様」となる。

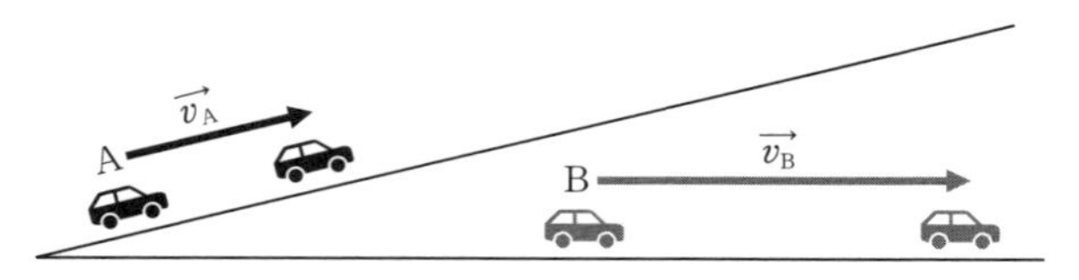

$$\overrightarrow{v_{AB}} = \overrightarrow{v_B} - \overrightarrow{v_A}$$

演 習

下図のように，川の下流方向に速さ 4.0 m/s で流されるボール B があり，川に垂直にかけられた橋の上を 3.0 m/s の速さで歩く人 A がこれを見たとする。このとき，人 A に対するボール B の相対速度の大きさはいくらか。

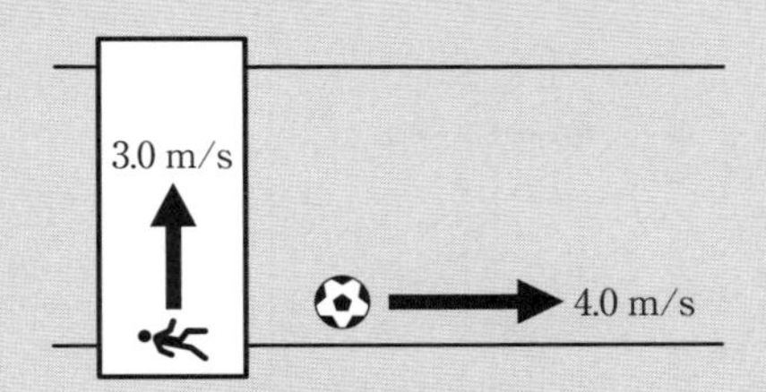

解 答

相対速度の式 $\overrightarrow{v_{AB}} = \overrightarrow{v_B} - \overrightarrow{v_A}$ を図に表すと，下図のようになる。図より，求める相対速度は右斜め下方向となり，その大きさは，$\sqrt{3.0^2 + 4.0^2} =$ <u>5.0 m/s</u>。

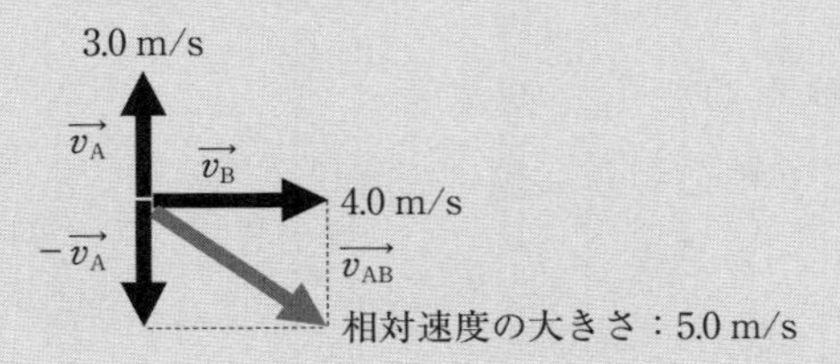

(6) 斜め方向の運動の考え方

平面内を斜め方向に動く運動を考える際には，互いに垂直な 2 方向（例えば，水平方向と鉛直方向）の運動に分解して考えることができる。例えば，次頁の図のような，物体を水平方向に投げ出して斜め方向に落下させる「水平投射」では，物体を水平方向に初速度 v_0 で投げると，以下のように考えることができる。

☜慣性の法則を思い出させる。

- 水平方向に関しては，力を受けないので，初速度 v_0 のまま**等速直線運動**を行う。
- 鉛直方向に関しては，初速度の鉛直成分は 0 で**重力**のみ働くので，**自由落下**と同じ運動をする。

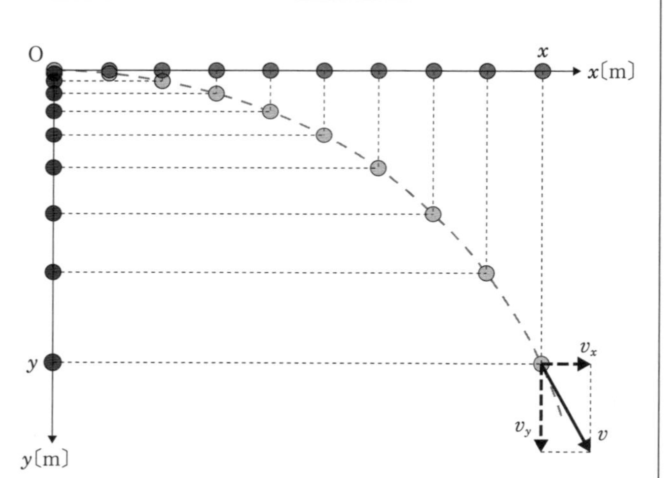

これにより，投げた点を原点 O とし，初速度 v_0 の向きに x 軸，鉛直下向きに y 軸をとり，投げてから時間 t 後の速度を v（その x，y 成分を v_x，v_y），位置の座標を x，y とすると，それぞれ以下のように書ける。

- 水平方向（等速直線運動として立式）

$$v_x = v_0 \qquad x = v_0 t$$

- 鉛直方向（自由落下として立式）

$$v_y = gt \qquad y = \frac{1}{2}gt^2$$

これに限らず，平面内を斜め方向に運動するような物体については，互いに垂直な 2 方向（例えば，水平方向と鉛直方向）の運動に分解して現象を把握することが多い。

演　習

前頁の図の水平投射において，水平方向に 9.8 m/s の速さで物体を投げ出した場合，1.0 s 後の物体の速さはいくらか。重力加速度は $9.8\ \mathrm{m/s^2}$ とし，$\sqrt{2} = 1.41$ とする。

解　答

1.0 s 後の速さの水平方向，鉛直方向の成分は共に 9.8 m/s。したがって，求める速さは，三平方の定理より，$\sqrt{9.8^2 + 9.8^2} = 9.8\sqrt{2} = 13.818 \fallingdotseq$ 14 m/s。

1.2　剛体のつり合い

(1)　物体の姿・形について

物体を「質量を持つ点」とみなし，この1点に様々な力が働くと考えるとき，この点を**質点**という。一方，質量と大きさを持ち，かつ，力による変形を無視できるような物体を**剛体**という。剛体は大きさを持っているので，剛体にいくつかの力が働くときの作用点は，必ずしも同じ1点ではない。

☜ここまでは，基本的に，物体を大きさの無視できる質点として扱ってきた（ただし，空気抵抗の項目では，（特に触れられないが）物体に大きさがあるという前提であろう）。力学分野では，通常，物体を質点として扱うが，剛体の項目では，物体に大きさがあると考える，という「違い」を明示し，これまでの学習と区別をつけさせたい。

(2)　2力による剛体のつり合い

下図のように，適当に切った板の適当な2点を引っ張る（力の様子を分かりやすくするため，同じつる巻きばねを両側につけて引っ張る）と，つる巻きばねが一直線になったところで静止し，このとき，つる巻きばねの伸びは等しくなっているはずである。

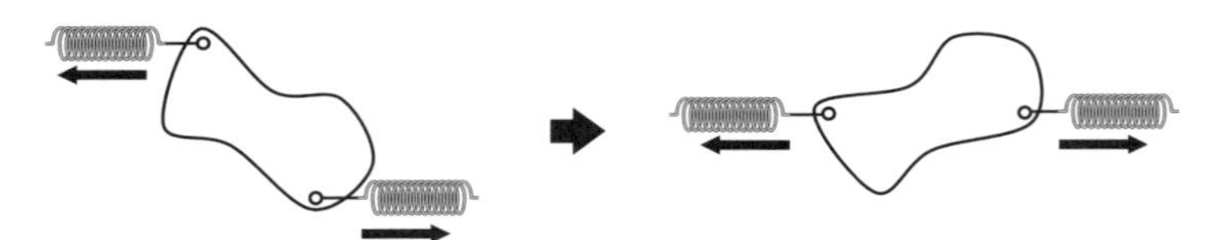

このように，2力が作用した剛体がつり合うのは，以下の条件が満たされるときである。

①2力が同一作用線上にある
②2力の大きさが等しい
③2力の向きが互いに反対

(3) 作用線の法則

剛体に働く力は，その**作用線**上の任意の点に**作用点**を移動しても，働きは変わらない。これを**作用線の法則**という。例えば，下図のように，ある力で「剛体の右側」を引こうが，あるいはその力の作用線上にある「剛体の左側」を同じ方向に同じ大きさの力で押そうが，剛体を同じように移動させる結果をもたらす。

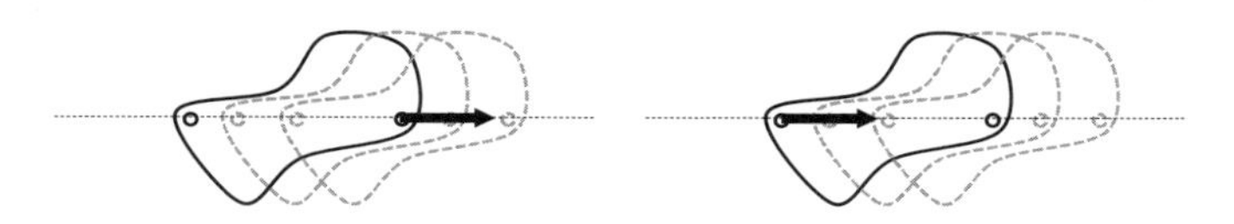

(4) 剛体に働く2力の合成

剛体上の2点A，Bにそれぞれ力$\overrightarrow{F_1}$，$\overrightarrow{F_2}$が働くとする。このとき，2力の作用線が同一平面上にある場合，作用線の法則を用いて2力の作用線の交点Pまで2力の作用点を移動してそろえ，合成すると，2力の合力$\overrightarrow{F}$を求めることができる。

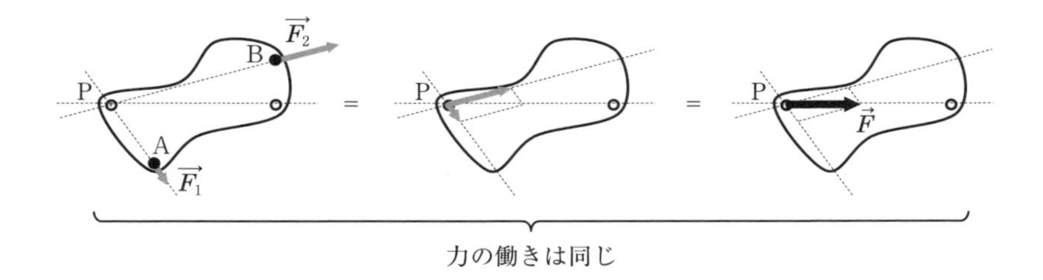

(5) 3力による剛体のつり合い

(4)の2力の他にもう1つの力（$\overrightarrow{F_3}$とする）を加え，この剛体をつり合わせるようにしたい。$\overrightarrow{F_1}$と$\overrightarrow{F_2}$は，上で見たように力$\overrightarrow{F}$に合成できるので，点

Pに$\overrightarrow{F}$と同じ大きさで逆向きの力$\overrightarrow{F_3}$を加えれば，これらの3力は1点Pでつり合う（このとき，$\overrightarrow{F_1}+\overrightarrow{F_2}+\overrightarrow{F_3}=\vec{0}$となっている）。

☜ベクトルとしてゼロ，つまり，始点と終点が一致しているベクトルを「$\vec{0}$（ゼロベクトル）」という。等式の左辺がベクトルの足し算であるので，右辺もベクトルであらねばならず，「0」ではなく「$\vec{0}$」と書く。細かなことであるが，指導する側としては，そうした点もきちんと表現・説明したい。

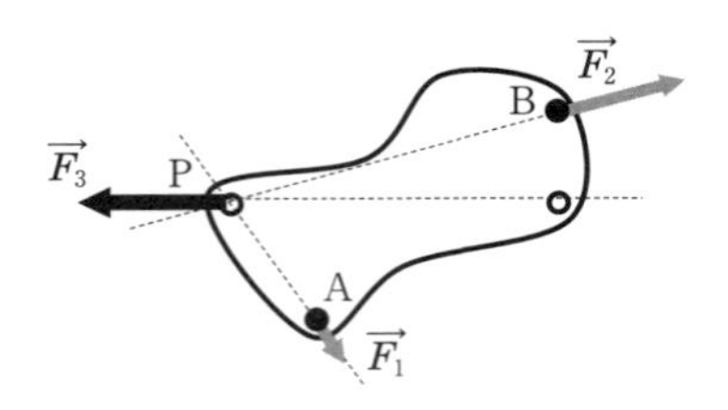

このように，3力が働いたときに剛体がつり合うのは，以下の条件が満たされるときである。

①3力の作用線が1点で交わる
②2力の合力が残りの力と同一作用線上にあり，大きさが等しく逆向き

(6) 力のモーメント

ある回転軸Oの周りに剛体を回転させる能力を**力のモーメント**という。かかっている力を$\overrightarrow{F}$（大きさF），Oから力の作用線に下ろした垂線の長さをhとすると，力のモーメントMは次式のように定められ，その単位は〔N・m（ニュートンメートル）〕である。

☜回転軸が理解しにくい学習者には，「画びょうを刺してクルクル回転できるようにした点」のような言い方でイメージさせたい。

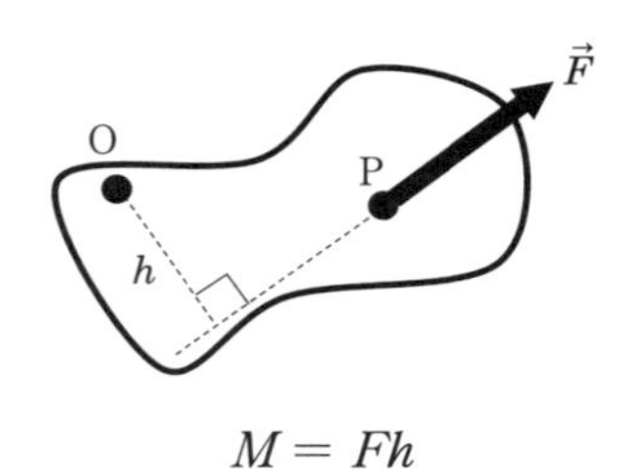

$$M=Fh$$

ここで，OP の距離を L とし，$\vec{F}$ と OP のなす角を θ とすると，力のモーメント M は次式のようにも表現できる。

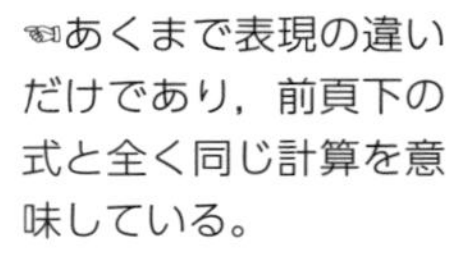
☜あくまで表現の違いだけであり，前頁下の式と全く同じ計算を意味している。

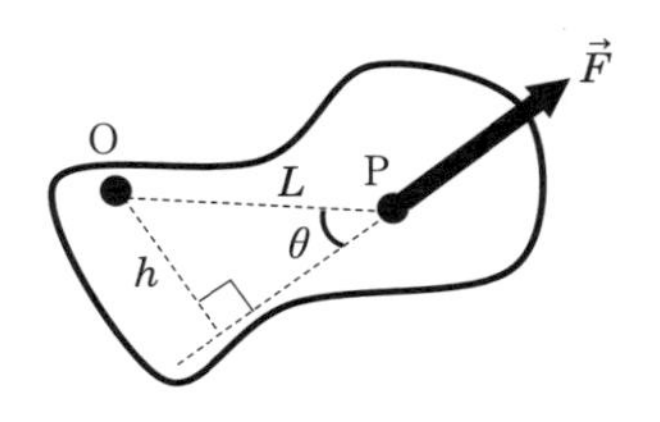

$$M = FL\sin\theta$$

なお，下図のように，ある回転軸Oの周りの力のモーメントの計算としては「$M = Fh$」で同じになるが，引き起こされる現象としては，左回りと右回りというように回転方向が逆になる場合がある。そこで，力のモーメントには，回転方向の意味合いを持たせるため，最終的に正負の符号をつける（左回りを正，右回りを負とすることが多い）。

「左回り」を起こさせようとする　「右回り」を起こさせようとする

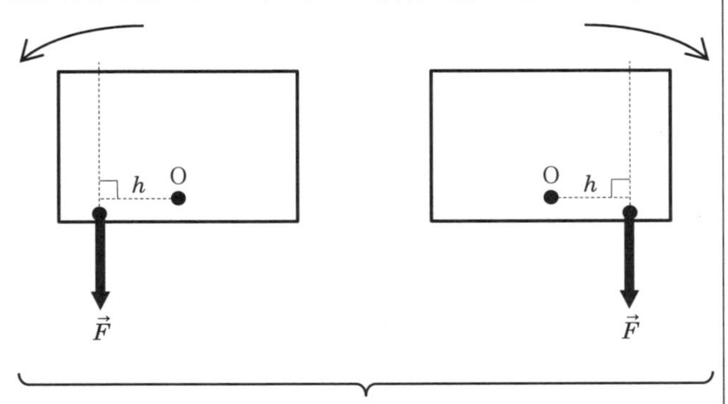

力のモーメントの計算としては「$M = Fh$」で同じ
⇓
しかし，回転させようとする向きが逆で同じものとはいえない
⇓
これらを区別するために，符号を導入

演　習

次の (1)，(2) について，左回りを正としたとき，回転軸 O の周りの力のモーメントはいくらか。

(1)

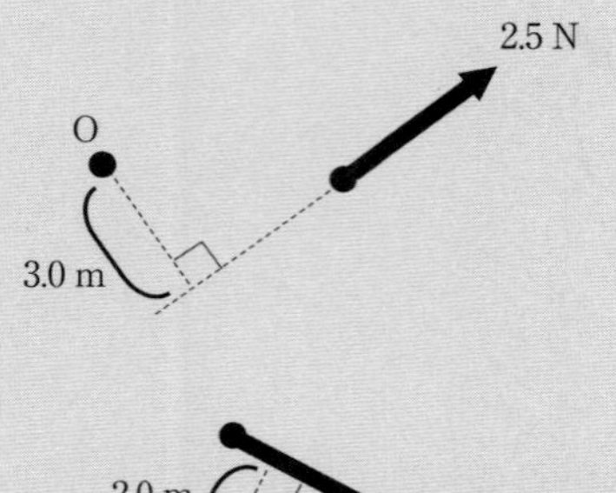

(2)

2.0 m
3.0 N
O

解　答

(1) この力は，回転軸 O に対して，左回りの回転を起こさせようとするので，力のモーメントは正の値となり，$M = 2.5 \times 3.0 = \underline{7.5\ \mathrm{N \cdot m}}$。

(2) この力は，回転軸 O に対して，右回りの回転を起こさせようとするので，力のモーメントは負の値となり，$M = -3.0 \times 2.0 = \underline{-6.0\ \mathrm{N \cdot m}}$。

(6) 力のモーメントのつり合い

回転軸 O を持つ剛体に，n 個の力 $\overrightarrow{F_1}$，$\overrightarrow{F_2}$，…，$\overrightarrow{F_n}$ が働き，これらの力のモーメントをそれぞれ M_1，M_2，…，M_n とすると（※ M_1，M_2，…，M_n はそれぞれ正負の符号を含む），次式が成り立つとき，剛体は回転を起こさない。「ある回転軸 O の周りに剛体を回転させる能力（回転能力）」が力のモーメントであったが，この回転能力が 0 ということ

☜「回転しない」というだけであり，この剛体は移動するかもしれないことに注意させ

は，つまり回転を起こさないということである。

$$M_1 + M_2 + \cdots + M_n = 0$$

(7) 剛体のつり合い

物体を質点としてとらえた場合，その物体は「点」であるため，回転するかどうかは考える必要がなかった。したがって，その物体が静止しているとすれば，力のつり合いだけを考えればよい。

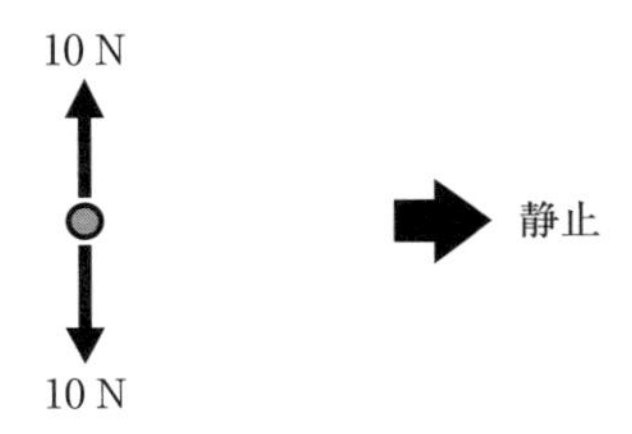

これに対し，物体を剛体としてとらえた場合，下図のように，「鉛直上向きの力の大きさ＝鉛直下向きの力の大きさ」といった力のつり合いが満たされて移動はしないとしても，回転してしまう可能性は残る。つまり，複数の力が働いている中，剛体が静止しているのであれば，**移動**も**回転**もしていないはずである。

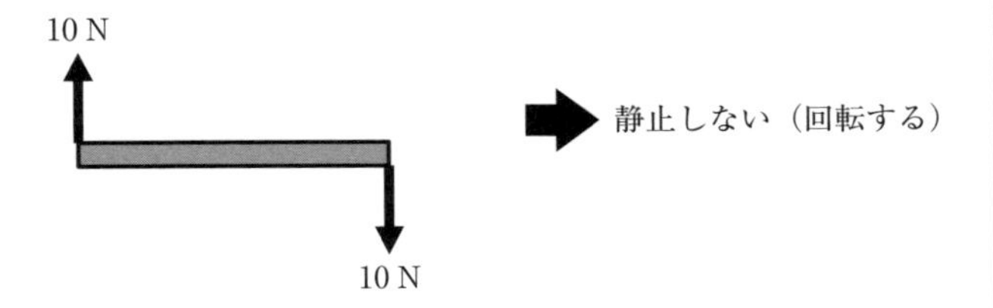

このことから分かるように，剛体が静止するには，次の２式の成立が必要となる。

る。例えば，「棒を指先に乗せ，バランスをとりながら上に持ち上げる」という作業をイメージさせ，「バランスはとられていても（回転は止められていても），動かされている」という状態があることを理解させたい。そのうえで，次なる「剛体のつり合い」に話をつなげていけばよい。

① 力のつり合いの式（移動しない条件）

② 力のモーメントのつり合いの式（回転しない条件）

演　習

質量 M，長さ L の一定の太さの棒がある。これを下図のように2本の軽い糸で水平につるして静止させた。このとき，それぞれの糸の張力 T_1，T_2 はいずれも鉛直上向きに作用しているとする。重力の作用点は棒の中心にあると考え，重力加速度を g とすると，張力 T_1，T_2 の大きさはいくらか。

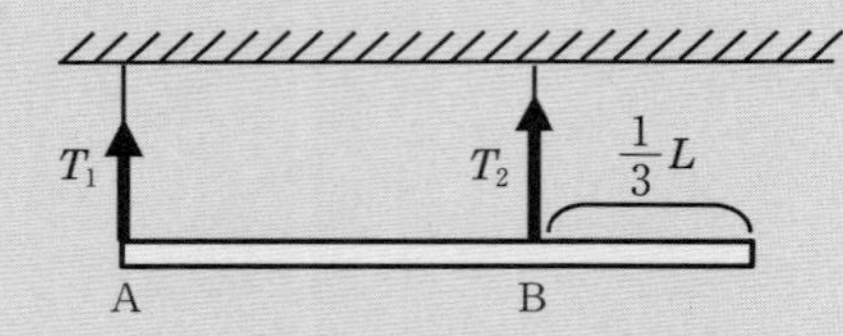

解　答

力のつり合いより，次式が成り立つ。

$$T_1 + T_2 = Mg \cdots ①$$

一方，点Aを回転軸に設定すると，力のモーメントのつり合いより，次式が成り立つ。

$$T_2 \times \frac{2}{3}L - Mg \times \frac{1}{2}L = 0 \cdots ②$$

①，②より，$T_1 = \frac{1}{4}Mg$，$T_2 = \frac{3}{4}Mg$。

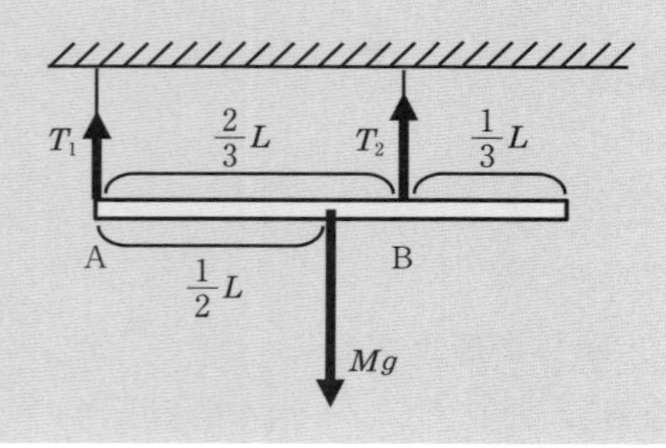

☜力のモーメントのつり合いの式を立てる際，回転軸は任意に設定すればよいが，「どこに回転軸を設定すると計算が比較的楽になるか」を考えるよう指導したい。左記演習の場合，点A，B，棒の中心のどれかに設定するとよい。

—Tidbits—

質点が何個かあるとき，それら全体を一つの体系とみなして「質点系(system of particles)」ということがある。物体は原子などから構成されているが，我々が認識できるサイズの物体では，こうした原子などを質点と見て，物体全体を質点の集まり，つまり質点系としてとらえることができよう。物理学で剛体を厳密に表現する際，「大きさを持つ剛体の中に無数の質点が含まれると考えると，剛体は，それを構成する質点と質点の距離が不変である物体」といったようにも表現されるが，これは，剛体を一種の質点系と見立てたときの表現である。

1.3 運動量，力積，反発係数

(1) 運動量

運動量とは，運動する物体が持つ運動の**激しさ**，または勢いを表す物理量である。質量 m〔kg〕の物体が速度 v〔m/s〕で運動している場合，運動量 p は次式で表され，その単位は〔kg・m/s〕である。

$$p = mv$$

（ベクトルを用いて表現すると $\vec{p} = m\vec{v}$）

☜運動の激しさは質量と速度の両方が影響する，ということを「弾丸（小質量・速い）」「羽毛（小質量・遅い）」「土石流（大質量・速い）」などを例に出して考えさせてみたい。なお，質量と速度の両方の効果が入る物理量として，運動エネルギーもある。それらの比較を詳細に議論すると大きく逸脱する可能性があるが，運動量は「方向性がある」一方，運動エネルギーは「方向性がない」といった違い程度は言及してもよいであろう。

(2) 運動量の変化と力積

直線上を速度 $\vec{v}$ で運動していた質量 m の物体に一定の力 $\vec{F}$ を時間 Δt の間加えたところ，物体の速度は $\vec{v'}$ になったという状況を考える。このとき，加速度 $\vec{a}$，そしてそれを含んだ運動方程式は，それぞれ次式のようになる。

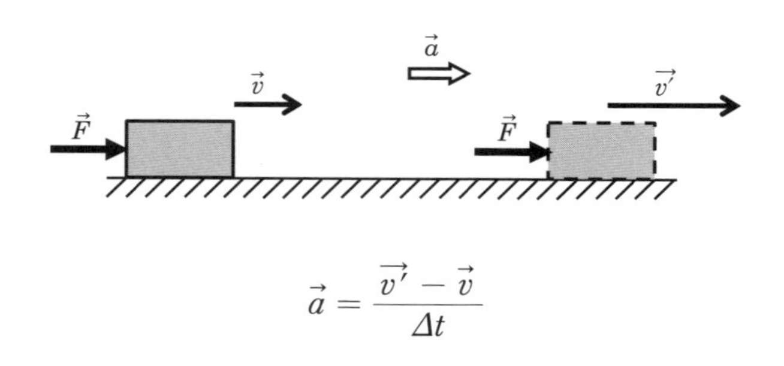

$$\vec{a} = \frac{\vec{v'} - \vec{v}}{\Delta t}$$

$$m\vec{a} = \vec{F}$$

これら 2 式から $\vec{a}$ を消去すると，次式が得られる。

$$m\vec{v'} - m\vec{v} = \vec{F}\Delta t$$

この式の左辺は**運動量の変化**を表している。一方，右辺は「力と，力を加えた時間の積」で，これを**力積**といい，その単位は〔N・s〕である。この式より，「物体の運動量の変化は，物体が受けた力積に等しい」といえる。

(3) 運動量と力積のベクトル図

運動量と力積の関係（$m\vec{v'} - m\vec{v} = \vec{F}\Delta t$）は，ベクトル図を用いて表すと，下図のようになる。力積を受けた結果，はじめの運動方向と異なる方向へ運動することになった場合は，このような図を描くことで，図形的に力積を求めることができる。

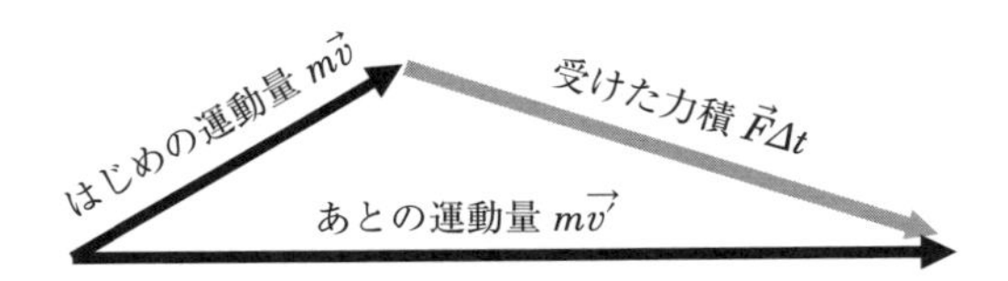

演　習

右向きを正として，次の問いに答えよ。

(1) 質量 10 kg の物体が，速さ 5.0 m/s で左向きに運動している。物体の運動量の向きと大きさはいくらか。

(2) 静止している質量 10 kg の物体に対して，20 N の力を右向きに 3.0 s 間加えたところ，物体は右向きに運動するようになった。力を加えた後の物体の速度 v' はいくらか。

解　答

(1) 右向きが正であるので，この物体の速度は $-5.0\ \mathrm{m/s}$。したがって，求める運動量は，$10 \times (-5.0) = -50\ \mathrm{kg \cdot m/s}$。よって，この物体の運動量は，<u>左向き（または，負の向き）</u>に<u>50 kg・m/s</u>。

(2) 運動量の変化と力積の関係（$mv' - mv = F\Delta t$（ベクトルを用いて表現すると $m\vec{v'} - m\vec{v} = \vec{F}\Delta t$））より，$10 \times v' - 10 \times 0 = 20 \times 3.0$。したがって，$v' = $<u>6.0 m/s</u>。

(4) 相互作用する２物体の運動量

①直線上での衝突

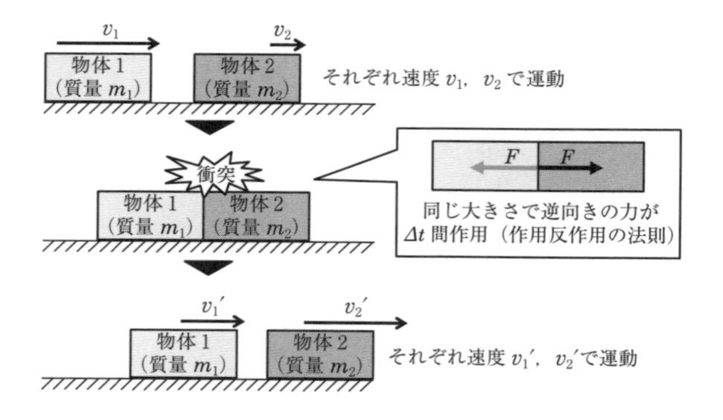

上図のように，なめらかな水平面上を質量 m_1，m_2 の物体１，物体２がそれぞれ速度 v_1，v_2 で同方向に進んでいるとする（右向きを正とする）。そして，物体１が物体２に衝突し，それぞれの速度が v_1'，v_2' に変わったとする。

この場合，物体１と物体２それぞれについて，「運動量の変化と力積の関係」は，次のようになる。

☜上で見たような「力をある時間 Δt 加え続ける」といったような場合はともかく，物体と物体が瞬間的に衝突する場合に一定の時間 Δt がかかるということを受け入れにくい学習者もいよう。そのような場合，たとえ硬度の高い金属であっても，原子・分子レベルで見ると，圧縮され復元するといった「弾性」的な性質があることを説明したい。基礎編 1.3 の p. 36 の Tidbits

物体 1 $\cdots m_1 v_1' - m_1 v_1 = -F\Delta t$

物体 2 $\cdots m_2 v_2' - m_2 v_2 = F\Delta t$

この 2 式を足すと次式が得られ，その左辺は衝突前の 2 物体の運動量の和，右辺は衝突後の運動量の和を示す。すなわち，2 物体の衝突において，運動量の和は衝突前後で変化しないことを示す。これを**運動量保存の法則**という。

$$m_1 v_1 + m_2 v_2 = m_1 v_1' + m_2 v_2'$$

②平面内での衝突

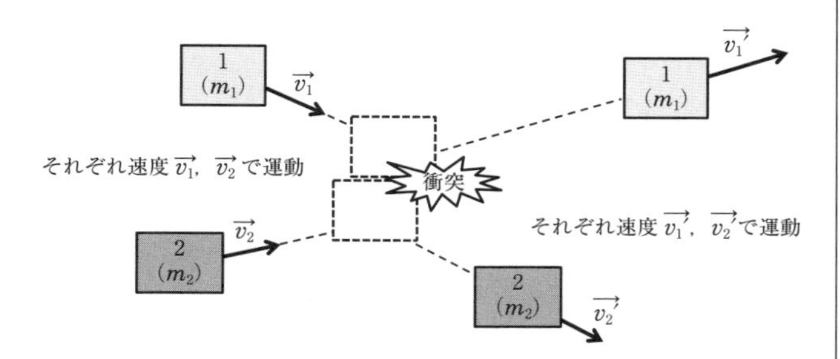

物体 1 と物体 2 が直線上で衝突するのではなく，上図のように平面内で斜めに衝突する場合においても，運動量保存の法則は成り立つ。平面内での動きであることから，ベクトルを用いて表現すると，次式のようになる。

$$m_1\overrightarrow{v_1} + m_2\overrightarrow{v_2} = m_1\overrightarrow{v_1'} + m_2\overrightarrow{v_2'}$$

ベクトルを用いて表現しない場合は，運動を x 成分，y 成分に分けて考えればよい。すなわち，このとき，x 成分，y 成分それぞれについて次のように運動量保存の法則が成り立つ。

で触れたこととも関連するが，例えば，金属に力を加えていくと，ある力までは「変形した金属が元の形に戻る『弾性変形』」を起こし，さらに強い力を加えると「変形した金属が元の形に戻らない『塑性変形』」を起こす（そして，さらに強い力を加えると『破断』に至る）。やや発展的な内容にはなるが，金属の応力ひずみ曲線の概略図などを示しながら，そうした深掘りをすることで，「物体と物体が瞬間的に衝突する場合に一定の時間 Δt がかかる」ことへの理解も得られるであろう。これに限らず，一般的な説明では理解・受容しにくい学習者がいる場合は，往々にして発展的にはなるが，本質的なところまで踏み込んだ説明が欠かせず，そうした対応を臨機応変にできるよう，周辺知識を日頃から備えていく努力を続けたい。

$$x\text{成分}\cdots m_1v_{1x}+m_2v_{2x}=m_1v_{1x}'+m_2v_{2x}'$$
$$y\text{成分}\cdots m_1v_{1y}+m_2v_{2y}=m_1v_{1y}'+m_2v_{2y}'$$
（$v_{\bullet x}$，$v_{\bullet y}$ は，それぞれ $v_{\bullet}$ の x 成分，y 成分）

③分裂

物体 1 と物体 2 がはじめ一つの塊であったが，運動中に分裂する場合を考える。上図のように，物体 1 と物体 2 が一体化した塊が速度 v で運動していたところ，途中で分裂し，はじめと同じ方向に物体 1 と物体 2 がそれぞれ速度 v_1，v_2 で個別に運動するようになったとする（右向きを正とする）。ここで，分裂のときに物体 2 が物体 1 から受ける力を右向きに大きさ F とすると，作用反作用の法則から，物体 1 が物体 2 から受ける力は左向きに大きさ F である。これを踏まえて，物体 1 と物体 2 それぞれについて「運動量の変化と力積の関係」を表すと，次のようになる。

$$\text{物体 1}\cdots m_1v_1-m_1v=-F\Delta t$$
$$\text{物体 2}\cdots m_2v_2-m_2v=F\Delta t$$

この 2 式を足すと次式が得られ，分裂前後でやはり運動量保存の法則が成り立つことが分かる。

$$(m_1+m_2)v=m_1v_1+m_2v_2$$

以上「相互作用する 2 物体の運動量」について，3 つのパターンを見てきたが，直線上や平面内での

☜ 2 物体の相互作用においては，作用反作用の法則から，常時，同

衝突であれ，分裂であれ，あるいは合体であれ，「2物体が互いに力を及ぼし合うだけで他から力が働かない」とき，2物体の運動量の和は一定に保たれる。

演　習

なめらかな水平面上において，x 軸の正の向きに 10 m/s の速度で進む質量 3.0 kg の物体と y 軸の正の向きに 2.0 m/s の速度で進む質量 3.0 kg の物体が原点で衝突・合体し，その後は一体となって進んだ。一体となった後の速度の x 成分，y 成分はそれぞれいくらか。

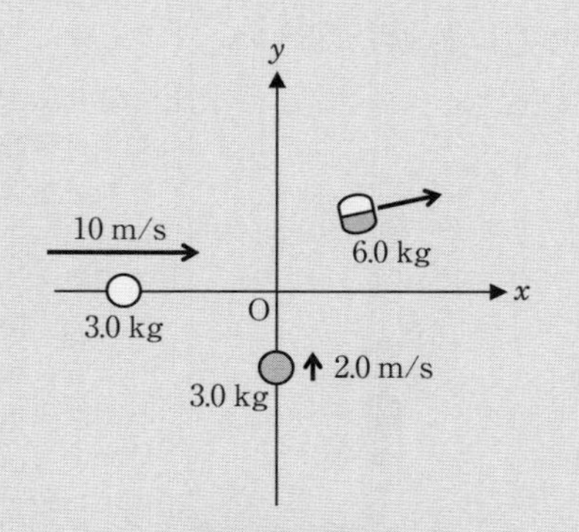

解　答

一体となった後の速度の x 成分，y 成分をそれぞれ v_x，v_y とすると，x 成分，y 成分それぞれについて次のように運動量保存の法則が成り立つ。

$$x\text{成分}\cdots 3.0 \times 10 = (3.0 + 3.0) \times v_x$$
$$y\text{成分}\cdots 3.0 \times 2.0 = (3.0 + 3.0) \times v_y$$

したがって，$v_x = \underline{5.0\ \mathrm{m/s}}$，$v_y = \underline{1.0\ \mathrm{m/s}}$。

じ大きさの力を及ぼし合う。しかし，2物体の相互作用，とりわけ衝突における相互作用に関しては，重い・大きい・頑丈な物体（あるいは，速い物体）の方が，軽い・小さい・脆弱な物体（あるいは，ゆっくりした物体）よりも大きな「力」を相手に及ぼす，といった考えを，学習者は抱きがちであることが知られている（Halloun & Hestenes, 1985；新田，2012）。こうした科学的に誤った認識は優勢の原理や優位原理などと呼ばれ，力学における様々な誤った認識の中でも特に強固で，修正しにくいものの一つとされる。

—Tidbits—

注目する物体同士をひとまとめにして「大きなグループ」として考えるとき，このグループ化されたものを「物体系」と呼ぶ。例えば前述の「①直線上での衝突」における物体1が受ける力（左向きに大きさF）と物体2が受ける力（右向きに大きさF）のように，ある物体系の中で互いに及ぼし合う力を内力という。これに対して，その物体系の外から及ぼされる力を外力という。一般に，内力による力積は，作用反作用の法則により打ち消し合うため，物体系全体の運動量の総和は変化しない。したがって，外力による力積が加わらない限り，物体系全体の運動量の和は一定，すなわち運動量保存の法則が成立する。

(5) 反発係数

衝突前後の状況を表現できるものとして，ここまで見てきた運動量の他に，衝突時のはね返り度合いを表す「反発係数」というものもある。

☜書籍によっては「はね返り係数」とも表現され，指導場面では，学習者にその旨を伝えておく（自身の授業では極力，使用用語を統一するよう心掛ける）。教員は，指導内容についてどういった用語が用いられているか，普段から広くアンテナを張り，学習者が混乱しないよう努めたい。これまでの学習事項を改めて見直すと，例えば，定在波と定常波なども同様であった。

①基本概念

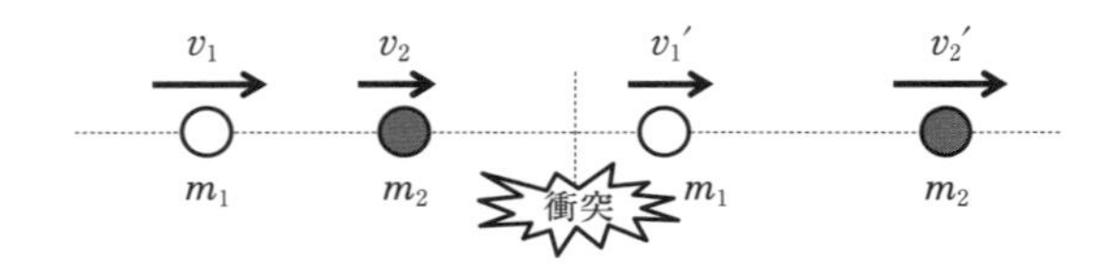

上図のように，質量m_1，m_2の2物体が直線上を速度v_1，v_2で進んで衝突し，速度がv_1'，v_2'になったとする。このとき，運動量保存の法則により，次式が成り立つ。

$$m_1v_1 + m_2v_2 = m_1v_1' + m_2v_2'$$

しかし，この式だけではv_1'やv_2'は決定されない。ここで，「金属球同士の衝突」と「粘度球同士の衝突」をイメージして比べてみれば明らかなように，v_1' や v_2' は2物体の材質によって変わり得る。そのような中，経験則から（つまり，理論的な原理は不明），衝突後の2物体の**相対速度**と衝突前の2物体の**相対速度**の比は，2物体の材質によって決まったほぼ一定の値であることが分かっている。このことは次式のように書け，e として表される値を**反発係数**という。

☜あくまで経験則で，厳密には様々な因子で変化することを過去の研究（例：荒岡・前野，1979）を引用しながら話題にしてもよい。教員としては，教科書「外」の内容（知識・経験）を授業に絡めていく姿勢を追求したい。

$$\frac{v_2' - v_1'}{v_2 - v_1} = -e$$

上式において左辺の分母と分子の符号は必ず異なるので，e を正の値で表すために，e の前に「－」をつける。e は0～1の間の値をとり，下表のように分類される。なお，$e = 0$ のとき，上式より衝突後の相対速度は0となる。つまり，はね返されず一体となってしまう。

☜簡単かつ具体的な事例を仮に設定して説明すると学習者に受け入れられやすい。例えば，「直線上で，止まっているボールAにボールBが適当な速度（例：10 m/s）で当たり，ボールAが適当な速度（例：10 m/s）で動き，ボールBが止まる」という，イメージしやすい事例を板書し，「分母と分子の符号は異なる」ことを具体的に計算して示す。

e の値	衝突の種類
$e = 0$	完全非弾性衝突
$0 \leqq e < 1$	非弾性衝突
$e = 1$	（完全）弾性衝突

演　習

A，Bの2球があり，Aを速度200 m/sで静止状態のBと正面から弾性衝突させた。次の(1)，(2)の場合において，衝突後のA，Bの速度はいくらか。右向きを正とし，これらの現象は直線上で起こったとする。

(1) AとBの質量が同一のとき。

(2) BがAの3倍の質量を有するとき。

解答

衝突後のA，Bの速度をv_A〔m/s〕，v_B〔m/s〕とおく。

(1) A，Bの質量をm〔kg〕とする。運動量保存の法則より，$200m = mv_A + mv_B$となり，反発係数の式より，$v_A - v_B = -200$となる。これを解いて，$v_A = \underline{0\ \mathrm{m/s}}$，$v_B = \underline{200\ \mathrm{m/s}}$。

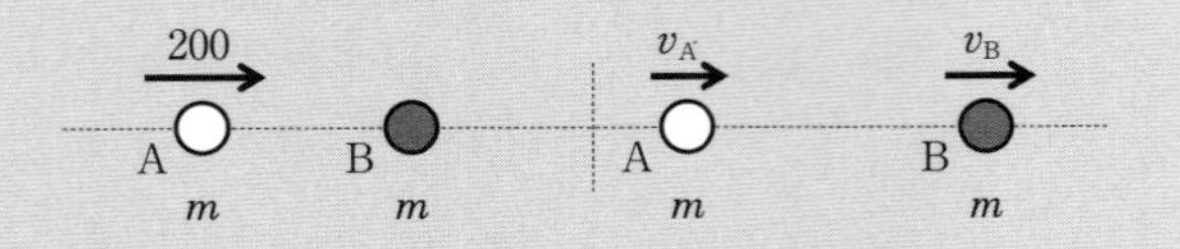

(2) A，Bの質量をm〔kg〕，$3m$〔kg〕とする。運動量保存の法則より，$200m = mv_A + 3\,mv_B$となり，反発係数の式より，$v_A - v_B = -200$となる。これを解いて，$v_A = \underline{-100\ \mathrm{m/s}}$，$v_B = \underline{100\ \mathrm{m/s}}$。

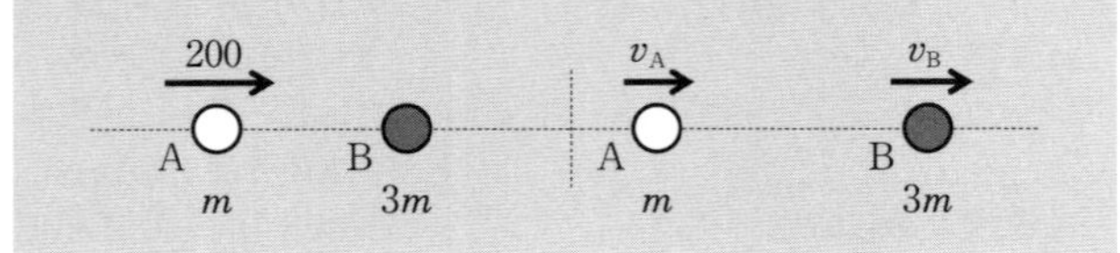

☜コラム4でも触れたように，物理学的な問題の処理に関しては，作図を施すことの重要性が古くから主張されてきた（例：Heller ほか，1992）。実際，多くの場合，問題処理過程の初期段階に作図を施すことで正しい思考が促される。学校現場では，図を描かずに計算だけで済ませようとする学習者が多いが，平易な問題であっても，普段から図を描いて思考するよう，定常的に指導したい。

②物体と床（壁）との垂直な衝突

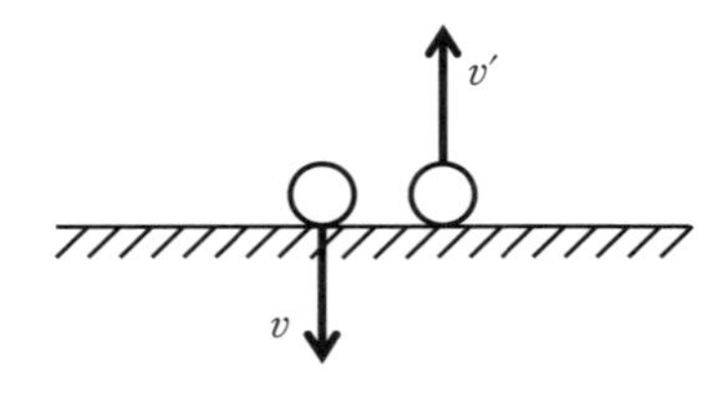

小球のような物体が床や壁に垂直に当たってはね返る場合には，床や壁の質量をはっきり求めることができないため，運動量保存の法則は使えない。一方，反発係数の式はこの場合でも有効に成立する。そこで，衝突後の速度v'は次のようにして求められる。

☜例えば，教室の床を指して，「質量はいくらか」を学習者に問うてみるとよい。物理教育では，抽象的な話に終始せず，常に「現実（具体的事象）との紐(ひも)づ

$$\frac{v'-0}{v-0} = -e \Leftrightarrow v' = -ev$$

（「－」の符号は，$v > 0$ とすると $v' < 0$ であることを示す）

け」を意識した指導を心掛ける。

③物体と床（壁）との斜めの衝突

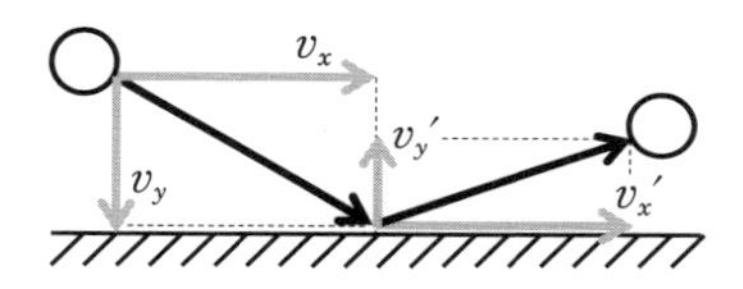

小球のような物体が床や壁に斜めに当たってはね返る場合，摩擦が無視できるならば，接触面に平行な方向の速度成分は変わらない。そして，接触面に垂直な方向の速度成分についてのみ反発係数が定義される。すなわち，衝突前後における接触面に平行，垂直な速度成分を上図のようにとると，これらの関係は次のようになる。

—Tidbits—

衝突現象は，古くから研究対象として多くの関心を集めてきた。当初，運動する物体に衝突されたときに受ける大きな衝撃力への関心が高く，ガリレイ（1564-1642）も衝撃力を測定する実験を行い，衝突によって生じる力は静的な力よりも大きくなることなどをまとめている。ただし，ガリレイの研究やそれ以前の研究では，衝撃力に注目し過ぎたため，衝突現象全体をとらえきれなかった。その後，デカルト（1596-1650）やホイヘンス（1629-1695）などにより，運動量の概念が打ち出され，運動量保存の法則が確立されていく。そして，1687 年には，ニュートン（1643-1727）により，有名な「プリンキピア」が著される。その中には衝突現象への言及も見られ，物体同士の衝突に関して，反発係数というパラメータが導入されている。現在，我々が多様な衝突現象について議論できるのは，多くの先人たちの基礎的な研究の蓄積があるからこそである。

$$v_x{}' = v_x \qquad v_y{}' = -ev_y$$

(6) 衝突におけるエネルギー保存

2物体の衝突において「エネルギー」は保存されるのか。これまで学習してきたことを活用して以下の演習に挑戦し，これを通じて考えてみる。

演習

質量 m の物体 A，B がある。A が速度 v で等速直線運動し，静止している B に衝突した結果，A，B の速度が v_1，v_2 になったとする。2物体間の反発係数を e とし，これらの現象は直線上で起こったとする。

(1) 衝突後の A，B の速度を e と v を用いて表せ。

(2) 衝突前の A，B の運動エネルギーの和を m，v を用いて表せ。

(3) 衝突後の A，B の運動エネルギーの和を e，m，v を用いて表せ。

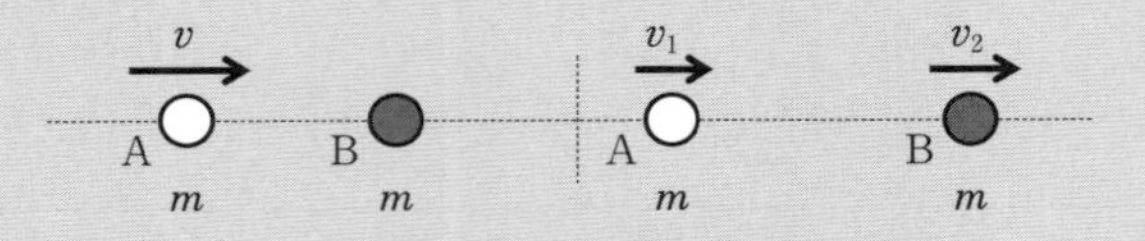

解答

(1) 衝突後の A，B の速度を v_1，v_2 とすると，運動量保存の法則より $mv = mv_1 + mv_2$ となり，反発係数の式より，$v_1 - v_2 = -ev$ となる。これを解いて，$v_1 = \dfrac{(1-e)v}{2}$，$v_2 = \dfrac{(1+e)v}{2}$。

(2) 衝突前の A，B の運動エネルギーの和は，$\dfrac{mv^2}{2}$。

(3) 衝突後の A，B の運動エネルギーの和は $\frac{mv_1^2}{2}+\frac{mv_2^2}{2}$ となり，ここに (1) で求めた値を代入し，$\frac{mv^2(1+e^2)}{4}$。

上の演習では，(3) の答えに $e=1$ を入れると衝突前の運動エネルギーの和＝衝突後の運動エネルギーの和 $\left(=\frac{mv^2}{2}\right)$ となることが分かる。この事例のように，2物体の衝突における力学的エネルギーについては，$e=1$，つまり弾性衝突の際，保存される。一方，それ以外，つまり $0 \leqq e < 1$ では力学的エネルギーは保存されず，減少する。

☜こうした「既習事項を活用して具体的事例について考えさせ，結果の一般化に繋げる」アプローチは，指導場面でも学習者の納得を得やすい。

—Tidbits—

衝突現象のうち，弾性衝突は極めて理想的である。我々の身の周りで起こる衝突では，エネルギーの散逸が避けられず，非弾性衝突が支配的となる。この非弾性衝突では，「衝突により力学的エネルギーが減少し，その理由として，熱という形でエネルギーが散逸する」と解釈することが多いが，エネルギー散逸原因をこれに限定するのは著しい単純化であるといわざるを得ない（本来であれば，衝突物体の内部摩擦や塑性変形，破壊，音などといった他のエネルギー散逸機構も考慮すべきであろう）。ただし，仮に，これらのあらゆるエネルギー散逸機構を考慮しようとしても，そのうちのどれが支配的になるかは衝突物体の種類や運動状態に大きく依存するため，そもそも理論的予測に限界がある。そのような中，理科教育で用いられる一般的な教科書やその他解説書では，エネルギー散逸の形態やその過程を一切考えず，反発係数というパラメータでエネルギー散逸の度合いを表現するに留まる（もちろん，条件の簡略化が理論的扱いを可能とし，さらなる理論の進展に繋がることは古くから理解されてきたことであり，物理学やそれを土台にした工学などの分野における理想化・単純化の意義は否定しない）。なお，こうした反発係数は衝突する物体の材質により決まるということが一般的な教科書やその他解説書に記されているが，この記述は，事実を正しく表現しているとは言いがたい。例えば，反発係数が衝突前の運動状態に大きく依存することは既に多くの研究で示されていることであり（Kuwabara & Kono, 1987；Sondergaard ほか，1990；Supulver ほか，1995；Brilliantov ほか，1996；Morgado & Oppenheim, 1997；Schwager & Pöschel, 1998；Ramírez ほか，1999），多くの場合で，反発係数は衝突速度の増加に伴い減少し，衝突角度や衝突時の回転に影響されることも指摘されている（Calsamiglia ほか，1999）。また，反発係数の大小が物体の表面状態に依存することも容易に想像できることであり，さらには，物体がその弾性の限度を超えた場合に塑性変形が起こるが，その影響も見逃せない。こうした様々な因子で反発係数が変わるということは，つまり，衝突時のエネルギー散逸機構が冒頭に述べたように多様であるということである。

あなたならどこを狙って打つ？
―「誤概念」の怖さ―

〔質問〕ボールを壁に当てて相手にうまく届けるには，①～③のどこを狙ってボールを打ちますか？

知識は，教育のみにより獲得されるものではなく，自分自身の経験を通しても獲得されることが認知科学研究などを通じて明らかにされています。したがって，学習者は，教室で何かを教えられようとする場合，その学習事項に関して，自身の日常生活における諸々の経験を通して「問題解決時の判断や推理の根拠となる概念」を既に形成していることが多々あります。このような，自前で形成されて洗練されないままに留まっている概念は「素朴概念」などと呼ばれます。そして，これらはしばしば正しい概念と矛盾し，その場合は「誤概念」とも呼ばれます。誤概念は，日常的な経験的裏づけを基に形成されたものであるため非常に強固で保持されやすいといわれ，物理をはじめとする自然科学分野において非常に重要な問題となります。

例えば，筆者の調査（仲野，2019）では，最も一般的な衝突現象「非弾性衝突」についての誤概念の存在が明らかとなっています。具体的には，水平面上で，球体が壁に向かって斜めに非弾性衝突するとき，「衝突直前の球体の運動方向と壁がなす角度 θ_1」と「衝突直後の球体の運動方向と壁がなす角度 θ_2」の関係は $\theta_1 > \theta_2$ となりますが（p. 165 参照），$\theta_1 = \theta_2$ と考える学習者が非常に多く，衝突現象の基礎理論について通常の教育方法による習得を経験した後でもこの誤概念が残ることが把握されています。そして，調査では，次のような要因でこの誤概念が形成され得ることが示されました。人が保有する誤概念の裏には，必ずその形成の基となった経験的裏づけが潜在するものです。

〈学業経験要因〉……………小学校以来，光の反射では入射角と反射角が等しくなると指導され続けており，その概念が過度に一般化される。

〈観察経験要因〉……………壁当てやエアホッケーなど，学習者自身が斜め衝突現象を発生・観察する際，視点位置の関係で角度変化に気づかず，等角ではね返ると誤解する。

〈デジタル視聴経験要因〉…テレビやゲームなどのデジタル画像を通じ，壁や床に衝突した球体は等角ではね返る，というイメージをすり込まれる。

教育現場でこうした誤概念を修正するには，通常の知識伝達型授業では困難で，自らの誤った概念について意識化させる必要があるとされています。上の事例では，誤概念の反証的事実に直面させる実験で学習者自身が保有する誤概念の存在に気づかせたうえで，「どういった経験的裏づけがそうした誤概念を保有する原因になり得たのか」をグループ討議させる（反省的思考を促す）ことで概念修正を図っています。

誤概念を残したままの学習を経た学習者は，机上では科学的概念に基づく理論的解釈で思考・判断できたとしても，いざ日常生活に戻ると誤概念を基に思考・判断してしまうなどと，二つの知識体系で物事に対処しかねません。教員としては，日常生活で活かされる物理教育となるよう，意識したいものです。なお，〔質問〕に対する答えは，①ではなく，②とするのが妥当ですね。

1.4　円運動，慣性力，単振動

(1)　等速円運動

物体が一定の速さで円周上を動くとき，この運動を**等速円運動**という。

(2)　角速度と周期

等速円運動をする物体が1秒間に描く中心角 ω を**角速度**と呼び，その単位には〔rad/s〕を用いる。t〔s〕の間に回転する角度を θ〔rad〕とすると，次のように書ける。

$$\theta = \omega t$$

また，等速円運動をする物体が1回転するのに要する時間を**周期**という。周期を T〔s〕とすると，1回転で 2π rad回ることから，次のように書ける。

$$\omega T = 2\pi$$

なお，単位時間あたりに回転する数 n を**回転数**といい，n と T の間には次の関係がある。

$$n = \frac{1}{T}$$

(3)　速度

半径 r〔m〕の円周上を物体が t〔s〕の間に θ〔rad〕回転したとき，移動した弧の長さは $r\theta$〔m〕である。したがって，物体の円周に沿った速度 v は次のように書ける。

☜コラム6でも示すように，等速円運動の学習に入る段階においては，「慣性（基礎編1.4のp. 45）」に関する誤った認識を有する学習者が一定数存在し得る。慣性に関する誤った認識を有している場合，ここから始まる等速円運動の学習において理解の妨げとなることも懸念されるため，教員としてはそうした学習者の存在可能性を意識しながら指導にあたることが望まれる。その一方で，等速円運動の学習に至る前に，いかに慣性を含む「物体の運動」の基本事項を指導するべきか，といった根本的な対策も追究し続けたい。

$$v = \frac{r\theta}{t}$$

$\omega = \dfrac{\theta}{t}$ であるので，結局，v は次式で表される。なお，物体の速度の向きは，下図のように，経路の**接線**方向である。

$$v = r\omega$$

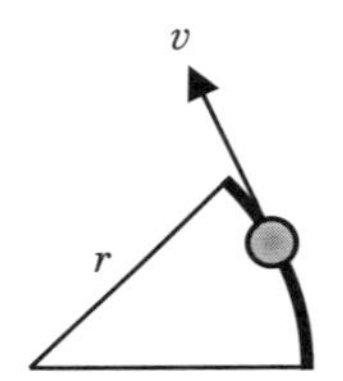

(4) 加速度

等速円運動では，速度の大きさは一定でも，その**方向**が刻々と変わる。つまり，**加速度**があるといえる。

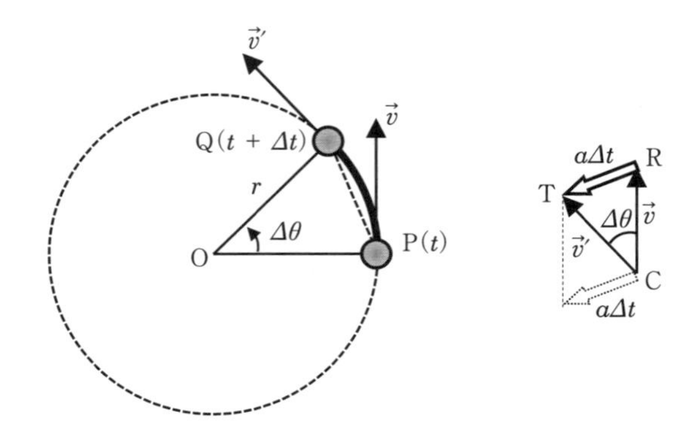

上図のように，円周上の１点Pを通った質点の十分に小さい時間 Δt の後の位置をQとし，P，Qにおける速度を $\vec{v}$，$\overrightarrow{v'}$（大きさは共に v）とする。１

点Cから$\vec{v}$，$\vec{v'}$を代表する$\overrightarrow{\mathrm{CR}}$，$\overrightarrow{\mathrm{CT}}$を引けば，$\overrightarrow{\mathrm{RT}}$は時間$\Delta t$の間の**速度変化**を表す。その大きさは，「速度変化＝加速度×時間」であることから，加速度の大きさをaとすると次式で表すことができる。

$$\mathrm{RT} = a\Delta t \cdots ①$$

☜$\overrightarrow{\mathrm{RT}} = \Delta\vec{v} = \vec{a}\Delta t$

一方，△OPQと△CRTは，共に頂角$\Delta\theta$を持つ二等辺三角形であり，相似であるから，次式が成り立つ。

$$\frac{\mathrm{RT}}{\mathrm{PQ}} = \frac{\mathrm{CR}}{\mathrm{OP}} \cdots ②$$

Δtは十分に小さいため，$\mathrm{PQ} = \overset{\frown}{\mathrm{PQ}} = v\Delta t$としてよい。これと，式①，$\mathrm{CR} = v$，$\mathrm{OP} = r$を式②に代入すると，次式が得られる。

$$\frac{a\Delta t}{v\Delta t} = \frac{v}{r}$$

したがって，加速度の大きさaは以下のようになる。

$$a = \frac{v^2}{r} = r\omega^2$$

☜$v = r\omega$

瞬間の加速度$\vec{a}$の方向は，Δtを限りなく小さくしたとき，すなわち$\Delta\theta$を限りなく小さくしたときの極限の$\overrightarrow{\mathrm{RT}}$の方向である。次頁の図に示すように，$\Delta\theta$を限りなく小さくしていくと，$\vec{v}$と$\Delta\vec{v}$は直交する関係に近づく。$\vec{a} = \dfrac{\Delta\vec{v}}{\Delta t}$であることから，結局，$\Delta\theta$を限りなく小さくしていくと，$\vec{v}$と$\vec{a}$は直交する関係に近づく。このことから分かるように，加速度$\vec{a}$の方向は，速度の方向（すなわち円の接線の方向）に**垂直**で，円の**中心**に向かう。このため，等速円運動の加速度を向心加速度ともいう。

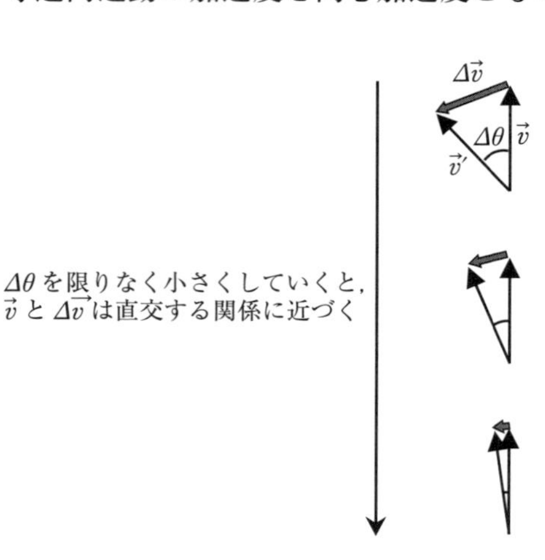

☜常に円の中心に向かう加速度を持つということは，直感的にはとらえにくい。微小時間の速度変化の方向が加速度の方向で，それは速度の方向と直交することを左図のような図を用いて丁寧に説明したい。なお，そのようにして，「加速度の方向は『速度の方向と直交する』」ことが理解できたとしても，「加速度の方向は『円の中心に向かう』」ことについて理解できない学習者は多い。その際，①ベクトルは平行移動できること，②あくまで加速度を持っているのは等速円運動を行っている物体，という2点を強調する。「物体の位置に加速度のベクトルの始点が来るよう平行移動する」と図で示しながら説明すると，加速度のベクトルが物体から円の中心に向かう方向になることも理解できよう。

演　習

(1) 半径 20 m の円周に沿って，2.0 s 間に 10 回転するといった等速円運動を行う物体がある。この物体が行う等速円運動の周期 T〔s〕，角速度 ω〔rad/s〕，速さ v〔m/s〕はいくらか。円周率 π は 3.14 とする。

(2) 半径 1.0 m の円周に沿って，角速度 2.0 rad/s で等速円運動する物体がある。この物体の加速度はどちらの方向を向いており，またその大きさはいくらか。

解　答

(1) $T = \dfrac{2.0}{10} = \underline{0.20\ \mathrm{s}}$。$\omega T = 2\pi$ より，

$$\omega = \frac{2\pi}{T} = \frac{2 \times 3.14}{0.20} = 31.4 \fallingdotseq \underline{31\ \mathrm{rad/s}}。$$

$$v = r\omega = r \times \frac{2\pi}{T} = \frac{20 \times 2 \times 3.14}{0.20} = 628$$

$\fallingdotseq \underline{6.3 \times 10^2\ \mathrm{m/s}}$。

(2)　加速度は円の中心に向かう方向を向いており，その大きさは，$a = r\omega^2 = 1.0 \times 2.0^2 = \underline{4.0\ \mathrm{m/s^2}}$。

(5)　向心力

これまで見てきたように，等速円運動をする物体は，常に円の中心へ向かって一定の大きさの加速度を持っている。したがって，その物体の質量を m〔kg〕とすると，運動方程式（$m\vec{a} = \vec{F}$）より，物体は常に加速度と同じ向き，つまり**円の中心**へ向かって一定の大きさの力を受けているといえる。例えば，糸の先端に物体をつけ，糸の他端を持った人間がその場で回転して，次頁の図のようにこの物体を等速円運動させたとする。この場合，物体に着目すると，常に糸の張力を受けており，その方向は円の中心に向かう方向である。このように，等速円運動を行う物体は，必ず円の中心に向かう何らかの力を受けており，これを**向心力**と呼ぶ。

☜向心力という何か「新たな力」があると勘違いする学習者は非常に多い。等速円運動を行っている物体は必ず円の中心に向かう力を受けており，その力を向心力と呼ぶだけである，ということを強調したい（次頁の図の場合であれば，「糸の張力」が「向心力」にあたるが，「糸の張力」

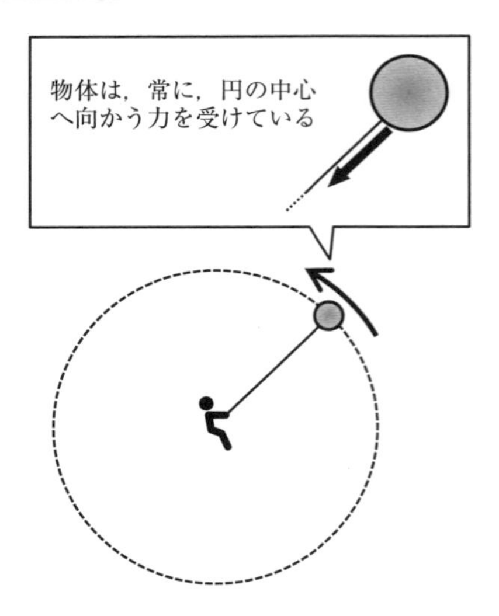

の他に「向心力」という力も別に存在すると考える学習者が多い)。

ここで，質量 m の物体が，角速度 ω で半径 r の等速円運動を行い，この時の加速度の大きさを a，向心力の大きさを F とすると，次の 2 式が成り立つ。

$$\text{運動方程式}\cdots ma = F$$
$$\text{加速度}\cdots a = r\omega^2$$

この 2 式を解くと，向心力の大きさ F は次のようになる。

$$F = mr\omega^2$$

$v = r\omega$ であることを用いると，向心力の大きさ F について，次のような各種表現ができる。

$$F = mr\omega^2 = mv\omega = \frac{mv^2}{r}$$

最後に，等速円運動に関する「向き」を整理すると，次頁上の図のようになる。

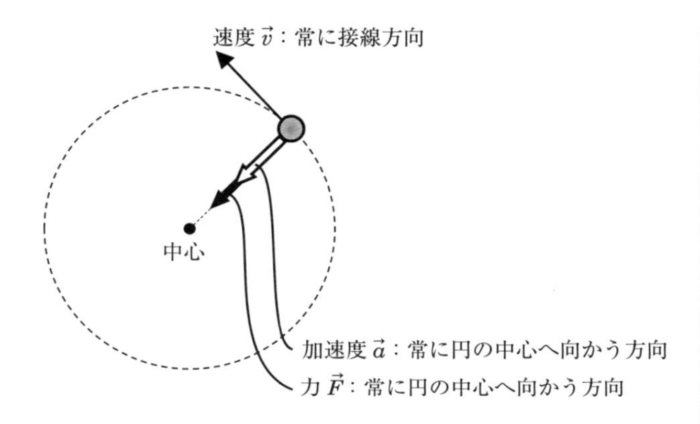

(6) 慣性力

下図のように，静止している観測者 A から見て，左右方向の力が働かないで静止している質量 m の物体があるとする。そして，大きさ a の加速度で右向きに運動する観測者 B がこの物体を見ると，「物体は『B の加速度の向きと逆向き』に『大きさ a の加速度』で運動する」ように見える。

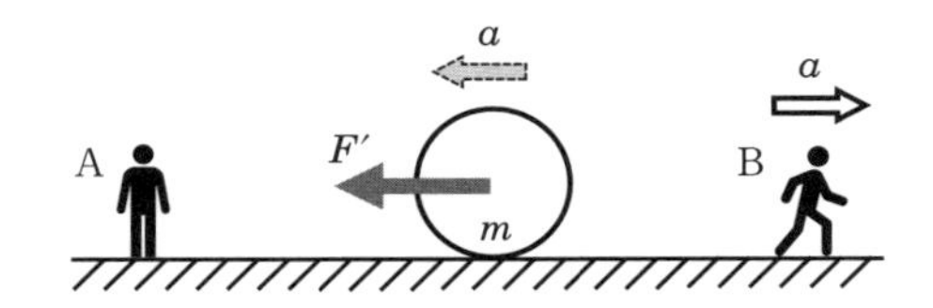

B から見ると，「物体に左右方向の力が働かないのに物体が等加速度直線運動をし，運動の法則が成り立たない」ということになる。そこで，B から見た場合でも運動の法則が成り立つように，B の加速度と逆向きに大きさ ma の力 F' が働いていると見なし，これを**慣性力**という。慣性力は「力」と呼ぶものの，力を及ぼした人や物が存在しない架空の力である。それゆえ，慣性力には反作用も存在しない。

(7) 等速円運動における慣性力

下図のように，等速円運動する物体を物体から離れた場所に立って見ると，当然のことながら「物体は等速円運動している」ように見える。そして，そのためには，既に見てきたように，物体は「円の中心へ向かう力」を受けていればよい。

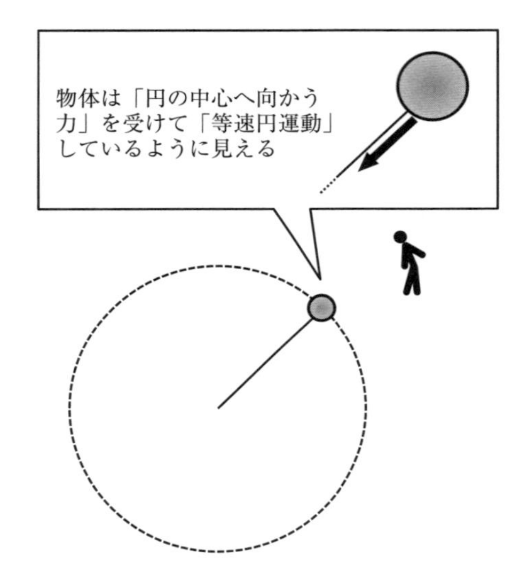

一方で，次頁の図のように，等速円運動する物体を物体の上に座って見ると，物体は常に自分のお尻の下にあり，「静止している」ように見えるであろう。そして，そのためには，「円の中心へ向かう力」だけでなく，それとつり合う「何かしらの力」が物体に働いているということにしておかねば話が成り立たない。そこで，「円の中心へ向かう力」とつり合う力として**遠心力**というものを導入する。遠心力は，「等速円運動する物体という『加速度運動をする物体』と行動を共にする『加速度運動をする観

☜自分が観測者になった気持ちで，見える景色をイメージさせる。

測者』」から見た架空の力，すなわち慣性力である（静止しているように見える物体に，都合よく設定した見かけの力であり，実在はしない）。このことから分かるように，遠心力は，向心力と同じ大きさで逆向きである。

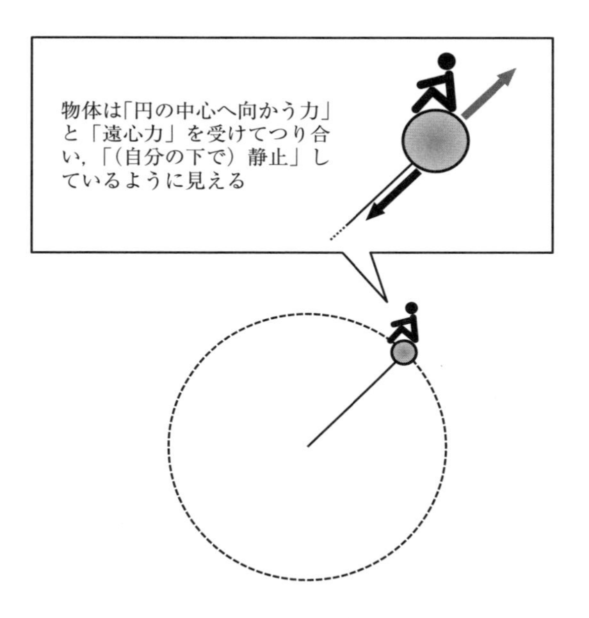

演　習

半径 1.0 m の円周に沿って，角速度 2.0 rad/s で等速円運動する質量 3.0 kg の物体がある。この物体と共に運動する観測者から見た場合，物体に働く遠心力の大きさはいくらか。

解　答

遠心力の大きさ＝向心力の大きさ＝ $mr\omega^2 = 3.0 \times 1.0 \times 2.0^2 = \underline{12\ \mathrm{N}}$。

(8) 単振動

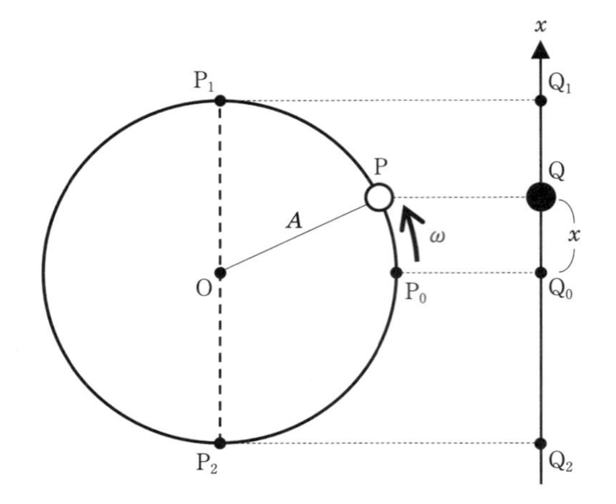

☜単振動の学習では，左図のような「対応する等速円運動」と関連づけることが欠かせない。等速円運動でいえば円周上のどこに物体があるときのことか，といったことを考えられるように指導する。

上図のように，O を中心とする半径 A の円周上を角速度 ω で等速円運動している物体 P がある。P の影を x 軸上に垂直に映した場合，この影は等速円運動と連動した単純な往復運動を行う。こうした運動を**単振動**といい，以下，この図を基に単振動について考える。

まず，時刻 0 のとき P が P_0 を出発したとすると，時刻 t での回転角 $\angle POP_0$ は $\boldsymbol{\omega t}$ であり，P の速度は円の接線方向で大きさは $\boldsymbol{A\omega}$，加速度は円の中心向きに大きさ $\boldsymbol{A\omega^2}$ である。

次に，Q の運動は P の運動を x 軸上に映したものであるから，Q の時刻 t における変位 x，速度 v，加速度 a は，それぞれ次のように表現できる。

$$x = A\sin\omega t$$
$$v = A\omega\cos\omega t$$
$$a = -A\omega^2\sin\omega t = -\omega^2 x$$

したがって，Qの速さが最大になるのは前頁の図におけるQ_0の位置であり，加速度の大きさが最大になるのは，同図におけるQ_1，Q_2の位置である。

単振動の振れ幅は等速円運動の半径と同じで，これを単振動の**振幅**という。また，1回の単振動に要する時間は，等速円運動1周に要する時間と同じで，これを単振動の**周期**という。同図の場合，Qの振幅はA，周期は$\dfrac{2\pi}{\omega}$となる。なお，単振動において，単位時間あたりの振動の回数を単振動の**振動数**といい，その単位は〔Hz〕である。周期Tと振動数fの間には基礎編3.1のp. 96同様，次の関係がある。

$$T = \frac{1}{f}$$

ここで，質量mの物体がQと同じ単振動を行うとすれば，運動方程式から次式が成り立ち，この物体には「$F = -m\omega^2 x$」で表される力Fが働いていなければならないということになる。「$F = -m\omega^2 x$」という式から，この力の大きさは物体の変位xに**比例**し，その方向は変位と**反対**方向であることが分かる。

$$F = ma = m \times (-\omega^2 x) = -m\omega^2 x$$

以上の事例を含め，一般的に，$x = 0$の点を振動の中心として単振動する質量mの物体には，次式で表せるような力Fが働き，これを**復元力**という。

$$F = -Kx$$

（Kは正の定数）

また，上の2つの式の比較から $K = m\omega^2$，すなわち $\omega = \sqrt{\dfrac{K}{m}}$ を得て，単振動の周期 T は，次式で表すことができる（$T= \dfrac{2\pi}{\omega}$ であることを利用）。このように，単振動では，復元力の定数 K が分かれば，周期 T も求められる。なお，ω は，等速円運動では角速度と呼んだが，対応する単振動においては，**角振動数**と呼ぶ。

$$T = 2\pi\sqrt{\frac{m}{K}}$$

演　習

単振動する質量 0.50 kg の物体について，これに働く復元力 F〔N〕と変位 x〔m〕の間には，次の関係があるとする。

$$F = -50x$$

このとき，単振動の角振動数 ω〔rad/s〕，周期 T〔s〕はいくらか。円周率 π は 3.14 とする。

解　答

$\omega = \sqrt{\dfrac{50}{0.50}} = \underline{10\ \mathrm{rad/s}}$。

$T = 2\pi\sqrt{\dfrac{0.5}{50}} = \dfrac{2 \times 3.14}{10} = 0.628 \fallingdotseq \underline{0.63\ \mathrm{s}}$。

(9) 水平ばね振り子の周期

下図のように，ばね定数 k のつる巻きばねの一端を固定し，他端に質量 m の物体を取りつけ，なめらかな水平面上においてこれを振動させたものを**水平ばね振り子**と呼ぶ。

☜つる巻きばねの一端を天井に固定し，他端に物体を取りつけ，これを上下に振動させたものを鉛直ばね振り子と呼ぶ。鉛直ばね振り子の動きもやはり単振動であり（物体が受ける重力の影響はあるものの，左記同様に考えることができる），摩擦の影響を受けることがないため，演示・実験はむしろしやすい。

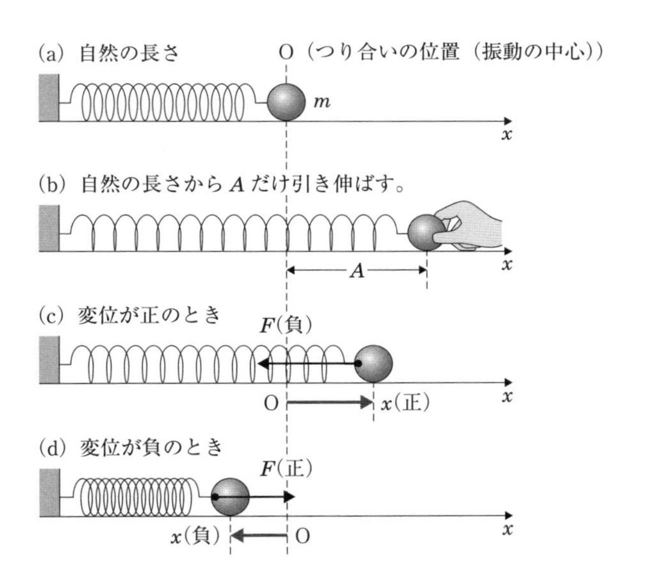

物体を持って，上図(a)の状態から(b)の状態までつる巻きばねを引き伸ばして静かに手を離すと，物体は左右に往復運動する。同図(a)の状態における物体の位置を原点とし，同図(c)や(d)の状態のようなその後の物体の変位を x とすると，この物体に対して振動方向に働く力は $\boldsymbol{-kx}$ のみである。つまり，物体が受ける振動方向の力 F は，次式で表される。

$$F = -kx$$

上で見たように，物体が振動方向に $F = -Kx$ (K

は正の定数）と表現される力を受ける場合，この物体は単振動をし，その周期は $T=2\pi\sqrt{\frac{m}{K}}$ となる。したがって，水平ばね振り子の動きも単振動であるといえ，その周期 T は，次式で表される。

$$T=2\pi\sqrt{\frac{m}{k}}$$

(10) 単振り子の周期

下図のように，軽い糸の上端を固定し，下端に小さな物体を取りつけ，鉛直面内においてこれを振動させたものを**単振り子**と呼ぶ。

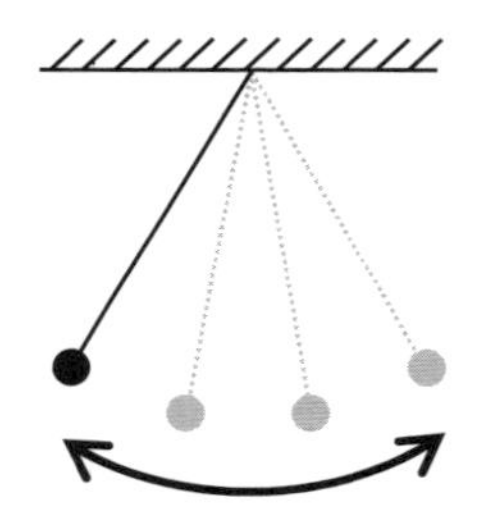

次頁の図のように，物体の円周に沿った方向の変位を x とし（点 O から右向きに正をとる），以下，単振り子の動きを詳細に把握する。今，物体に対して振動方向に働く力は $-mg\sin\theta$ である。つまり，物体が受ける振動方向の力 F は，次式で表される。

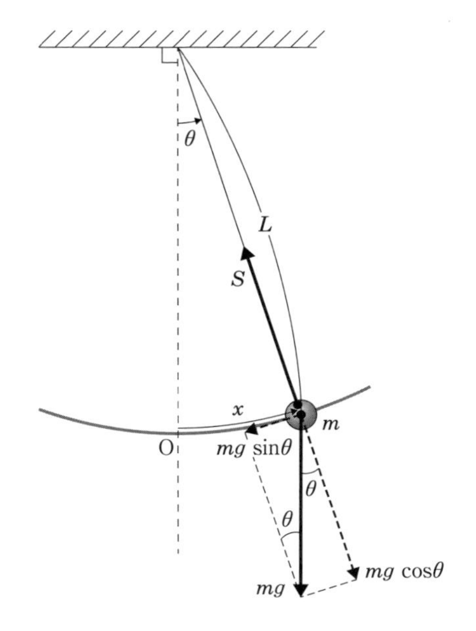

$$F = -mg\sin\theta$$

ここで，もし θ が十分小さいとすれば，$\sin\theta \fallingdotseq \theta$ と近似でき，また，弧度法の考え方から $\theta = \dfrac{x}{L}$ であることから，上の式の $\sin\theta$ に $\dfrac{x}{L}$ を代入して，次式が得られる。

$$F = -\frac{mg}{L}x$$

繰り返しになるが，物体が振動方向に $F = -Kx$（K は正の定数）と表現される力を受ける場合，この物体は単振動をし，その周期は $T = 2\pi\sqrt{\dfrac{m}{K}}$ となる。したがって，今のように「もし θ が十分小さいとすれば」といった条件が付された単振り子の動きも単振動であるといえ，その周期 T は，次式で表される。

$$T = 2\pi\sqrt{\frac{L}{g}}$$

以上のように，単振り子では，振れ角が非常に小さい場合，物体の運動を近似的に直線上での往復運動，つまり単振動とみなすことができ，その周期を算出することができる。

—Tidbits—

物体が１点を中心としてその付近で運動を繰り返すことを振動といい，単振動はその最も単純な形態である。また，このような「力学的な振動」に限らず，より広く，「ある物理量が時間の経過に伴って，一定の値を中心とした増減を繰り返すこと」を振動ということもある。本書の後半でも触れる「電気振動」はまさにその一つで，電流の強さという物理量の振動である。例えば，こうした「力学的な振動」と「電気的な振動」は，それぞれ異なった物理法則に支配される現象であるものの，現象に関わる数学的表現には共通性が見られたりする。このように，異なった物理法則に支配される現象が数学的な表現として共通性を有することは物理学でしばしば見られることであり（有山・1970），科学現象の不思議な側面である。

円運動を行う一種の勢い？
—慣性に関する誤った認識—

〔質問〕下図のような，水平に置いた円形の管（途中が欠けてＣ型になった円形の管）から飛び出した金属球は，その後，①～③のどの軌跡を描くでしょうか？

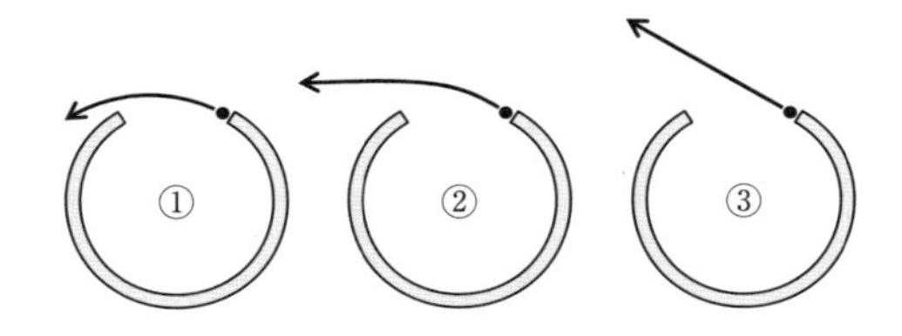

直線運動や放物運動と共に，円運動は物体の基本的な運動形態の一つです。こうした円運動については，「円軌道を運動する物体は，軌道内を運動中に円運動を行うような一種の勢いを得る」という，慣性に関連した誤った認識が持たれがちであることが，海外の物理教育研究を通じて報告されてきました（McCloskey ほか，1980；McCloskey，1983；Cooke & Breedin，1994；Catrambone ほか，1995；Bianchi & Savardi, 2014）。

日本の学校教育では，高等学校段階の物理学で円運動が扱われ，慣性を含む「物体の運動」の基本事項を学習したうえで，円運動の学習に至るのが通常でしょう。慣性についての認識は円運動の学習にも影響し得るため，円運動の学習に臨む段階における学習者の「慣性に関する認識状況」は，教員の立場としては大変気になるところです。そうした思いを抱いた筆者は，いよいよ円運動の学習を始めようとする高等学校段階の学習者（第 2 学年 159 人）を対象に，上図を題材にした認識評価を事例的に実施したことがあります（仲野，2022）。もちろん，この対象集団は，慣性を含む「物体の運動」の基本事項について学習済みの状態にありました。認識評価では，選択肢（軌跡パターン①～③）から選ぶ形で解答すると共に，その解答根拠を記すよう求めました。

その結果，次頁の図のように，軌跡パターン①，あるいは②を選択した誤答者は合計 50 人（全体の 31%）に上り，「円軌道を運動する物体は，軌道内を運動中に円運動を行うような一種の勢いを得る」といった認識が一定数存在する状況が確認されました。また，このような誤答者のうち，26%の者が解答根拠に「慣性」や「カーブの勢いが残る」といった文言を記し，慣性に関連した誤った認識に基づいて誤答を導いていることが明確に確認されました。

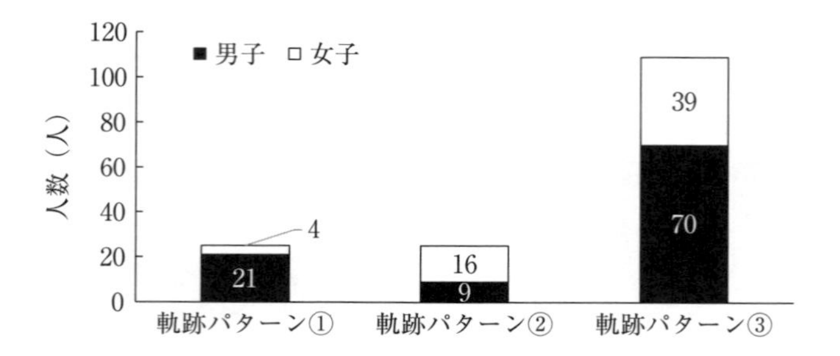

円運動は，「円の中心に向かう加速度を持つ」など，直感的にとらえにくい，難しい運動です。ただでさえそうした難しさを持つにもかかわらず，学習前から「慣性に関する誤った認識」を…と恐々とした覚えがあります。また，それと同時に，慣性を含む「物体の運動」の基本事項について指導した自身の責任を痛感したものです。

1.5　万有引力

(1)　惑星の運動

ギリシャ時代から中世まで，太陽や惑星，恒星など，全ての天体は地球を中心に回転していると考える**天動説**が信じられていた。しかし，天動説で惑星の運動を正確に説明することは大変面倒で，無理もあった。16 世紀半ばに，コペルニクスは，地球も含めた全ての惑星が太陽を中心とした円運動をすると考える**地動説**を提唱し，惑星の複雑な運動を単純に説明しようとした。17 世紀初めになると，ケプラーは惑星の軌道が円ではなく**楕円**であることを発見し，続いて，2 つの重要な事実を発見して法則の形で発表した。これらが惑星の運動に関する**ケプラーの法則**として知られるもので，実測結果と精密に一致する。

(2)　ケプラーの法則

①第 1 法則

「惑星は太陽を焦点の一つとする楕円軌道を描く」というもので，楕円軌道の法則ともいう。なお，楕円はある 2 点（これを**焦点**という）からの距離の和が一定の点の集合である。この 2 つの焦点を通る線分を**長軸**，長軸を垂直二等分する線分を**短軸**といい，これらの半分の長さをそれぞれ**半長軸**，**半短軸**という。

☜学習指導要領上の目標を踏まえ，これまで，万有引力分野について様々なアプローチで指導がなされてきた。例えば，「万有引力の法則や運動の法則の各種公式」と「地球の質量などの既知量」を用いて導出した数値を事実と照らし合わせるなど，理論計算による結果を用いて学習者の関心・納得を得ようとする試みは，最も一般的なアプローチの一つであろう（松井，1981；五十嵐，1990 など）。このように理論計算と事実を照らし合わせることは，自然法則に対する納得性を高めるには効果的であるが（龍溪，1991），一方で，理論計算に用いる地球の質量などの既知量がそもそも大スケールの伝聞値であるため，実感が湧かないまま計算という作業に終始する事態に陥りかねない。また，万有引力測定装置を用いて万有引力を直接的に把握するというアプローチ（矢野，1982；髙木，2005 など）も見られる。その場で実測した

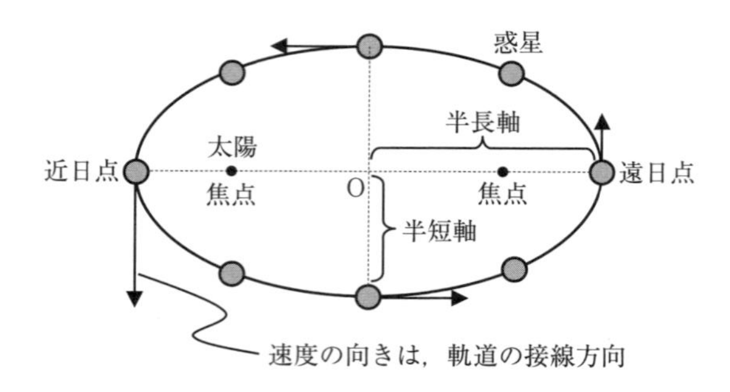

②第2法則

「惑星と太陽を結ぶ線分が単位時間内に通過する面積（これを**面積速度**という）は，それぞれの惑星について，楕円軌道上の場所によらず一定」というもので，面積速度一定の法則ともいう。

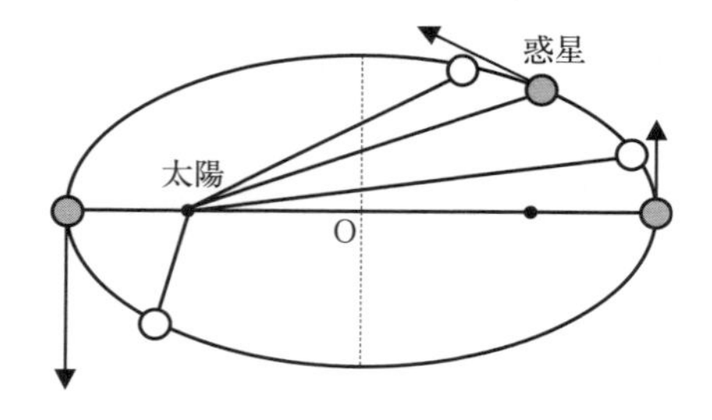

ここで，速さ v の惑星は，非常に短い時間 Δt の間にほぼ直線上を $v\Delta t$ 進む。したがって，次頁の図におけるグレーの三角形の面積 ΔS は，次式のようになる。

値を用いて考察を深めることは，臨場感ある活動に繋がることが期待できるものの，こうした装置は非常に複雑かつ緻密であり，一種のブラックボックスのような印象を受け，身近さを感じるには難がある。それゆえ，やはり，用意された装置で機械的に計測する事態に陥りかねず，主体性の面で課題が残る。いずれにしても，当該分野は，スケールが大きい宇宙空間を議論できる魅力がある一方，そのスケールの大きさゆえに，実感を得にくい値や装置を扱わなければいけないという指導上の難しさが存在する（仲野，2018）。今や，研究機関やインターネット関連企業が提供している宇宙関連データ（写真，動画，デジタルビューワーなど）は多く，そうしたものもうまく授業に組み入れながら新たな授業設計・実践に挑みたい。

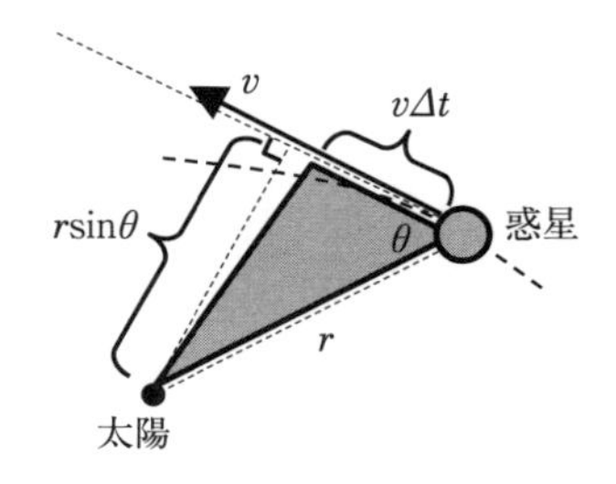

$$\Delta S = \frac{1}{2} \times v\Delta t \times r\sin\theta = \frac{1}{2} rv\Delta t\sin\theta$$

このことから，面積速度は $\dfrac{\Delta S}{\Delta t}$，すなわち $\dfrac{1}{2}rv\sin\theta$ となる。結局，ケプラーの第2法則は，惑星と太陽の距離を r，惑星の速さを v，太陽と惑星を結ぶ線分と v のなす角を θ とすると，次式で表現される。

$$\frac{1}{2} rv\sin\theta = \text{一定}$$

③第3法則

「惑星の公転周期 T の2乗と楕円軌道の半長軸 a の3乗の比は，全ての惑星について同じ値」というもので，調和の法則ともいう。ケプラーの第3法則は，次式で表現される。

$$\frac{T^2}{a^3} = k(\text{定数})$$

例えば，公転周期 T を〔年〕で，楕円軌道の半長軸 a を〔天文単位（1天文単位≒ 1.5×10^{11} m)〕で表現した場合，次頁の表のように，惑星ごとに T

や a は異なるものの，$\frac{T^2}{a^3}$ はいずれもおおよそ 1 という同じ値になる。

惑星	公転周期 T〔年〕	半長軸 a〔天文単位〕	$\frac{T^2}{a^3}$
水星	0.2409	0.3871	1.0001
金星	0.6152	0.7233	1.0002
地球	1.0000	1.0000	1.0000
火星	1.8809	1.5237	1.0000
木星	11.862	5.2026	0.9992
土星	29.4572	9.5549	0.9947

(3) 万有引力

ケプラーの法則は惑星の運動を表現できてはいるが，その運動の基となる「力」については触れていない。しかし，惑星が太陽の周りを楕円運動しているということは，等速円運動同様，太陽の方向に何らかの力が働いているはずであり，ニュートンは，そうした力として，惑星に太陽からの距離の 2 乗に反比例する力が働いていればケプラーの法則が成り立つことを見いだした。そして，太陽と惑星との間の引力に限らず，地球と月との間の引力や，地球と物体との間に働く重力も同じ力だと考えた。さらに一般化して，あらゆる 2 つの物体の間には，それらの質量と距離だけで定まる引力が，普遍的に働いていると考え，この力を**万有引力**と呼んだ。

一般に，質量を持つ 2 物体間に働く万有引力の大きさは F〔N〕は，2 物体の質量 m_1〔kg〕，m_2〔kg〕の積に比例し，距離 r〔m〕の 2 乗に反比例すると

☜惑星が太陽の周りを楕円運動しているということは，（合力が 0 N ではない）何らかの力が惑星に働いているはずである。そのことは，「物体に外部から力が働かないとき，または，働いていてもその合力が 0 N であるとき，静止または等速直線運動を続ける」という，これまで学習したことからも推論できるであろう。これに限らず，過去の学習事項と新たな学習事項の関連性を随所で示していくことも教員の力量である。

いうことで，次式で表される。

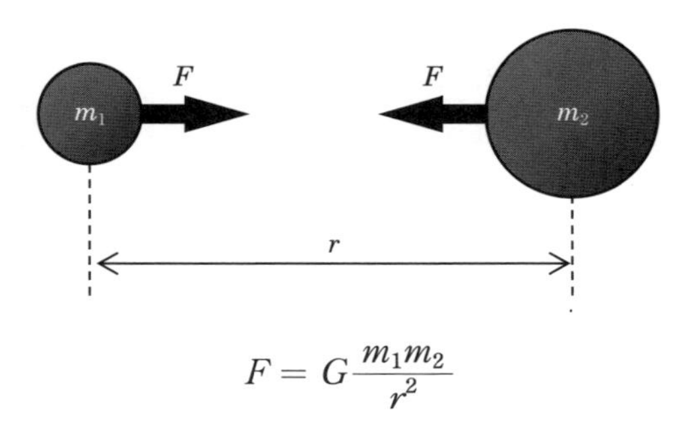

$$F = G\frac{m_1 m_2}{r^2}$$

ここで，G は全ての物体に共通する定数で，**万有引力定数**と呼ばれる。その値は，おおよそ 6.673×10^{-11} N・m^2/kg^2 である。また，大きさのある物体の場合，物体間の距離 r〔m〕は，重心間の距離となる。

演　習

質量 5.0 kg の物体と質量 2.0 kg の物体が，距離 1.0 m 隔てて存在する。この 2 物体間に働く万有引力はいくらか。万有引力定数は 6.7×10^{-11} N・m^2/kg^2 とする。

解　答

求める万有引力 $= 6.7 \times 10^{-11} \times \dfrac{5.0 \times 2.0}{1.0^2} = \underline{6.7 \times 10^{-10}}$ N。

(4) 万有引力と重力の関係

地球は自転しているため，地上から見た場合，物体には地球からの**万有引力**の他，**遠心力**が働いているように見える（等速円運動している物体を物体の

☞既に見てきたように，等速円運動では，「静止した観測者の立場で考える」か「等速

上に座って見るときに遠心力を考えるのと同様)。この2つの合力が，地上で物体に働く**重力**となる。しかし，実際には，自転による遠心力の大きさは，地球に引かれる万有引力の大きさに比べて極めて小さいため，無視できる。

円運動する物体と同じ立場で考える」かの2通りあり，学習者によってどちらの立場で考えるか分かれがちである。指導場面でも，どちらの立場で説明しているか，明示すべきである。

そこで，地球の半径を R，地球の質量を M，地表に置いた物体の質量を m とすると，地表での万有引力と地表での重力がほぼ等しいことから，次のように書ける。

$$G\frac{Mm}{R^2} = mg$$

これにより，重力加速度 g は次のように書ける。

$$g = \frac{GM}{R^2}$$

(5) 万有引力と位置エネルギー

万有引力は**保存力**である。保存力においては，位置エネルギーを考えることができる。つまり，位置エネルギーの種類として，「万有引力による位置エネルギー」というものがある。これについて，以下の①，②の順に考える。

①万有引力に逆らってゆっくりと移動させるときの「外力がする仕事」

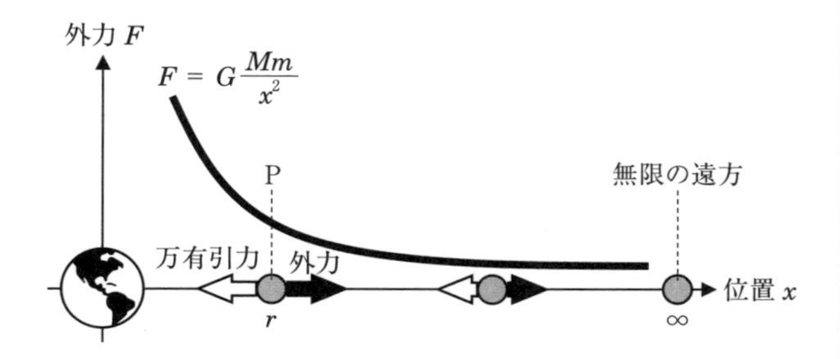

質量 m の物体を，質量 M の地球の中心から距離 r 離れた位置Pから，無限の遠方までゆっくりと運ぶのに必要な仕事 W を考える。位置Pから，無限の遠方まで運ぶのに必要な外力の大きさは，遠くになるにつれ小さくなっていき，外力のする仕事は次のようになる。

$$W = G\frac{Mm}{r}$$

☜導出には積分の知識が必要となる。既習であれば，納得性確保のため，下記導出過程の説明を添えるべきであり，未習の場合でも，少なくともそうした知識が必要になる旨，言及しておきたい。

$$\int_r^{\infty} \frac{GMm}{x^2}\mathrm{d}x = \left[-\frac{GMm}{x}\right]_r^{\infty} = G\frac{Mm}{r}$$

②万有引力による位置エネルギー

点Pでの位置エネルギーを U，無限の遠方での位置エネルギーを U' とすると，U，U' と無限の遠方までゆっくりと運ぶのに必要な仕事 W との間には，次の関係がある。

$$U' - U = W$$

ここで，無限の遠方での位置エネルギーを基準とする。すなわち，$U' = 0$ とすると，U は $-W$ と等しくなり，次のように書ける。この U を**万有引力による位置エネルギー**といい，その位置エネルギーの基準は無限の遠方に設定される。

$$U = -G\frac{Mm}{r}$$

(6) 万有引力を受けて運動する物体の持つエネルギー

地球を周回する人工衛星のように，物体が万有引力だけを受けて地球の周りを運動するとき，物体の持つ力学的エネルギーEは一定に保たれる（基礎編 1.8 の p. 73 参照）。すなわち，質量mの物体が質量Mの地球から万有引力だけを受けて運動するとき，地球の中心と物体との間の距離をr，物体の速さをvとすると，物体の持つ力学的エネルギーEについて次式が成り立つ。

$$E = \frac{1}{2}mv^2 + \left(-G\frac{Mm}{r}\right) = 一定$$

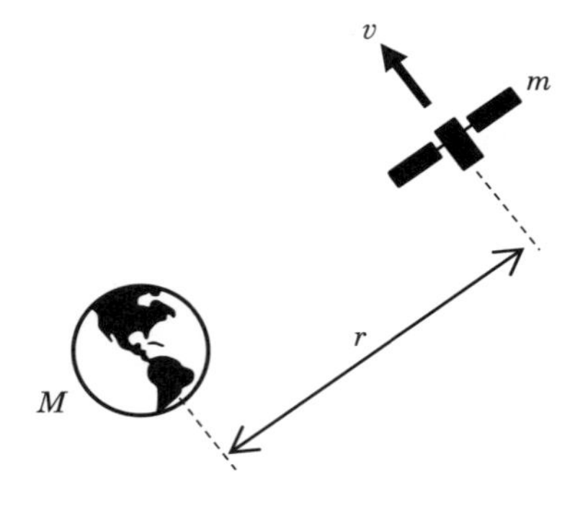

なお，惑星の周りを回る天体を「衛星」という。地球の衛星は月だけであるが，木星や土星は 100 個前後も衛星を有する。一方，「人工衛星」は，地球

から宇宙空間に向かって打ち上げられ，衛星のように惑星（主に，地球）の周りを回っている人工物を指す。下図は，地図作成・地域観測・災害状況把握・資源探査の幅広い分野で利用されてきた人工衛星「だいち2号」である。

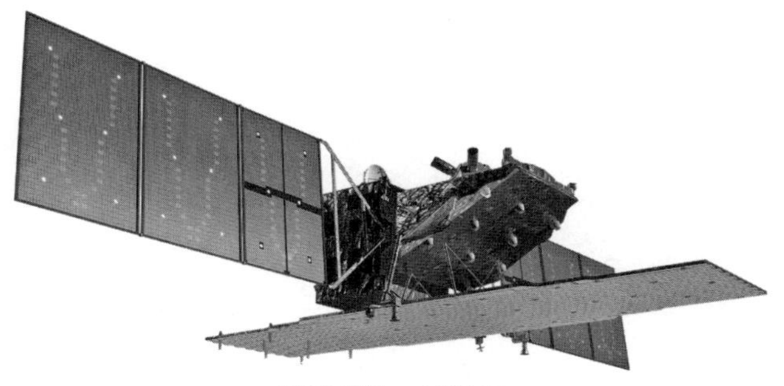

（画像提供：JAXA）

だいち2号は，例えば，2020年にモーリシャス共和国沿岸で貨物船「WAKASHIO」が座礁し，大規模な油流出が起こった際に，油防除作業や環境分野の支援活動等への協力に向けた海面観測を実施した（次頁上の図）。人工衛星には，このように地球環境（大気，海洋，陸域，雪氷圏）の観測を目的とするもののほか，無線通信の中継や放送を目的とするもの，位置情報の計測に必要な信号の送信を目的とするものなど，様々な種類がある。

☜万有引力分野に限らず，学習事項がいかに社会や生活に関連しているかを実感できるよう都度働きかけ，学習の意義・必要性を感じさせていくことが望まれる。

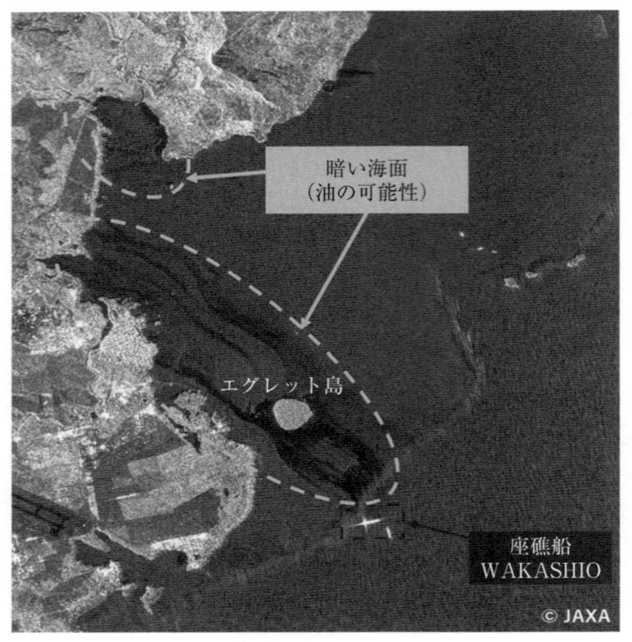

（画像提供：JAXA）

演 習

質量 m の人工衛星が質量 M の地球の周りを速さ v で等速円運動している。万有引力定数を G として，次の問いに答えよ。

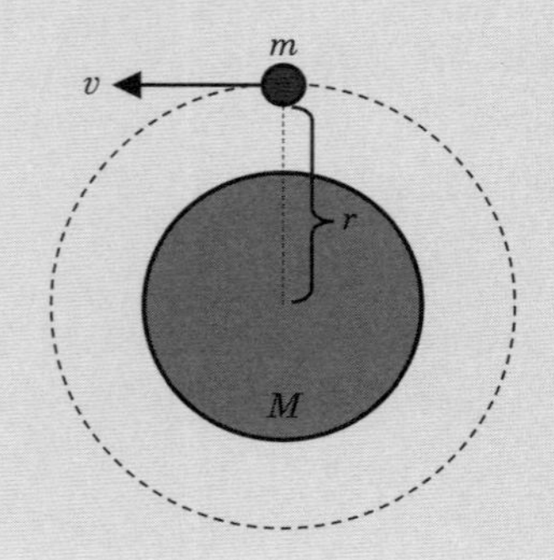

(1) 等速円運動の半径 r はいくらか。
(2) 人工衛星の力学的エネルギー E はいくらか。m，v のみを用いて表せ。万有引力による位置エネルギーの基準は無限の遠方とする。

解　答

(1) 万有引力が向心力となるため，次式が成り立つ。

$$\frac{mv^2}{r} = G\frac{Mm}{r^2}$$

これを解いて，$r = \dfrac{GM}{v^2}$ 。

(2) 人工衛星の力学的エネルギー E は，次式のように，運動エネルギーと万有引力による位置エネルギーの和となる。

$$E = \frac{1}{2}mv^2 + \left(-G\frac{Mm}{r}\right)$$

ここに (1) の結果を代入し，$E = -\dfrac{1}{2}mv^2$。

万有引力とりんごの木

ニュートンは，イギリス・リンカーンシャーの庭に生えるりんごの木からりんごが落ちるのを見て，「万有引力」を考案するヒントを得たといわれています。この逸話については様々な解釈がなされてはいますが，そのりんごの木自体は確かにあり，「ニュートンのりんごの木」などとして知られてきました。

「万有引力」を考案するヒントを得たとされる木は，その後 100 年以上経った 1816 年に倒れたとされますが，接ぎ木によって，遺伝子的に同一である子孫が各国の科学機関に分譲され，栽培されてきました。そして，その一つが，彼の母校・ケンブリッジ大学の植物園にも植えられました。

（画像提供：ケンブリッジ大学）

ところが，2022 年 2 月，嵐が吹き荒れ，このりんごの木は倒れてしまいました。万有引力を見いだすきっかけとなったとされるりんごの木ですが，その万有引力に最後は木全体が屈してしまったということでしょうか。とはいえ，実は，嵐で倒れる少し前から，菌によってダメージを受けていることが分かっており，この木が枯れることを見越して，数年前から木の接ぎ木をしつつ，撤去と植え替えの計画が立てられていたようです。菌により木が枯れてしまい，その後，嵐の力で押され，万有引力に引きつけられて倒れる。その一連の全てが科学ですし，接ぎ木によって「元祖のりんごの木」から切れ目のないクローンの系統を維持することができるのも科学。世の中，あらゆるものが科学ですね。

（画像提供：ケンブリッジ大学）

2章 | 熱

2.1 気体の状態方程式，気体分子の熱運動

(1) 物質量

気体分子のような粒子について，粒子の「個数」に着目して表した物質の量を**物質量**といい，その単位には〔mol（モル）〕を用いる。具体的には，原子や分子などの粒子が**6.02×10^{23}**個集まった集団を 1 mol といい，1 mol あたりの粒子数 N_A を**アボガドロ定数**という。また，1 mol あたりの物質の質量を**モル質量**といい，〔kg/mol〕の単位を用いる。

(2) 気体の圧力

気体を容器に閉じ込めると，気体分子は空間を飛び回り，内壁の面に衝突する。このようにして，気体は面に力を及ぼすが，気体が面に及ぼす単位面積あたりの力を気体の**圧力**という。面積 S〔m^2〕の面に垂直にかかる力が F〔N〕のとき，気体の圧力 p〔Pa〕は，次式のようになる。なお，基礎編 1.5 の p. 57 で触れたように，圧力の単位〔Pa〕は，〔N/m^2〕と同義である。

$$p = \frac{F}{S}$$

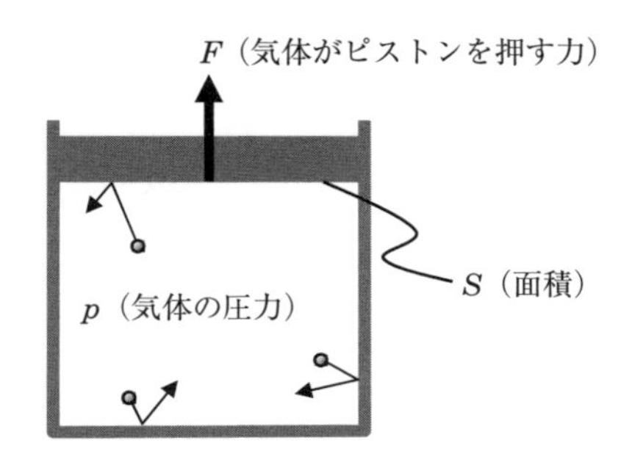

(3) ボイルの法則

ボイルは，1660 年に気体の圧力と体積の関係を調べ，気体の種類，量，及び温度が一定ならば，圧力と体積は互いに反比例する（圧力と体積の積が一定になる）ことを見いだした。これを**ボイルの法則**という。すなわち，ある気体について，質量や温度が一定であるならば，圧力 p のときの体積を V，圧力が p' のときの体積を V' とすると，次式が成り立つ。

$$pV = p'\ V'$$

(4) シャルルの法則

それから 100 年余りが経過した 1787 年に，シャルルは，気体に熱を加えると膨張する現象「熱膨張」について調べ，気体の種類，量，及び圧力が一定ならば，気体の体積は「1 ℃上がるごとに『0 ℃での体積の $\frac{1}{273}$』ずつ増加する」ということを見いだした。これを**シャルルの法則**という。後に導入された絶対温度を用いると，この法則は気体の体積が絶対温度に比例することを意味する。すなわち，ある気体について，質量や圧力が一定であるな

☜「体積を大きくし，かつ気体の圧力を一定

らば，絶対温度 T のときの体積を V，絶対温度 T' のときの体積を V' とすると，次式が成り立つ。

$$\frac{V}{T}=\frac{V'}{T'}$$

(5) ボイル・シャルルの法則

ボイルの法則とシャルルの法則をまとめると，一定質量の気体の体積 V は，圧力 p に反比例し，絶対温度 T に比例するといえ，次式のように書ける。これを**ボイル・シャルルの法則**という。

$$\frac{pV}{T}=\text{一定}$$

なお，1811年にアボガドロが立てた仮説によると，全ての気体は，同温同圧で同体積中に同数の分子を含む。すなわち，同温同圧では1 molの気体は全て同じ体積を占める。このことを考慮すると，上式における右辺の定数は気体の物質量 n〔mol〕に比例することになり，それに基づき次式が導かれる。これは，後述する「理想気体の**状態方程式**」で，R は気体定数である。

$$pV=nRT$$

演　習

容器に閉じ込められた気体が，「圧力 p，体積 V，絶対温度 T の状態」から「圧力 p'，体積 V'，絶対温度 T' の状態」に変化したとき，これらの文字の間にはどのような関係が成り立つか。

にしようとしたら，熱運動を激しくするしかない（以前より広い空間で以前と同じ圧力を出そうとしたら，気体は以前より激しく動き回る必要がある）」というイメージをつかませたい。

☜こうした歴史的経緯を踏まえ，学習者としては，最終的に状態方程式を活用できればよいことを伝えたい（状態方程式からボイルの法則やシャルルの法則，あるいはボイル・シャルルの法則は自明であり，それらを個別的に覚えておく必要はない）。

解　答

$$\frac{pV}{T}=\frac{p'V'}{T'}\ (=\text{比例定数}\ k)。$$

(6) 理想気体

実在の気体では，分子に大きさがあること，分子同士が力を及ぼし合うことなどのために，ボイル・シャルルの法則は厳密には成り立たない。そこで，ボイル・シャルルの法則が完全に成り立つような想像上の気体を考えて，これを**理想気体**と呼ぶ。理想気体と実在気体の対比を下表に示す。

	分子の熱運動	分子間力	分子の大きさ	分子の質量
理想気体	ある	ない	ない	ある
実在気体	ある	ある	ある	ある

(7) 状態方程式

①ある気体が，「圧力 p，体積 V，絶対温度 T の状態」から「圧力 p'，体積 V'，絶対温度 T' の状態」に変化したとき，ボイル・シャルルの法則から，次式が書ける。

$$\frac{pV}{T}=\frac{p'V'}{T'}=\text{一定}$$

②①の式において，気体の量が 1 mol である場合の一定値を R（これを**気体定数**という）で表すと，次式が成り立つ。

$$pV = RT$$

③②の式に対し，圧力や温度を変えずに気体の量を n〔mol〕とした場合，体積は n 倍になるので，次式が成り立ち，これを理想気体の**状態方程式**という。

$$pV = nRT$$

演　習

温度が 127 ℃，体積が 4.0×10^{-3} m^3，圧力が 1.0×10^5 Pa の理想気体の物質量 n〔mol〕はいくらか。気体定数は 8.3 J/(mol･K) とする。

解　答

理想気体の状態方程式より，次式が成り立つ。

$$1.0 \times 10^5 \times 4.0 \times 10^{-3} = n \times 8.3 \times (273 + 127)$$

したがって，$n = 0.120 \cdots \fallingdotseq \underline{0.12 \text{ mol}}$。

(8) 気体の圧力と分子運動

これまで述べたように，気体の圧力は，微視的に見ると，多くの気体分子が壁面に衝突することに起因する。このような気体分子の運動について，次の仮定を立てて考える。

- 分子は壁面と**弾性衝突**をし，分子同士の衝突は無視する。
- 分子に働く重力は無視する。
- 壁面との衝突時以外は，分子は**等速直線運動**を行う。

ここで，下図のような，x 軸，y 軸，z 軸を設定した空間に置かれた 1 辺の長さ L〔m〕，体積 V〔m^3〕の立方体容器の中を，質量 m〔kg〕の分子が N 個飛び回っているとする。このとき，次の手順で，yz 平面に平行な壁 A が受ける圧力を求めていくことができる。

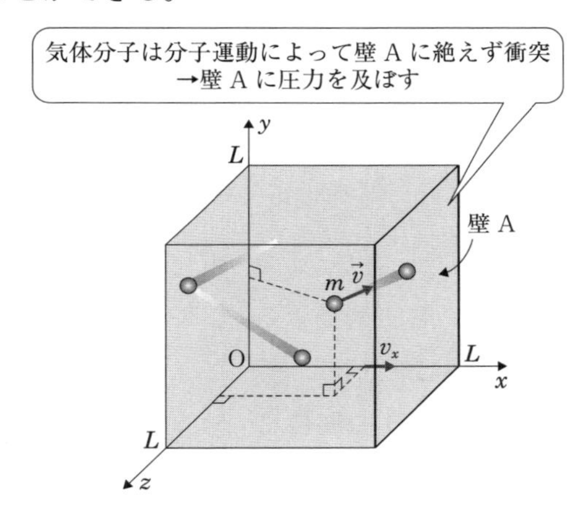

①1個の分子に着目して

分子が壁 A に衝突するとき，速度の y 成分，z 成分は変化しない。すなわち，衝突前の速度の x 成分を v_x，y 成分を v_y，z 成分を v_z とすると，衝突後の速度の x 成分は $\boldsymbol{-v_x}$，y 成分は $\boldsymbol{v_y}$，z 成分は $\boldsymbol{v_z}$ となる。したがって，運動量の変化は，$-mv_x - mv_x$，つまり $\boldsymbol{-2\,mv_x}$ となり，これが 1 回の衝突で「分子が受ける力積」となる。

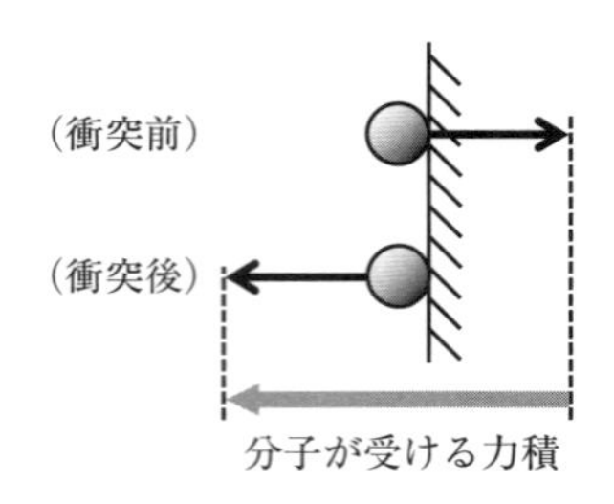

作用・反作用の関係から，1回の衝突で「壁Aが受ける力積」は**$2mv_x$**となる。

分子が壁Aに衝突してから再び壁Aに衝突するまで，x方向に$2L$の距離を移動することから，その時間は$\dfrac{2L}{v_x}$である。したがって，時間tの間にこの分子が壁Aに衝突する回数は，$\dfrac{v_x t}{2L}$となる。壁Aが分子から受ける平均の力を$\bar{f}$とすると，壁Aが受ける力積について，次式が成り立つ。

$$\bar{f}t = 2mv_x \times \frac{v_x t}{2L} = \frac{mv_x^2 t}{L}$$

これにより，壁Aが分子から受ける平均の力$\bar{f}$は，次のようになる。

$$\bar{f} = \frac{mv_x^2}{L}$$

② N個の分子に着目して

N個の分子のv_x^2の平均を$\overline{v_x^2}$とすると，壁Aが受ける力Fは，次のように書ける。

$$F = \frac{m\overline{v_x^2}}{L} \times N = \frac{Nm\overline{v_x^2}}{L}$$

ここで，立方体の体積を $V(=L^3)$ とすると，面積 L^2 の壁Aが受ける圧力 p は，次のようになる。

$$p = \frac{F}{L^2} = \frac{Nm\overline{v_x^2}}{L^3} = \frac{Nm\overline{v_x^2}}{V}$$

なお，気体分子の速度 v については，数学的に（三平方の定理を2回適用して），$v^2 = v_x^2 + v_y^2 + v_z^2$ が成り立ち，その平均値 $\overline{v^2}$ について，$\overline{v^2} = \overline{v_x^2} + \overline{v_y^2} + \overline{v_z^2}$ が成り立つ。ここで，気体分子は非常に数が多く，その運動の方向は x，y，z 方向に均等かつ乱雑だと考えると，$\overline{v_x^2} = \overline{v_y^2} = \overline{v_z^2}$ となり，$\overline{v_x^2} = \frac{1}{3}\overline{v^2}$ と書ける。これを用いると，上式は，次のようにも表現できる。

$$p = \frac{Nm\overline{v^2}}{3V}$$

☜左記の流れのように，「(STEP.1) 1回の衝突で1個の気体分子が壁Aに及ぼす力積」→「(STEP.2) 壁Aが1個の分子から受ける平均の力」→「(STEP.3) 壁Aが N 個の分子から受ける力」→「(STEP.4) 壁Aが N 個の分子から受ける圧力」といったように，順序立てた流れで，着実に指導していく必要がある。

(9) 気体の温度と分子運動

容器内の気体分子の数 N を nN_A（n は物質量，N_A はアボガドロ定数）とする。これを用いて，上で求めた式を変形し，理想気体の状態方程式 $pV = nRT$ と比較すると，次式が得られる。

$$\frac{N_A m\overline{v^2}}{3} = RT$$

これを用いると，気体分子の運動エネルギーの平均値 $\frac{1}{2}m\overline{v^2}$ は，次のように表現でき，この式から，気体分子の運動エネルギーの平均値は絶対温度に比例することが分かる。

$$\frac{1}{2}m\overline{v^2} = \frac{3R}{2N_\mathrm{A}}T$$

なお，気体定数をアボガドロ定数で割った $\dfrac{R}{N_\mathrm{A}}$ を**ボルツマン定数**と呼び，ボルツマン定数 k を用いて上式は次のように表現できる。

$$\frac{1}{2}m\overline{v^2} = \frac{3}{2}kT$$

—Tidbits—

ここまで見てきたように，気体の圧力や温度といった物理量は統計的な性質を持っている。そのため，１個，あるいは数個の分子を取り出して，その圧力や温度について議論するといったことは意味のないこととされる（上の解説における「①１個の分子に着目して」では，気体分子全体に拡張する前段として，１個の分子に着目して考えたまでである）。

2.2　熱力学第1法則，気体の状態変化と熱・仕事

(1) 単原子分子の内部エネルギー

理想気体では，分子間力は働かないとみなすため，基礎編 2.1 の p. 83 でも触れた分子間力に起因する位置エネルギーは 0 と考える。よって，分子の熱運動による運動エネルギーの総和が理想気体の内部エネルギーとなる。単原子分子は，空間を直線的に運動する**並進運動**のみを行っているので，内部エネルギーとしては並進運動の運動エネルギーだけを考えればよい。

☜単原子分子の具体的な話をする前に，より身近な二原子分子の代表的な動きとして，「並進運動」やバトン回しのような「回転運動」があることにあらかじめ軽く触れておくと，この後，比較的説明しやすいであろう。

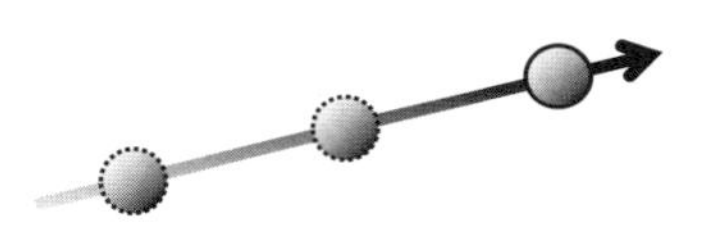

絶対温度 T〔K〕の単原子分子 1 mol の内部エネルギー U〔J〕は，アボガドロ数を N_A とすると，次のように書ける。

$$U = \frac{1}{2}m\overline{v^2} \times N_A = \frac{3R}{2N_A}T \times N_A = \frac{3}{2}RT$$

したがって，n〔mol〕のときは，次式のようになる。

$$U = \frac{3}{2}nRT$$

なお，この式から，「絶対温度が ΔT〔K〕だけ高くなったとき，内部エネルギーが ΔU〔J〕増加した」場合の式として，次の表現もできる。

$$\Delta U = \frac{3}{2}nR\Delta T$$

☜$U = \frac{3}{2}nRT$ の式の中で「変化」し得るのは，左辺は U，右辺は T のみであることから，その部分に Δ を付して $\Delta U = \frac{3}{2}nR\Delta T$ となる。分かりにくいようであれば，より丁寧な導出過程（右辺にて，$\frac{3}{2}nR\ (T + \Delta T) - \frac{3}{2}nRT$）を示す。

(2) 二原子分子の内部エネルギー

酸素などの二原子分子は，並進運動の他に回転運動も行っている。回転運動の運動エネルギーは，1 mol あたり RT〔J〕であることが知られているので，二原子分子 n〔mol〕の内部エネルギー U〔J〕は次のように書ける。

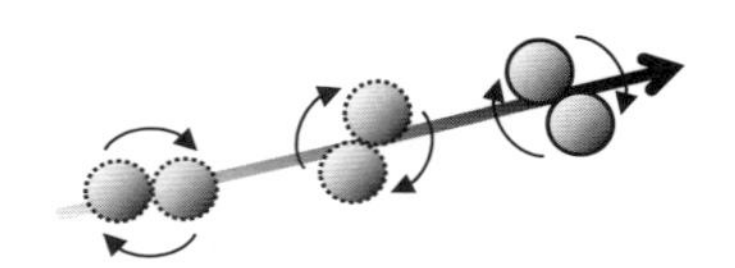

$$U = \frac{3}{2}nRT + nRT = \frac{5}{2}nRT$$

(3) 気体のする仕事

下図のように，自由に動くことのできるピストンと容器からなるシリンダーに気体が封入されている。この気体をゆっくり加熱し，圧力を一定にしたまま気体を膨張させるとする。

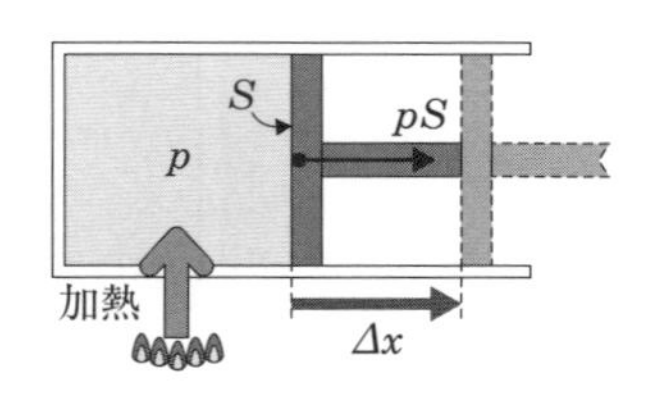

気体の圧力を p，ピストンの断面積を S とすると，気体がピストンに及ぼす力は $\boldsymbol{pS}$ となる。したがって，圧力 p が一定の場合，ピストンを Δx 動かすときに気体のする仕事 W は $\boldsymbol{pS\Delta x}$ となる。ここ

で，$S\Delta x$ は気体の体積変化 ΔV に相当するので，結局，気体のする仕事 W は次式で表すことができる。

$$W = p\Delta V$$

なお，気体のする仕事 W は体積変化の様子で符号が変わる。すなわち，気体が膨張する場合，ΔV が**正**の値となることから W も**正**の値となり，気体が圧縮される場合，ΔV が**負**の値となることから W も**負**の値となる。

(4) 気体の状態変化

☜気体の状態変化の説明に入る前に，「一定量の気体の状態は，①圧力：p〔Pa〕，②体積：V〔m^3〕，③温度：T〔K〕で表現される」という基本的なことを改めて復習しておきたい。

①定積変化（体積を一定に保ったままでなされる気体の状態変化）

—例—

- ピストンを固定して体積を一定に保ったシリンダー内の気体に，熱量 Q_{in} を加える。
- 気体の体積は一定なので，気体は外部に仕事をしない（または，外部から仕事をされない）。すなわち，W_{out} = **0**（または，W_{in} = **0**）。
- 熱力学第 1 法則 $\Delta U = Q_{in} - W_{out}$ より，$\Delta U = \boldsymbol{Q_{in}}$。

☜「定積変化（体積が一定）では $W_{out} = 0$ を用いて考える」というポイントを強調する。また，得られた $\Delta U = Q_{in}$ については，「気体に熱を加えた場合，全て内部エネルギーの増加となる」という式の意味を理解させる。

②定圧変化（圧力を一定に保ったままでなされる気体の状態変化）

—例—

- シリンダー内に，外圧と等しい圧力の気体を入れる。
- 熱を加えると，気体は膨張し，外部に仕事をする。すなわち，気体の圧力を p，膨張した体積を ΔV とすると，気体が外部にする仕事 W_{out} $= \boldsymbol{p\Delta V}$。

- 熱力学第1法則 $\Delta U = Q_{in} - W_{out}$ より，$\Delta U = \boldsymbol{Q_{in} - p\Delta V}$。

☜「定圧変化（圧力が一定）では $W_{out} = p\Delta V$ を用いて考える」というポイントを強調する。

③等温変化（温度を一定に保ったままでなされる気体の状態変化）

—例—

- シリンダー内の気体に，熱量 Q_{in} を加える。
- 単原子分子の場合，内部エネルギーの変化 ΔU は $\boldsymbol{\frac{3}{2}nR\Delta T}$ なので，温度変化 $\Delta T = 0$ なら，$\Delta U = \boldsymbol{0}$。
- 熱力学第1法則 $\Delta U = Q_{in} - W_{out}$ より，$Q_{in} = \boldsymbol{W_{out}}$。

☜「等温変化（温度が一定）では $\Delta U = 0$ を用いて考える」というポイントを強調する。

—Tidbits—

等温変化では，膨張する「等温膨張」と圧縮される「等温圧縮」がある。等温膨張の場合，「膨張」であるので，気体は外部に仕事をする（W_{out}）ことになり，上の例のとおり，「$Q_{in} = W_{out}$」と書ける。このことは，「気体に加えられた熱は，全て気体がする仕事となる」ことを意味する。一方，等温圧縮の場合，「圧縮」であるので，気体は外部から仕事をされる（W_{in}）ことになり，「$Q_{out} = W_{in}$（$\Leftrightarrow -Q_{in} = -W_{out}$）」と書ける。このことは，「外から加えられた仕事は，全て熱となり，外へ放出される」ことを意味する。

④断熱変化（外部と熱の出入りを遮断してなされる気体の状態変化）

—例—

- シリンダーを断熱材でくるむ。
- ピストンを引き，シリンダー内の空気を膨張させる。

- 熱の出入りがないので $Q_{in}=\mathbf{0}$（または，$Q_{out}=\mathbf{0}$）。
- 熱力学第1法則 $\Delta U = Q_{in} - W_{out}$ より，$\Delta U = \boldsymbol{-W_{out}}$。

☜「断熱変化（熱の出入りがない）では $Q_{in}=0$ を用いて考える」というポイントを強調する。

—Tidbits—

断熱変化では，膨張する「断熱膨張」と圧縮される「断熱圧縮」がある。断熱膨張の場合，「膨張」であるので，気体は外部に仕事をする（W_{out}）ことになり，上の例のとおり，「$\Delta U = -W_{out}$」と書ける。このことは，「気体が外部に仕事をして，内部エネルギーが減少する（そしてその結果として，温度が下がる）」ことを意味する。一方，断熱圧縮の場合，「圧縮」であるので，気体は外部から仕事をされる（W_{in}）ことになり，「$\Delta U = W_{in}$」と書ける。このことは，「気体が外部から仕事をされて，内部エネルギーが増加する（そしてその結果として，温度が上がる）」ことを意味する。

演　習

なめらかに動く断面積 1.0×10^{-2} m^2 のピストンを備えたシリンダー内に，気体を閉じ込めた。この気体の圧力を 1.0×10^5 Pa に維持しながら，気体に 2.0×10^3 J の熱量を加えたところ，気体は膨張し，ピストンが外向きに 0.50 m 移動した。これについて，次の問いに答えよ。

(1) 気体が外部にした仕事 W_{out}〔J〕はいくらか。

(2) 気体の内部エネルギー変化 ΔU〔J〕はいくらか。

解　答

(1) 気体の体積変化 ΔV〔m^3〕は，次式のようになる。

$$\Delta V = (1.0 \times 10^{-2}) \times 0.50 = 5.0 \times 10^{-3}\ \mathrm{m^3}$$

$W_{out} = p\Delta V$ から，気体が外部にした仕事 W_{out} は，次式のようになる。

$$W_{out} = 1.0 \times 10^5 \times 5.0 \times 10^{-3} = \underline{5.0 \times 10^2\ \mathrm{J}}。$$

(2) 熱力学第 1 法則 $\Delta U = Q_{in} - W_{out}$ より，次式のようになる。

$$\Delta U = 2.0 \times 10^3 - 5.0 \times 10^2 = \underline{1.5 \times 10^3\ \mathrm{J}}。$$

演　習

ピストンを備えたシリンダー内に，単原子分子の気体を 1.0 mol 閉じ込めた。ピストンを動かないように固定して，この気体に 5.0×10^2 J の熱量を加えた。気体定数を 8.3 J/(mol·K) として，次の問いに答えよ。

(1) 気体の内部エネルギー変化 ΔU〔J〕はいくらか。

(2) 気体の温度変化 ΔT〔K〕はいくらか。

解　答

(1) 体積が変わらないので，気体が外部にした仕事 W_{out} は 0 J。したがって，熱力学第 1 法則 $\Delta U = Q_{in} - W_{out}$ より，次式のようになる。

$$\Delta U = 5.0 \times 10^2 - 0 = \underline{5.0 \times 10^2\ \mathrm{J}}。$$

(2) $\Delta U = \dfrac{3}{2}nR\Delta T$ より，次式のようになる。

$$5.0 \times 10^2 = \frac{3}{2} \times 1.0 \times 8.3 \times \Delta T$$

したがって，$\Delta T = 40.1 \cdots \fallingdotseq \underline{40\ \mathrm{K}}$。

(5) 気体のモル比熱

単位質量の物質の温度を1K上昇させるのに必要な熱量を**比熱**というが，これに対して，1molの物質の温度を1K上昇させるのに必要な熱量を**モル比熱**という。気体を加熱するとき，モル比熱は，「体積を一定に保って加熱する場合」と「圧力を一定に保って加熱する場合」で値が異なり，前者を**定積モル比熱**，後者を**定圧モル比熱**という。

☜比熱と熱容量は混同しやすく，知識としてあやふやになっている可能性がある。そのため，「物体の温度を1K上昇させるのに必要な熱量」を熱容量といい，「単位質量あたりの熱容量」を比熱という，といった基本的事項の整理を行ったうえで，モル比熱の指導にあたりたい。

(6) 定積モル比熱

体積を一定に保ちながら，1molの物質の温度を1K上昇させるのに必要な熱量を定積モル比熱といい，C_V〔J/(mol·K)〕で表す。上で見たように，定積変化（体積が一定）では，$W_{\mathrm{out}} = 0$であるから，$\Delta U = $ **Q_{in}**。つまり，気体に熱量を加えた場合，全て内部エネルギーの増加となり，温度は**上昇**する。そこで，n〔mol〕の気体に熱量Q_{in}〔J〕を加え，ΔT〔K〕だけ温度上昇したとすると，C_Vは次のように書ける。

$$C_V = \frac{Q_{\mathrm{in}}}{n\Delta T} = \frac{\Delta U}{n\Delta T}$$

ここで，この気体が単原子分子であるならば，$\Delta U = \dfrac{3}{2}nR\Delta T$と表されるので，$C_V$は次のようになる。

$$C_V = \frac{\dfrac{3}{2}nR\Delta T}{n\Delta T} = \frac{3}{2}R$$

(7) 定圧モル比熱

圧力を一定に保ちながら，1 mol の物質の温度を1 K 上昇させるのに必要な熱量を定圧モル比熱といい，C_p〔J/(mol·K)〕で表す。これまで見たように，定圧変化（圧力が一定）では，$\Delta U = Q_{in} - p\Delta V$であるから，気体に加える熱量 Q_{in} は$\Delta U + p\Delta V$と書ける。そこで，n〔mol〕の気体に熱量 Q_{in}〔J〕を加え，ΔT〔K〕だけ温度上昇したとすると，C_p は次のように書ける。

$$C_p = \frac{Q_{in}}{n\Delta T} = \frac{\Delta U + p\Delta V}{n\Delta T}$$

この式に，状態方程式 $p\Delta V = nR\Delta T$ を代入すると，C_p は次のように書ける。

☜状態方程式の基本形 $pV=nRT$ において，今は，p，n，R が一定であるので，温度変化 ΔT があるとすれば，等式の関係上，左辺の V に Δ がつくほかなく，$p\Delta V=nR\Delta T$ となることを理解させたい。

$$C_p = \frac{\Delta U + nR\Delta T}{n\Delta T} = \frac{\Delta U}{n\Delta T} + R$$

ここで，$\dfrac{\Delta U}{n\Delta T}$ は C_V であるので，C_p は C_V を用いて次のように表現でき，この関係式は**マイヤーの式**と呼ばれる。

$$C_p = C_V + R$$

なお，この気体が単原子分子であるならば，$C_V = \dfrac{3}{2}R$ であるので，C_p は次のようになる。

$$C_p = \frac{3}{2}R + R = \frac{5}{2}R$$

(8) 比熱比

次式のように C_p と C_V の比を「γ」で表し，これを**比熱比**という。気体が単原子分子であるならば，$C_p = \frac{5}{2}R$，$C_V = \frac{3}{2}R$ であることから，$\gamma = \frac{5}{3}$ となる。

$$\gamma = \frac{C_p}{C_V}$$

(9) ポアソンの式

理想気体の断熱変化では，圧力 p と体積 V の間に，「$pV^{\gamma} =$ 一定」の関係があり，この関係式を**ポアソンの式**という。

演　習

単原子分子の理想気体が断熱膨張され，体積がはじめの2倍になった。このとき，圧力ははじめの何倍になったか。比熱比 γ について，$2^{\gamma} = 3$ として考えよ。

解　答

はじめの圧力と体積を p_1，V_1，後の圧力と体積を p_2，V_2 とすると，ポアソンの式より，次式が成り立つ。

$$p_1 V_1^{\gamma} = p_2 V_2^{\gamma} \Leftrightarrow p_1 V_1^{\gamma} = p_2 (2V_1)^{\gamma}$$
$$\Leftrightarrow p_1 V_1^{\gamma} = p_2 \times 2^{\gamma} V_1^{\gamma}$$

したがって，$p_2 = p_1 \times \frac{1}{2^{\gamma}} = \frac{1}{3} p_1$ より，$\underline{\frac{1}{3}\text{倍}}$。

応用編

3章 | 波

3.1 正弦波の表し方，波の性質

(1) 波に関する基本的事項の見直し

①波または波動とは，**波源**に生じた振動が次々と周囲に伝わる現象である。

②山や谷といった波の形，すなわち**波形**は，波の進む向きに**平行移動**する。

③波源で y 軸方向に単振動が起こり，波形が x 軸方向に進んでいくと，時間の経過と共に正弦 (sin) 曲線が移動していくように見える。このような波を**正弦波**という。

☜この後に正弦波を式で表現していく際には，過去あるいは未来の波形を考える必要があるため，その前提として，こうした波に関する基本的事項を改めて思い起こさせたい。

(2) 正弦波の表し方を理解するために必要となる考え方

$x = 0$ m の点（以下，簡単のため「波源」と呼ぶ）から x 軸方向に伝わる正弦波について，ある時刻における波源の変位や波形全体を「式」で表そうとした場合，次の2つの考え方が必要となる。

まず，ある時刻における正弦波の「波源の変位」を「式」で表そうとした場合，p. 180 でも述べたように，波源の動きを対応する等速円運動と関連づけて考える必要がある。すなわち，ある時刻における正弦波の波源の変位は，等速円運動でいえば円周上のどこに物体があるときのことか，といったことを考えることが必要となる。これについては，以下の「単振動の式」で述べる。

また，ある時刻における正弦波の「波形全体」を「式」で表そうとした場合，その波形のある場所の変位を波源の変位に置き換えて考えることが必要となる。これについては，(4)の「正弦波の式」で述べる。

(3) 単振動の式

例えば，「$t = 0$ s において原点を y 軸の正方向に通過する，振幅 A〔m〕，周期 T〔s〕の単振動」が起こり，その振動が x 軸の正方向に伝わっていき，ある時刻 t〔s〕における状況が下図のようであったとする。下図右は，この時刻 t〔s〕において形成されている波形（波源が単振動し始めてから間もないため，ごく一部しか形成されていない，とする）の様子と波源の様子を示す。また，下図中央は，この波源の様子をイメージしやすいよう，鉛直ばね振り子（p. 183 参照）の動きに書き直したものである。そして，下図左は，こうした波源の様子を「対応する等速円運動」と関連づけたものである。

同図に示した「?」は，この時刻 t〔s〕における

☜典型的な状況（等速円運動としては，円の右端から反時計回りに運動を始める／波源からの波は右方向に伝わる）を題材にして説明するのがよいであろう。

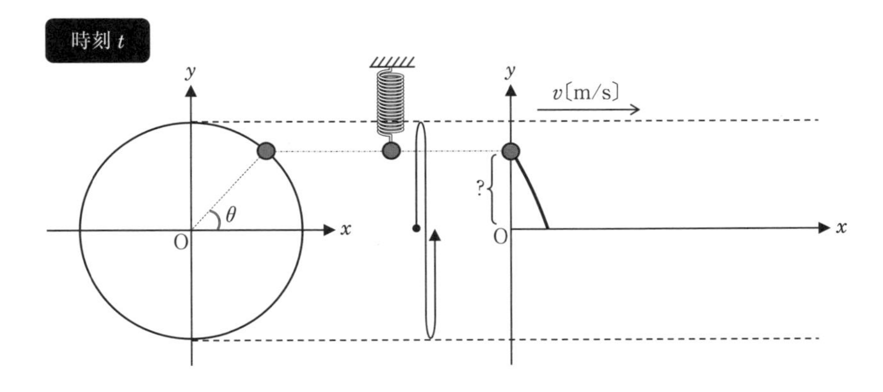

波源の変位 y〔m〕であり，これを求めたいとする。同図の等速円運動について，その周期を T〔s〕とすると，1 s で角度は $\frac{2\pi}{T}$〔rad〕増加することから，t〔s〕後の回転角 θ〔rad〕は，$\frac{2\pi}{T}t$〔rad〕となる。このことから，「$t = 0$ s において原点を y 軸の正方向に通過する，振幅 A〔m〕，周期 T〔s〕の単振動」が起こる場合，「?」，すなわちその単振動の「時刻 t〔s〕における変位 y〔m〕」について，次のように表すことができる。

$$? = y = A\sin\frac{2\pi}{T}t$$

このようにして導かれる「時刻 t〔s〕における（波源の）変位 y〔m〕」に関する式 $y = A\sin\frac{2\pi}{T}t$ は，単振動する波源の変位 y〔m〕が，時刻 t〔s〕の変動によってどのように変わっていくかといったことを示す式で，（波源の）「単振動の式」という。

☜ここまでの「単振動の式」に関する内容は，図と共に，学習者自身で整理して書かせたい。

(4) 正弦波の式

先ほど同様の「$t = 0$ s において原点を y 軸の正方向に通過する，振幅 A〔m〕，周期 T〔s〕の単振動」が起こり，その振動が x 軸の正方向に伝わっていき，ある程度時間の経ったある時刻 t〔s〕における波形が次頁上の図のようであったとする。そして，同図に示した「?」は，この時刻 t〔s〕におけるある位置 x〔m〕の変位 y〔m〕であり，これを求めたいとする。

時刻 t

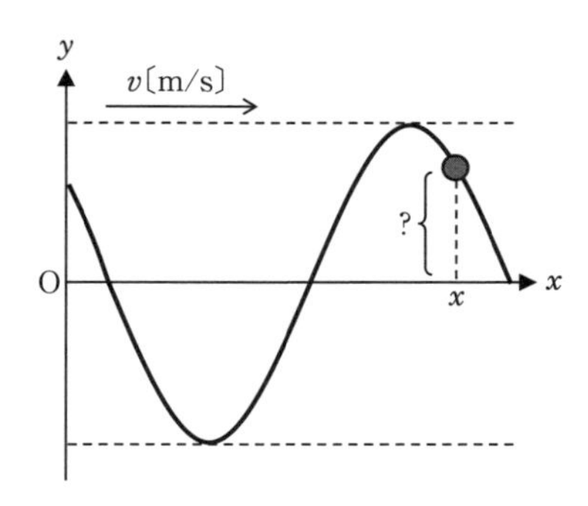

しかし，このままでは「?」を求めることは難しく，「波形の『ある位置』の変位を波源（より厳密には，$x = 0$ m の点）の変位に置き換えて考える」という作業が必要となる。今，正弦波は右方向に速度 v〔m/s〕で動いているため，この「?」の位置は，$\dfrac{x}{v}$〔s〕前，つまり時刻 $t - \dfrac{x}{v}$〔s〕における波源の変位といえる（下図）。

時刻 $t - \dfrac{x}{v}$

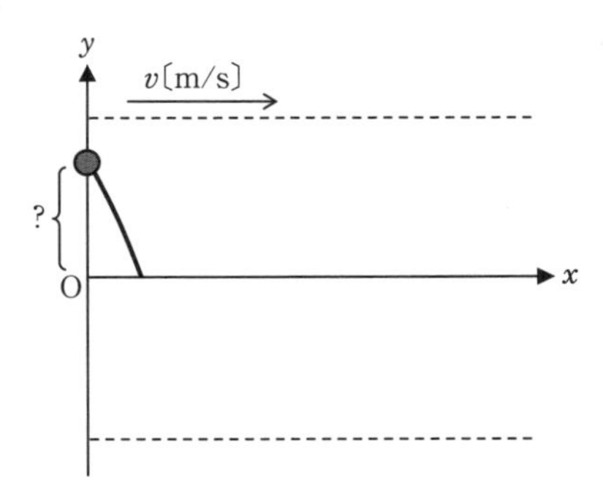

そこで，単振動の式における時刻「t」の部分に，時刻「$t - \dfrac{x}{v}$」を代入すると，次式が得られる。

$$? = y = A\sin\frac{2\pi}{T}\left(t - \frac{x}{v}\right)$$

このようにして導かれる「時刻 t〔s〕におけるある位置 x〔m〕の変位 y〔m〕」に関する式 $y = A\sin\frac{2\pi}{T}(t - \frac{x}{v})$ は，時刻 t〔s〕における正弦波全体の形状を示す式で，「正弦波の式」という。

なお，ここでは「$t = 0$ s において原点の媒質が y 軸の正方向に振動し，x 軸の正方向に進む正弦波」を例に考えたが，x 軸の負方向に進む正弦波の場合は，「?」は**過去**の時刻「$t - \frac{x}{v}$」における $x = 0$ m の変位ではなく，**未来**の時刻「$t + \frac{x}{v}$」における $x = 0$ m の変位であることから，正弦波の式は次のようになる。

$$y = A\sin\frac{2\pi}{T}(t + \frac{x}{v})$$

☜「正弦波の式」に関する内容についても，「単振動の式」の整理に続く形で，学習者自身で整理して書かせたい。複雑な事項については，いかに段階的に整理できるかが重要となる。

演習

時刻 t〔s〕，位置 x〔m〕での媒質の変位 y〔m〕が次式で表される正弦波がある。

$$y = 1.5\sin2\pi(\frac{t}{5.0} - \frac{x}{2.0})$$

この正弦波の振幅 A〔m〕，周期 T〔s〕，波長 λ〔m〕，振動数 f〔Hz〕，速さ v〔m/s〕はそれぞれいくらか。

解答

正弦波の式は，与えられた式と同様の形式で表現すると，次のように書ける。

$$y = A\sin\frac{2\pi}{T}(t - \frac{x}{v}) \Leftrightarrow y = A\sin2\pi(\frac{t}{T} - \frac{x}{\lambda})$$

したがって，$A = \underline{1.5\ \mathrm{m}}$，$T = \underline{5.0\ \mathrm{s}}$，$\lambda = \underline{2.0\ \mathrm{m}}$。

$f = \dfrac{1}{T} = \underline{0.20\ \mathrm{Hz}}$。

$v = f\lambda = \underline{0.40\ \mathrm{m/s}}$。

(5) 位相

波において，振動の状態が同じ（等速円運動に置き換えた場合，円周上の位置が同じ）場所を**同位相**といい，振動の状態が真逆（等速円運動に置き換えた場合，円周上の位置が真逆）の場所を**逆位相**という（下図）。

☜「『位相』は，等速円運動でいうところの『回転角』」といった大胆な表現を添えてもよいであろう。感覚的に分かりにくいと思われる定義には，（その定義の意味を正しく理解したうえで）かみ砕いた表現を添えたい。

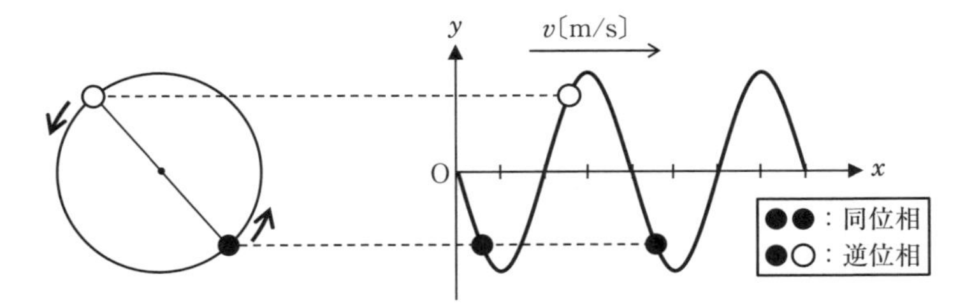

なお，異なる 2 つの波源から正弦波が送り出され，一方の波源から山が送り出される際に他方からも山が送り出されるとき，これら 2 つの波源は「**同位相**で振動している」という表現もする。同様に，異なる 2 つの波源から正弦波が送り出され，一方の波源から山が送り出される際に他方からは谷が送り出されるとき，これら 2 つの波源は「**逆位相**で振動している」という表現をする。

(6) 波の干渉

同じ種類の複数の波が出合い，重なり合ってお互い影響し合う現象を波の**干渉**という。ここまでに登場した「定在波」や「うなり」もそうした干渉が起こっている事例である。波の干渉の中でも，特に，２つの波が重なり合うとき，山と山，谷と谷のように，**同位相**の波形が重なると振幅が大きくなり，山と谷のように**逆位相**の波形が重なると弱め合って振幅が小さくなる。以下，２つの波源から同位相の波が送り出された場合，そして逆位相の波が送り出された場合の波の干渉について説明する。

☜波の干渉とは，広い概念であることを認識させる。伝え方を誤ると，「2つ」の波が「強め合う」あるいは「弱め合う」ことだけが波の干渉であるといった狭い認識を持ちかねない。

①２つの波源から同位相の波が送り出された場合の波の干渉

２つの波源 S_1 と S_2 から同位相の波（共に波長 λ の同じ正弦波）が送り出され，これを点Ｐで観測したとする。

まず，点Ｐで「強め合う」パターンとしては，次頁の図に示すように「波が同じ方向から来る場合」と「波が違う方向から来る場合」に大別できる。波が同じ方向から来る場合は，２つの波形が重なっている区間全てで強め合い，波が違う方向から来る場合は，観測する点Ｐで２つの波形が出合う，その点で初めて強め合う。いずれにしても，点Ｐで「強め合う」場合，波源 S_1 から点Ｐまでの距離と波源 S_2 から点Ｐまでの距離は同図から分かるように，波長 λ の整数倍（すなわち，半波長の偶数倍）だけ異なる。

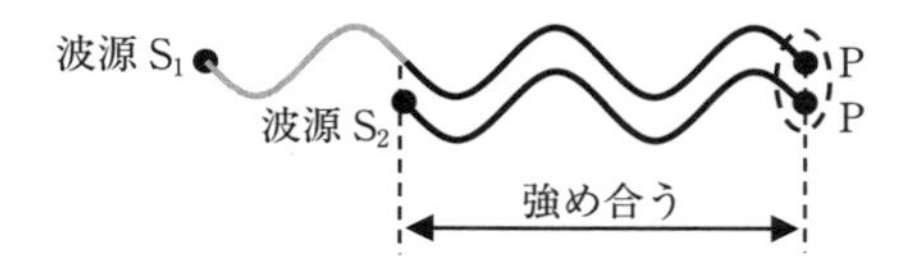

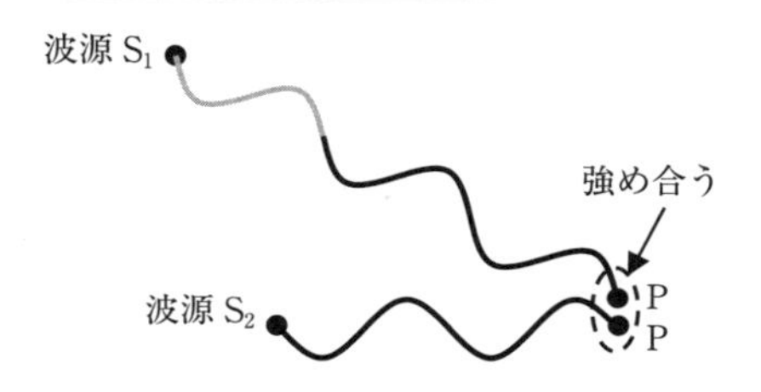

次に，点 P で「弱め合う」パターンとしては，やはり次頁の図に示すように「波が同じ方向から来る場合」と「波が違う方向から来る場合」に大別できる。波が同じ方向から来る場合は，2つの波形が重なっている区間全てで弱め合い，波が違う方向から来る場合は，観測する点 P で2つの波形が出合う，その点で初めて弱め合う。いずれにしても，点 P で「弱め合う」場合，波源 S_1 から点 P までの距離と波源 S_2 から点 P までの距離は同図から分かるように，半波長の奇数倍だけ異なる。

波が同じ方向から来る場合

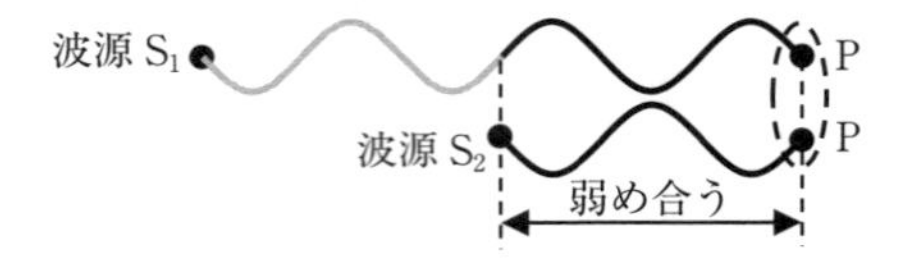

波が違う方向から来る場合

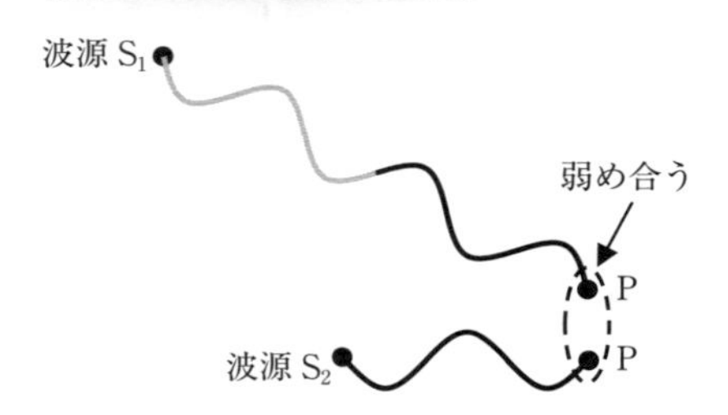

以上を整理すると，２つの波源 S_1 と S_2 から同位相の波（共に波長 λ の同じ正弦波）が送り出され，これを点Ｐで観測した場合，波の干渉条件として以下のことが成り立つ。

点Ｐで強め合う条件：$|S_1P - S_2P| = \dfrac{\lambda}{2} \times 2m$

点Ｐで弱め合う条件：$|S_1P - S_2P| = \dfrac{\lambda}{2} \times (2m + 1)$

（ただし，$m = 0, 1, 2, \cdots$）

☜m の条件として，「$m = 0, 1, 2, \cdots$」と書くか「$m = 1, 2, \cdots$」と書くかは，どちらでもよいが，どちらの書き方にするかによって波の干渉条件の書き方が連動して変わる旨は，理解させておかねばならない。例えば，「$m = 0, 1, 2, \cdots$」とした場合の「$\cdots \times (2m + 1)$」は，「$m = 1, 2, \cdots$」とした場合には「$\cdots \times (2m - 1)$」となる。

②２つの波源から逆位相の波が送り出された場合の波の干渉

２つの波源 S_1 と S_2 から逆位相の波（共に波長 λ の同じ正弦波）が送り出され，これを点Ｐで観測したとする。

まず，点Ｐで「強め合う」パターンとしては，次頁の図に示すように「波が同じ方向から来る場

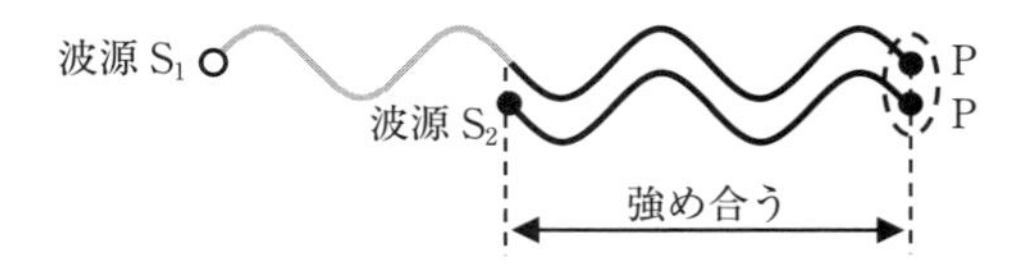

合」と「波が違う方向から来る場合」の２通りに大別できる。波が同じ方向から来る場合は，２つの波形が重なっている区間全てで強め合い，波が違う方向から来る場合は，観測する点Ｐで２つの波形が出合う，その点で初めて強め合う。いずれにしても，点Ｐで「強め合う」場合，波源 S_1 から点Ｐまでの距離と波源 S_2 から点Ｐまでの距離は上図から分かるように，半波長の奇数倍だけ異なる。

次に，点Ｐで「弱め合う」パターンとしては，やはり次頁の図に示すように「波が同じ方向から来る場合」と「波が違う方向から来る場合」の２通りに大別できる。波が同じ方向から来る場合は，２つの波形が重なっている区間全てで弱め合い，波が違う方向から来る場合は，観測する点Ｐで２つの波形が出合う，その点で初めて弱め合う。いずれにしても，点Ｐで「弱め合う」場合，波源 S_1 から点Ｐまでの距離と波源 S_2 から点Ｐまでの距離は同図か

波が同じ方向から来る場合

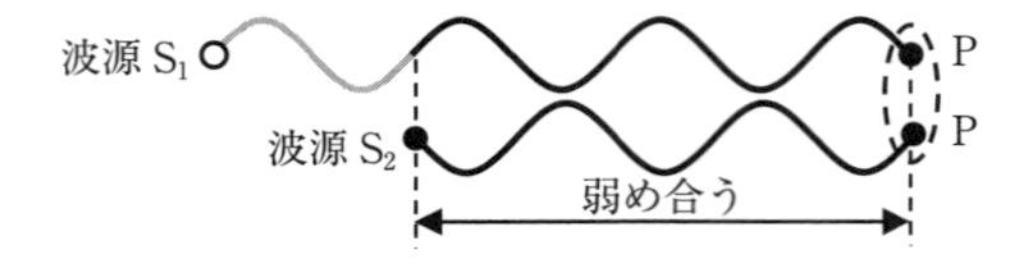

波が違う方向から来る場合

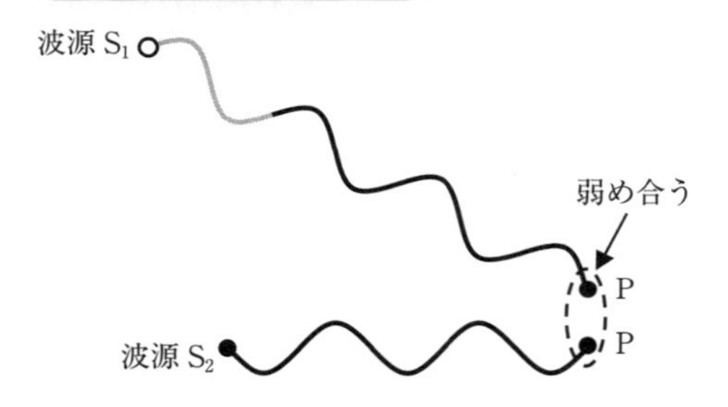

ら分かるように，波長の整数倍（すなわち，半波長の偶数倍）だけ異なる。

以上を整理すると，2つの波源 S_1 と S_2 から逆位相の波（共に波長 λ の同じ正弦波）が送り出され，これを点Pで観測した場合，波の干渉条件として以下のことが成り立つ。①の同位相の波が送り出された場合の波の干渉と比較すると，ちょうど条件が逆転していることが分かる。

点Pで強め合う条件：$|S_1P - S_2P| = \dfrac{\lambda}{2} \times (2m + 1)$

点Pで弱め合う条件：$|S_1P - S_2P| = \dfrac{\lambda}{2} \times 2m$

（ただし，$m = 0, 1, 2, \cdots$）

(7) 波の回折・反射・屈折

例えば，水槽に水を入れ，波を起こすとする。このとき，波をさえぎるように水面付近に板を立てたとしても，波が板の端から回り込み，板の裏側にまで広がる現象が見られる。このように，波が障害物に当たったとき，幾何学的には影となる所に波が少し回り込む現象を波の**回折**といい，回り込んだ波を**回折波**という（下図）。前述した干渉も波一般に見られる現象であるが，この回折も波一般に見られる現象である。この他，波一般に見られる主要な現象として**反射**や**屈折**がある。これらについては，p. 240 以降で詳述する。

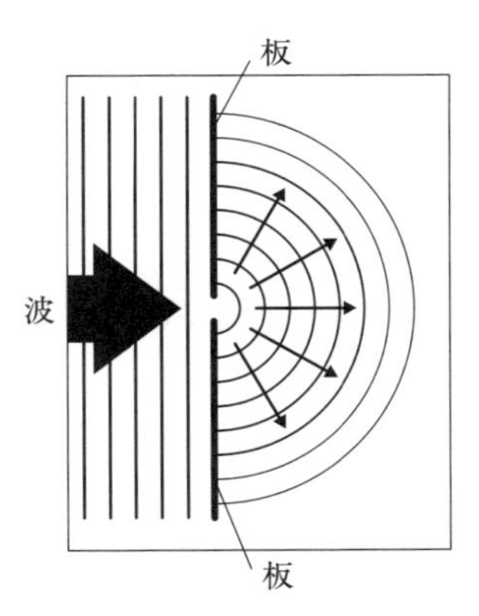

―Tidbits―

「同じ種類の複数の波が出合い，重なり合ってお互い影響し合う現象を波の干渉という」と述べたが，例えば，水面にできる波，いわゆる水面波同士であれば，同じ種類であり，干渉する。あるいは，空気中を伝わる音波同士でも，やはり干渉する。しかし，この水面波と音波では種類が異なり，干渉はしない。一方，光波ではやや複雑になり，干渉する性質を持つもの（干渉性の光）とそうでないもの（非干渉性の光）がある。干渉性の光であるためには，重なり合う光波の振動数がほぼ等しく，位相差が一定に保たれ，ある時間の間は振幅が一定の合成振動をすることが条件になるとされる。

3.2 音の性質, ドップラー効果

(1) 音の性質

音は媒質中を伝わる**縦波**であり, 一般の波と同じように, 干渉や反射, 回折, 屈折などの現象を示す。例えば, 2つのスピーカーから同じ音(波長・振幅などが同じ音)が送り出されると, 強め合って大きく聞こえる場所と弱め合ってほとんど聞こえない場所が生じる。これは, 2つの音源からの音が**干渉**することによって起こる現象である。また, 塀や建物の裏側の音が聞こえるのは, 音の**回折**によるものである。

—Tidbits—

音に関わる現象を学ぶ際に使用できる音源としては, 発信器に繋げたスピーカーなど, 様々な選択肢がある(末廣ほか, 1977；北村, 2007；三浦ほか, 2016)。そして, そうした音源の一つとして,「音叉(おんさ)」がある。音叉は底部にハンドルを有したU字型の金属製音源であり, これをたたくと, 湾曲部に節を持ち, 両端の腕が互いに近づいたり離れたりするたわみ振動が生じ, それに対応した音を出す。このようにして単一振動数の音に近い音を出す音叉は, 小・中・高等学校を通してなされる音に関連した学びの中で多用されるだけでなく, 教科書にも多く記載されてきた。しかしながら, 音叉から音がいかに発生・伝播し, 音叉周辺にどのような音場が形成されるのかといったことについて言及されることは少ない。そもそも, 音叉周辺音場に関する議論は古くからなされてきたが(Araki, 1934；Iona, 1976 など), 基本的理解は十分ではない。音叉を用いた演示や実験を導入する, あるいは音叉を題材にして思考活動をさせるなど, 理科教育の中で音叉を扱う以上, 本来, 教員側には音叉が形成する音場に対する本質的な理解が求められよう。これまでの音叉周辺音場に関する報告例(仲野・山脇, 2023；仲野ほか, 2024)なども参考にしながら, 少しでも音叉周辺音場に対する意識と考えを深めたいものである。

(2) ドップラー効果

音源や観測者の運動によって，音源の**振動数**と異なった**振動数**の音が聞こえる現象を**ドップラー効果**という。音源が動いても，あるいは観測者が動いてもドップラー効果は生じ得るが，そのメカニズムは異なる。以下，「観測者が静止し，音源が動く場合」と「音源が静止し，観測者が動く場合」に分けて，ドップラー効果が生じるメカニズムについて述べる。

☜基礎編の3.1でも触れたように，波特有の性質には，波源速度が伝播速度に影響しないという側面がある。音の場合，「音源が運動していても，音源を出た音が伝わる速さは音源が静止していたときと異ならない」ということになるが，理科教育では，「ドップラー効果」を扱う場面でこの側面が顕在化する。

①観測者が静止し，音源が動く場合

ここで，音速を V〔m/s〕，音源の振動数を f_0〔Hz〕，音源の速さを v〔m/s〕とし，簡単のため，「音源も観測者も動いていないとき，Sにある音源から出た音は，1s間に V〔m〕進んで，Pにいる観測者に達する」といった初期設定とする。つまり，もともと音源と観測者は距離 V〔m〕だけ離れているという初期設定とする。この場合，もし音源も観測者も動かなければ，下図のように，$t=0$ s に出始めた音は $t=1$ s で音源から距離 V だけ離れた観測者に達し，その区間内に f_0 個の波が含まれる状況となる（図では，イメージしやすいよう，1s

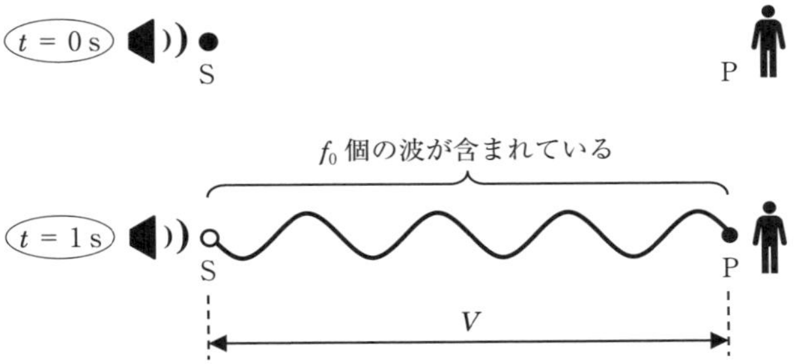

間に出る音の先頭を●，末尾を○と表記する。これ以降の図でも同様)。

前頁の図の場合，距離 V の区間内に f_0 個の波が含まれるので，波長 λ は次式のようになる。

$$\lambda = \frac{V}{f_0}$$

☜公式 $v = f\lambda$ からも求められるが，ここでは，図から求めさせたい。

ここからは，「観測者が静止し，音源が動く」場合，観測者が観測する波長や振動数がどのようになるかを考える。ただし，音源の動き方は，「観測者に近づく」場合と「観測者から遠ざかる」場合があるため，それぞれに分けて考える。なお，観測者は静止しているため，観測者が観測する音速は V〔m/s〕のままである。

1) 音源が観測者に近づく場合

$t = 0$ s での様子と $t = 1$ s での様子を描くと下図のようになる。

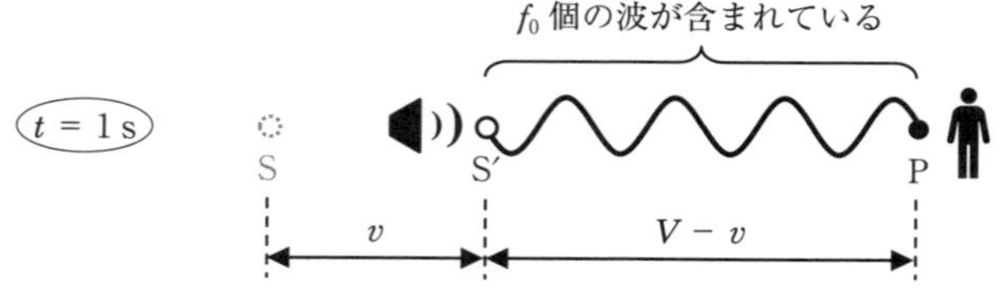

この場合，距離 $V - v$ の区間内に f_0 個の波が含まれる状況となるので，波長 λ' は次式のようになる。このことから，観測者が観測する波長 λ' はもとの波長 λ から縮んだものとなる。

$$\lambda' = \frac{V - v}{f_0}$$

そして，観測者が観測する振動数 f' は，次式のようになる。このことから，観測者が観測する振動数 f' はもとの振動数 f_0 より大きくなる（音として聞いた場合，実際よりも高く聞こえる）。

$$f' = \frac{V}{\lambda'} = \frac{V}{V - v} f_0$$

☜公式 $v = f\lambda$，つまり $f = \dfrac{v}{\lambda}$ を用いて「観測者が観測する（観測者が感じる）」振動数 f を得たければ，この公式における v，λ には，いずれも「観測者が観測する（観測者が感じる）」v，λ を当てはめる，ということを強調する。

2) 音源が観測者から遠ざかる場合

$t = 0\,\mathrm{s}$ での様子と $t = 1\,\mathrm{s}$ での様子を描くと下図のようになる。

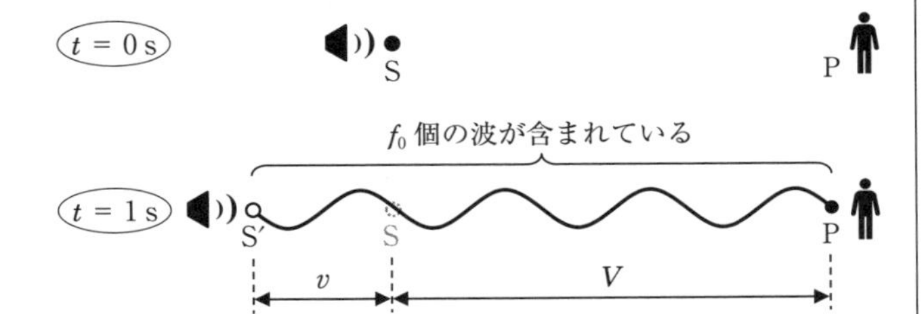

この場合，距離 $V + v$ の区間内に f_0 個の波が含まれる状況となるので，波長 λ'' は次式のようになる。このことから，観測者が観測する波長 λ'' はもとの波長 λ から伸びたものとなる。

$$\lambda'' = \frac{V + v}{f_0}$$

そして，観測者が観測する振動数 f'' は，次式のようになる。このことから，観測者が観測する振動数 f'' はもとの振動数 f_0 より小さくなる（音として聞いた場合，実際よりも低く聞こえる）。

$$f'' = \frac{V}{\lambda''} = \frac{V}{V+v}f_0$$

以上を整理すると，音源が動く場合は次のようになる。

- どのように動いても**波の速さは変化しない**。
- 観測者に近づくとき**波長が縮み**，観測者から遠ざかるとき**波長が伸びる**。
- その結果として，観測者に近づくとき**振動数は大きく**なり，観測者から遠ざかるとき**振動数は小さく**なる。

②音源が静止し，観測者が動く場合

ここで，音速を V〔m/s〕，音源の振動数を f_0〔Hz〕，観測者の速さを u〔m/s〕とし，説明を簡単にするため，①のときと同様に，「音源も観測者も動いていないとき，Sにある音源から出た音は，1s間に V〔m〕進んで，Pにいる観測者に達する」といった初期設定とする。繰り返しになるが，この場合，もし音源も観測者も動かなければ，波長 λ は次式のようになる。

$$\lambda = \frac{V}{f_0}$$

ここからは，「音源が静止し，観測者が動く」場合，観測者が観測する音速や波長，振動数がどのようになるかを考える。ただし，観測者の動き方は，「音源に近づく」場合と「音源から遠ざかる」場合があるため，それぞれに分けて考える。

1) 観測者が音源に近づく場合

速さ V〔m/s〕で音が観測者に迫りくる中，観測者はそれに向かって速さ u〔m/s〕で動き続ける。

このとき，観測者は，「波長 λ の音が，速さ $V+u$ で近づいてくる」ように感じるであろう。つまり，観測者が観測する波長 λ' は，もとの波長 λ と同じ次式のものとなり，観測者が観測する音速はもとの音速 V よりも速い $V+u$ となる。

☜ここまででもそうであるが，実際には音は見えないが，「見える」ものとして，波長や速さなどの関係性を分かりやすく説明したい。

$$\lambda' = \lambda = \frac{V}{f_0}$$

したがって，観測者が観測する振動数 f' は，次式のようになる。このことから，観測者が観測する振動数 f' はもとの振動数 f_0 より大きくなる（音として聞いた場合，実際よりも高く聞こえる）。

$$f' = \frac{V+u}{\lambda'} = \frac{V+u}{\lambda} = \frac{V+u}{V} f_0$$

2) 観測者が音源から遠ざかる場合

速さ V〔m/s〕で音が観測者に迫りくる中，観測者はそれから逃げるような方向に速さ u〔m/s〕で動き続ける。

このとき，観測者は，「波長λの音が，速さ$V-u$で近づいてくる」ように感じるであろう。つまり，観測者が観測する波長λ''は，やはりもとの波長λと同じ次式のものとなり，観測者が観測する音速はもとの音速Vよりも遅い$V-u$となる。

$$\lambda'' = \lambda = \frac{V}{f_0}$$

したがって，観測者が観測する振動数f''は，次式のようになる。このことから，観測者が観測する振動数f''はもとの振動数f_0より小さくなる（音として聞いた場合，実際よりも低く聞こえる）。

$$f'' = \frac{V-u}{\lambda''} = \frac{V-u}{\lambda} = \frac{V-u}{V}f_0$$

以上を整理すると，観測者が動く場合は次のようになる。

- どのように動いても**波長は変化しない**。
- 音源に近づくとき**観測者に対する相対的な音速が大きく**なり，音源から遠ざかるとき**観測者に対する相対的な音速が小さく**なる。
- その結果として，音源に近づくとき**振動数は大きく**なり，音源から遠ざかるとき**振動数は小さく**なる。

☜音源が動く場合であっても観測者が動く場合であっても，「音源と観測者が近づくと振動数は大きくなり，遠ざかると振動数は小さくなる」という結論は同じである。しかし，そうした結論を導くメカニズムは全く異なることに注意が必要である旨，強調する。

(3) ドップラー効果の一括的な表現

ドップラー効果に関するここまでの内容は，一括した式で表すことができる。具体的には，振動数f_0の音を出している音源が速度vで動き，この音を

速度 u で動いている観測者が観測するとき，観測者の観測する振動数 f は次のように書ける（音の速度を V とする）。

$$f = \frac{V - u}{V - v} f_0$$

※ 音の速度を V とする

☜ V や v，u は「速さ」ではなく「速度」であることに注意させる。つまり，正の方向が設定された中で正負の符号がついた「速度」を左記公式の V，v，u に入れる。

演　習

500 Hz の音を出す音源が速さ 40 m/s で観測者の方向に動いており，観測者は速さ 20 m/s でこの音源の方向に動いている。音源と観測者がすれ違う前，この観測者が観測する音の振動数 f'〔Hz〕はいくらか。音速は 340 m/s とし，右向きを正とする。

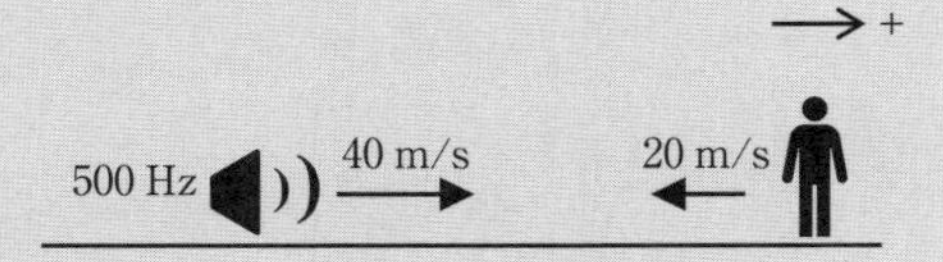

解　答

右向きを正とすると，音源の速度は 40 m/s，観測者の速度は −20 m/s となる。したがって，ドップラー効果の式より，観測者が観測する音の振動数 f'〔Hz〕は，次のようになる。

$$f' = \frac{340 - (-20)}{340 - 40} \times 500 = \underline{600\ \text{Hz}}。$$

3.3 光の性質，レンズ，鏡，光の回折と干渉

(1) 光

光は，**横波**である。ただし，媒質を必要とせず，光は真空中でも伝わる。真空中での光の速さは，光の波長に関係なく一定で，おおよそ$\mathbf{3.00 \times 10^8}$ m/sである。なお，空気や水などの物質中では，光の速さは真空中よりも遅くなる。

光は波であるため，光の速さcと光の振動数f，波長λの間には，次のような波の基本式が成り立つ。

$$c = f\lambda$$

(2) 光の反射と屈折

①反射

光が境界面で反射する場合，次式で表される**反射の法則**が成り立つ。

$$i = j$$

（i：入射角，j：反射角）

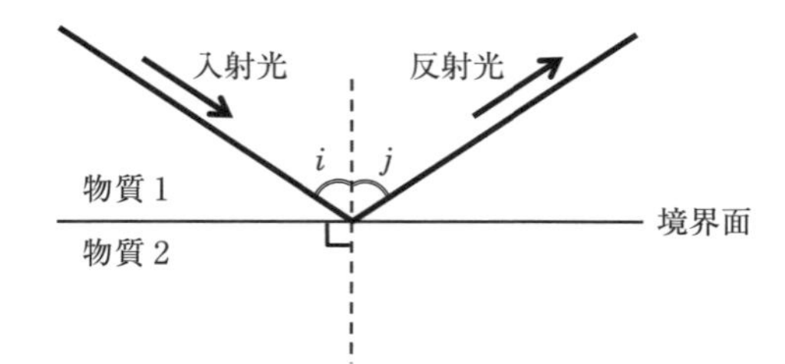

②屈折

　ある物質1から別の物質2へ光が進むとき，境界面で屈折を起こし，このとき，次式で表される**屈折の法則**が成り立つ。ここで，物質1に対する物質2の屈折率 n_{12} を**相対屈折率**という。

$$n_{12} = \frac{\sin i}{\sin r} = \frac{v_1}{v_2} = \frac{\lambda_1}{\lambda_2}$$

（i：入射角，r：屈折角，$v_●$：物質●での速さ，$\lambda_●$：物質●での波長）

☜屈折によって光の振動数は変化しないこともあわせて理解させる（「光が境界面に押し寄せる頻度で境界面から先に光が送り出される」イメージを持たせる）。そのことを理解できると，左式の $\frac{v_1}{v_2} = \frac{\lambda_1}{\lambda_2}$ の部分は，$\frac{v_1}{v_2} = \frac{f\lambda_1}{f\lambda_2}\left(= \frac{\lambda_1}{\lambda_2}\right)$ によることを受け入れることができよう。

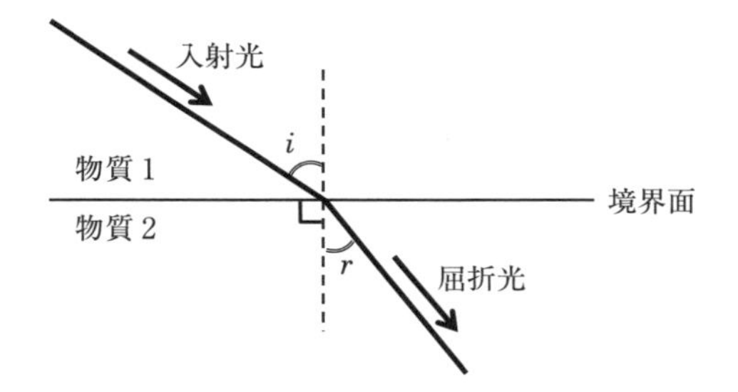

　なお，真空中から物質中に光が入射するときの相対屈折率のことを**絶対屈折率**または単に**屈折率**という。屈折率 n_1 の物質1から屈折率 n_2 の物質2に光が進むとき，相対屈折率 n_{12} とそれぞれの屈折率の関係式は次のようになる。

$$n_{12} = \frac{n_2}{n_1}$$

☜屈折率の基準は真空であることから，真空の屈折率は当然「1.0」である（「真空」から「真空」に光が入射すると…，と考えれば明らかであろう）ことを把握しておくよう，指導する必要がある。

演　習

真空中からガラスに光が入射した。このとき，入射角は 45° で屈折角は 30° であったとすると，ガラスの屈折率 n はいくらか。$\sqrt{2}=1.4$ としてよい。

解　答

屈折の法則より，$n=\dfrac{\sin 45^\circ}{\sin 30^\circ}=\dfrac{\frac{1}{\sqrt{2}}}{\frac{1}{2}}=\sqrt{2}=\underline{1.4}$。

③全反射

屈折率の大きな物質 1 から屈折率の小さな物質 2 へ（例えば，水中から空気中へ）光が入射するときは，入射角 i よりも屈折角 r の方が**大きく**なる。このとき，入射角 i がある角度以上になると，光は物質 2 へは入射せずに全て反射されてしまう。この現象を**全反射**といい，屈折角 r が 90° となるときの入射角 i_0 を**臨界角**という。臨界角 i_0 を超えて入射した光は，全て反射される。

☜入射角よりも屈折角の方が大きくなることは，前頁の 2 式から説明できる。

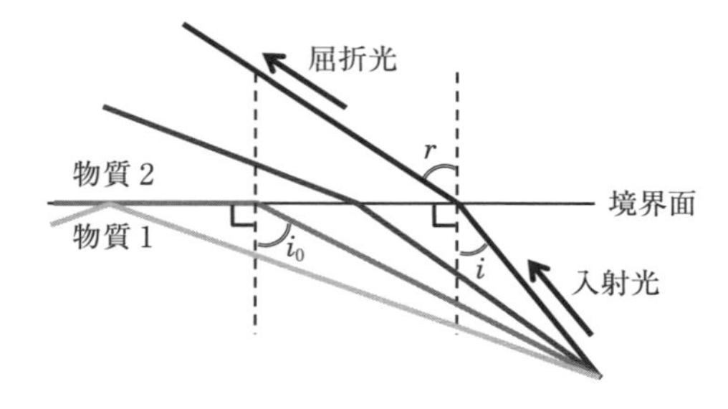

(3) 光の色と波長

人の目に見える光，いわゆる**可視光線**の波長は，7.7×10^{-7} m（赤）〜3.8×10^{-7} m（紫）の範囲にある。太陽光には，可視光線よりも波長の長い光（**赤外線**）や短い光（**紫外線**）も含まれている。

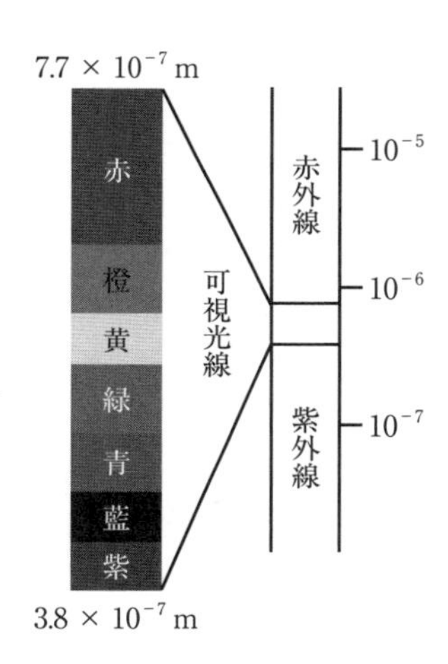

物体が色づいて見えるのは，その物体が固有の波長の光を**吸収**し，それ以外の光を**反射**するためである。

(4) 光の分散

太陽光をプリズムに入射させると，赤から紫までの一連の色の帯，いわゆる**スペクトル**が現れる。これは，太陽光に含まれていたそれぞれの色が波長の違いによる**屈折率**の違いによって分離したもので，これを**光の分散**という。

☜雨上がりなどに見られる「虹」も，太陽光のスペクトルである（空気中の細かな水滴がプリズムのように働く）。なお，こうしたなじみ深い「虹」であっても，これを描いてみるとなれば，色の順など，うまく描けないのではないであろうか。このように虹を描

かせてみるといったことは，「普段見ている様々な事物は，意外に覚えていない」ということを実感させるよい題材になるであろう。

(5) スペクトルの種類

太陽光のように，色々な波長の光が混ざり合った光を**白色光**といい，赤や青など，単一の波長の光を**単色光**という。太陽光や電灯の光のスペクトルは，少しずつ波長の違う光がつながって「べったりと塗りつぶした」ように見え，これを**連続スペクトル**という。これに対し，ネオン，水素，水銀，ナトリウムなどの放電管の光のスペクトルはとびとびの波長の光だけが光る**輝線**となって見える。こうしたスペクトルを**線スペクトル**という。

(6) レンズ

レンズは，中央部が周辺部より厚い**凸レンズ**と，中央部が周辺部より薄い**凹レンズ**とに大別される。

①凸レンズ

次頁の図(a)のように，光軸に平行な光線が凸レンズに入射すると，凸レンズの中心から遠い光線ほど入射角が**大きく**なるため大きく屈折し，光はレンズの後方の光軸上の一点Fに集まる。この点Fを凸レンズの**焦点**という。

一方，同図(b)のように，焦点Fを通過して凸レンズに入射した光は，レンズを通過した後，光軸に平行に進む。焦点はレンズの両側にあり，それぞれ光軸に平行に左右から入射する光の焦点となる。レンズの中心Oから焦点Fまでの距離を凸レンズの**焦点距離**という。また，凸レンズの中心Oを通過する光線は，通過後もその向きを変えない。

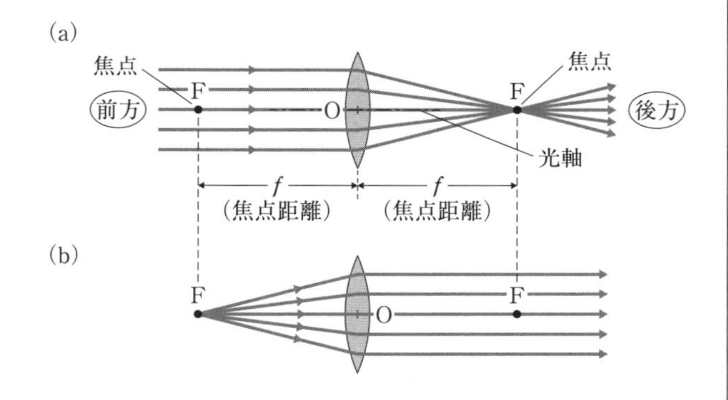

②凹レンズ

次頁の図(a)のように，光軸と平行な光線が凹レンズに入射すると，レンズを通過した光はレンズの前方の一点Fから広がるように進む。この点を凹レンズの**焦点**といい，凸レンズと同様に，レンズの両側にある。レンズの中心Oから焦点Fまでの距離を凹レンズの**焦点距離**という。

一方，同図(b)のように，レンズの後方の焦点Fに向かうように凹レンズに入射した光は，レンズを通過した後，光軸に平行に進む。また，凹レンズの中心Oを通過する光線は，通過後もその向きを変えない。

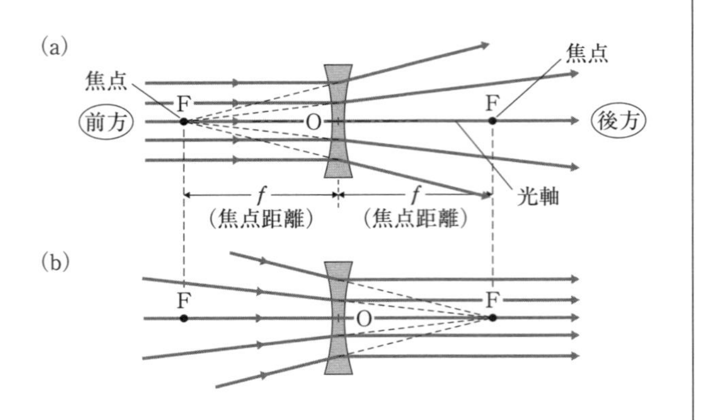

—Tidbits—

レンズに光が入射し，これを通過して光が進む場合，屈折箇所は，レンズ両面の2箇所ある。したがって，例えば下図のように光線を描くのが本来の描き方といえる。

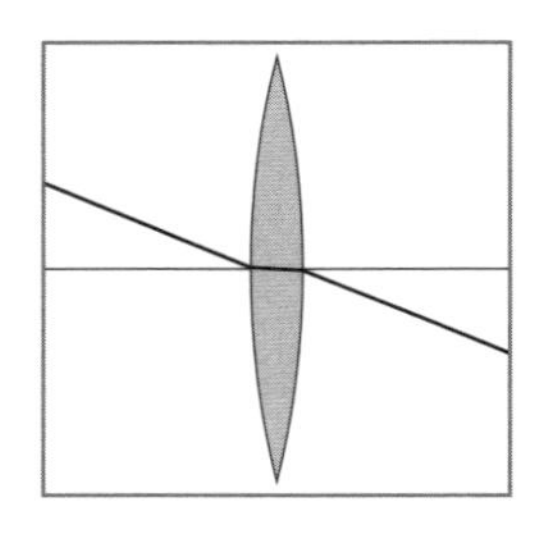

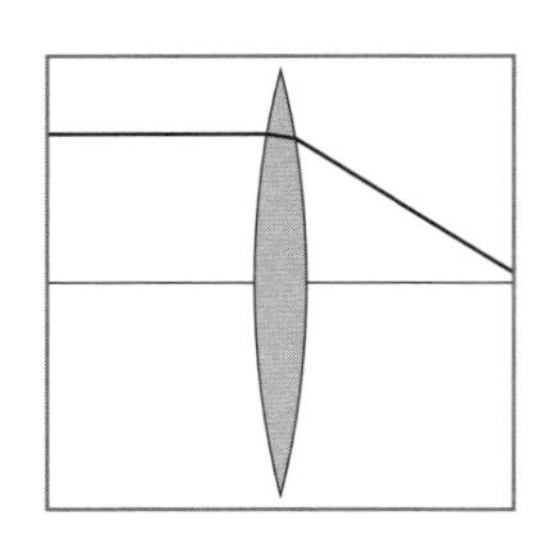

しかし，物理学ではレンズの厚みを無視して考える，すなわち2箇所の屈折箇所の隔たりがないものとして考えることが一般的である。この場合，例えば上図の2つであれば，それぞれ下図のように描かれる。こうしたことも，コラム3で触れた「理想化」の一つといえよう。

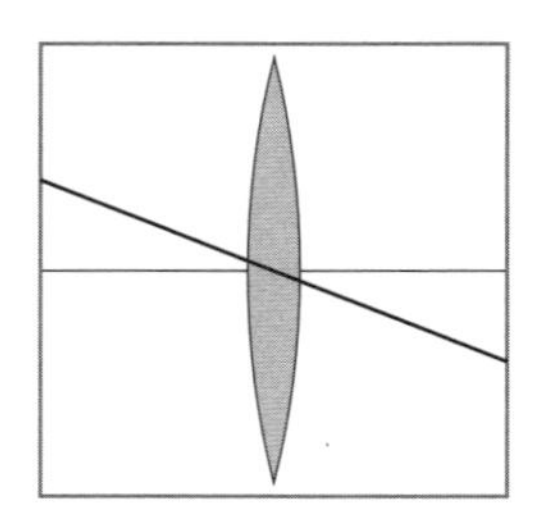

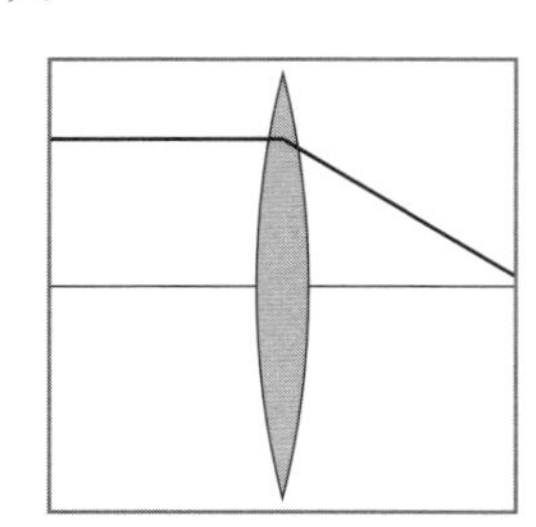

(7) 凸レンズのつくる像

凸レンズのつくる像は，もととなる物体を焦点よりも遠くに置く場合と焦点よりも近くに置く場合とで異なる。以下，もととなる物体（ここではろうそくとする）のある方を「前方」，その反対を「後方」として説明する。

①物体を焦点よりも遠くに置く場合

物体の一点（ここではろうそくの先端）から進む代表的な光線の進み方は，次のようになる。

- 光軸に平行な光線は，レンズ通過後，レンズ後方の**焦点**F_1を通る。
- レンズ前方の焦点F_2を通る光線は，レンズ通過後，光軸に**平行**な光線となる。
- レンズの中心を通る光線は，**直進**する。

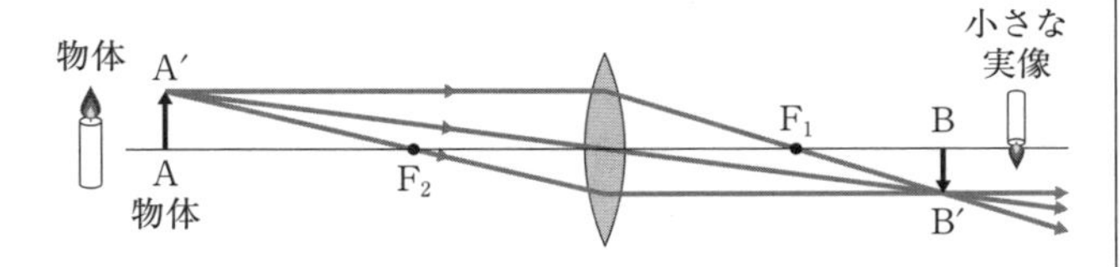

上図のBB′のように，実際に光が集まってできる像，つまりスクリーンを置くと映し出される像を**実像**という。凸レンズによる実像は，物体と上下左右が逆向きの像，すなわち**倒立像**になる。

②物体を焦点よりも近くに置く場合

物体の一点（ここではろうそくの先端）から進む代表的な光線の進み方は，次のようになる。

- 光軸に平行な光線は，レンズ通過後，レンズ後方の**焦点**F_1を通る。

☜コラム8でも述べるように，光とその性質についての理解を深めるには，「光線モデル」を導入した解釈が必要となる。光線モデルは現実世界の光線を高度に抽象化してモデル的に表現したものであり（小松ほか，2015），光とその性質についての理解や思考力を高めさせるには，光線モデルの作図指導を積極的に行う必要があるともされている（石井・橋本，2001）。一方で，光線モデルについては，指導上の難しさも多く報告されてきた。例えば，ある大学の理系学生を対象とした調査では，9割以上が凸レンズを通る光線を正しく作図できるものの，作図の意味までは分かっていない傾向が見られることが報告されている（山下，2011）。あるいは，中学生を対象とした別の調査でも，凸レンズを通る光線とできる像の作図を指導することで，大部分が凸レンズを通る光線の作図をするという作業はできるようになるものの，凸レンズによる結像に関して十分な理解は伴わず，像の位置と大きさの両者を満足に答えられない者が大部

- (延長すると)レンズ前方の焦点 F_2 を通る光線は，レンズ通過後，光軸に**平行**な光線となる。
- レンズの中心を通る光線は，**直進**する。

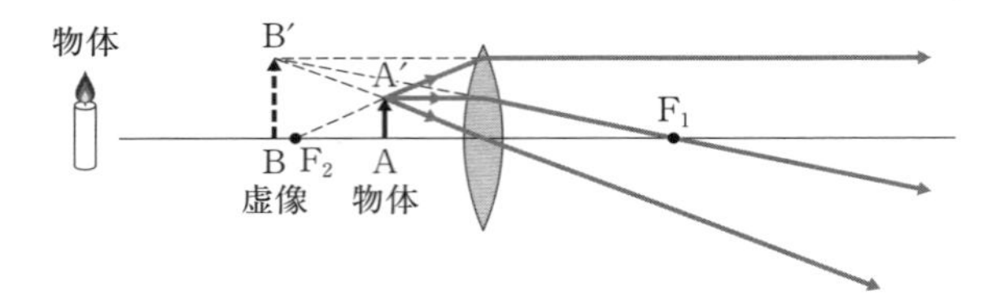

上図のように，物体を凸レンズの焦点より近くに置いた場合は，光線は発散してしまい，レンズ後方に像を結ぶことはなくなる。つまり，スクリーンを置いたとしても，ろうそくかどうか分からない赤っぽい色がぼんやり映るだけとなる。ところが，レンズ後方からレンズの方を見ると，レンズ前方に**拡大**された物体が見え，あたかもそこに拡大したBB′が存在するかのように見える。この像は人間が脳内で感じる像であり，これを**虚像**という。虚像の位置には実際に光が集まっているわけではない。そのため，虚像の位置にスクリーンを置いても何も映し出されない。なお，この虚像は倒立像ではなく，**正立像**である。

分を占めるということが報告されている(佐久間・定本，2010)。また，光線モデルの作図は単なる「機械的な作業」になっているとの報告もあり，凸レンズの働きについて，表層的なこと(答えを出す手順や手続き)は学習されていても，その本質(現象の背後にある一貫した法則性や意味)は十分理解されないことが課題視されている(麻柄・岡田，2006)。このような報告例からも示唆されるように，光線モデルの作図ができるようになったとしても光とその性質についての理解は必ずしも深まらないということを意識しながら，指導にあたる必要がある。

(8) 凹レンズのつくる像

凹レンズのつくる像は，もととなる物体を焦点よりも遠くに置く場合と焦点よりも近くに置く場合とで異ならない。以下，先ほど同様，もととなる物体(ここではろうそくとする)のある方を「前方」，その反対を「後方」として説明する。

まず，物体の一点（ここではろうそくの先端）から進む代表的な光線の進み方は，次のようになる。

- 光軸に平行な光線は，レンズ通過後，レンズ前方の**焦点**F_2を通る直線と同じ向きに進む。
- レンズ後方の焦点F_1に向かう光線は，レンズ通過後，光軸に**平行**な光線となる。
- レンズの中心を通る光線は，**直進**する。

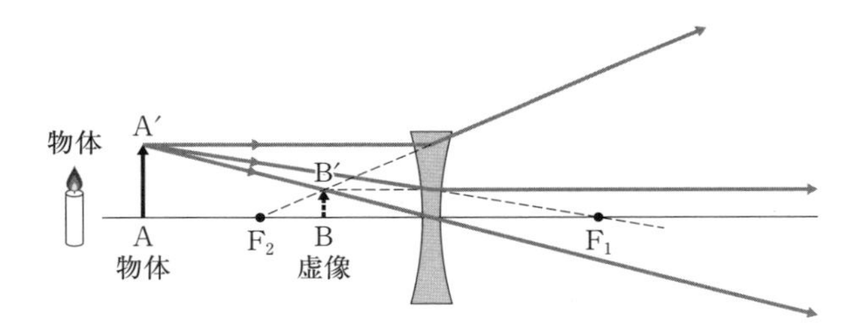

上図のAA′から出て凹レンズを通過した光は広がって進むため，実像はできない。しかし，レンズ後方から見ると，その光はレンズ前方のBB′から出た光のように見える。凹レンズの場合は，物体が焦点の外側にあっても内側にあっても，レンズを通過した光は広がって進むため，通常，実像はできず**虚像**ができる。なお，この虚像は**正立像**である。

(9) 凹面鏡と凸面鏡

鏡面が球面になっている鏡を**球面鏡**といい，球面の内側を鏡面としたものを**凹面鏡**，球面の外側を鏡面としたものを**凸面鏡**という。球面鏡においても，凸レンズや凹レンズ同様，中心を垂直に貫く直線，つまり球面鏡の中心軸を光軸と呼ぶ。凹面鏡では，近くからのぞくと拡大された像が見え，凸面鏡では，小さな鏡でも広い視野が得られる。このような性質や像のでき方は，**反射の法則**から説明できる。

演 習

次のそれぞれの場合において，得られる像は実像か虚像のいずれであるか。また，正立像か倒立像のいずれであるか。作図からこれらを導け。

(1) 焦点距離 20 cm の凸レンズの前方 40 cm の位置にろうそくを立てる。
(2) 焦点距離 10 cm の凸レンズの前方 5 cm の位置にろうそくを立てる。
(3) 焦点距離 15 cm の凹レンズの前方 20 cm の位置にろうそくを立てる。

解 答

上で見たような作図をすると，以下のことが分かる。

(1) 倒立像で実像。
(2) 正立像で虚像。
(3) 正立像で虚像。

(10) 光の回折・干渉

光も，他の波と同じように**回折**や**干渉**を起こす。

(11) ヤングの実験

次頁の図のように，光源から出た波長 λ の単色光を単スリット S_0 に当てると，新たに S_0 を波源として波が広がる。複スリット S_1，S_2 を S_0 から等距離になるように置くと，S_1 と S_2 を波源として同位相の波が広がる。この波がスクリーンに当たると，当

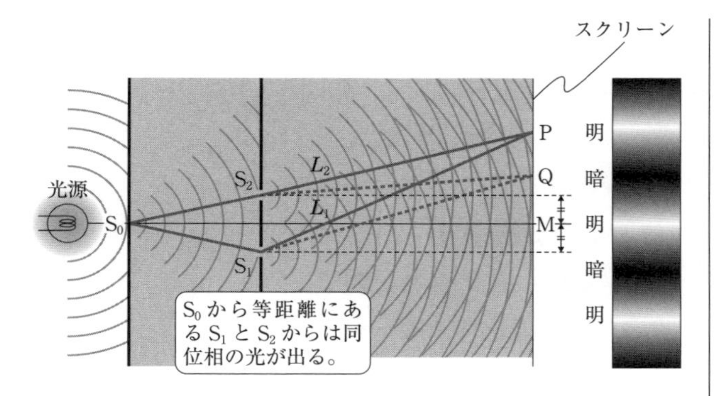

たった位置によってS_1とS_2からの距離が異なるために，ある点では強め合って**明るく**，別の点では弱め合って**暗く**なる。このようにして，スクリーンには明るい線（**明線**）と暗い線（**暗線**）が並ぶ縞(しま)模様，いわゆる**干渉縞**ができる。この実験はヤングの実験として知られ，光が波であることを裏づける重要な実験である。

なお，上図のようにS_1，S_2からスクリーン上の任意の点Pまでの距離を$S_1P = L_1$，$S_2P = L_2$とおくと，光の経路の差は$|L_1 - L_2|$と表され，水面波や音波の干渉と同様に，強め合う点，そして弱め合う点の位置はそれぞれ次式の条件を満たす。ここで，次式の整数mは**干渉の次数**といい，例えば，$m = 2$のときは2次の明線（あるいは2次の暗線）などという。

強め合う点（明）：$|L_1 - L_2| = \dfrac{\lambda}{2} \times 2m$

弱め合う点（暗）：$|L_1 - L_2| = \dfrac{\lambda}{2} \times (2m + 1)$

（ただし，$m = 0, 1, 2, \cdots$）

☜干渉がスクリーンの上だけで起こっているわけではないこともどこかのタイミングで言及し，「スリット〜スクリーン間では干渉はない」といった誤解を生じさせないようにしたい。

(12) 回折格子

平面ガラスの片面に，1 cm あたり数百本～数千本の細い溝を等間隔に彫ったものを**回折格子**という。溝の部分は断面形状が鋸歯状（ノコギリの歯のようにギザギザ）であるため光が**透過せず**，溝と溝の間の平面部分は光が**透過する**。溝と溝の間の平面部分はいわばスリットの役割を果たし，隣り合うスリット（または溝）同士の間隔を**格子定数**という。

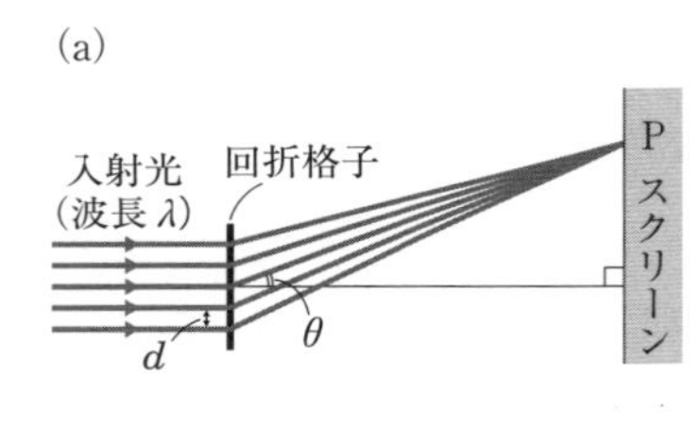

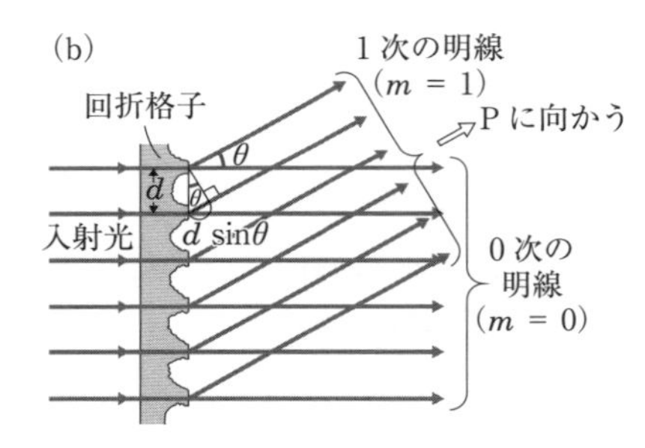

格子定数 d の回折格子の面に対して垂直に波長 λ の平行光線を当てるとする。このとき，上図(a)のように回折格子から十分に遠方のスクリーン上の点Pに向かう光は，同図(b)のように平行とみなせる。そのため，この光が入射光となす角を θ とすると，隣り合うスリットから点Pまでの距離の差は $\boldsymbol{d\sin\theta}$ となる。したがって，光が任意の点Pで強め合い，**明線**が現れる条件は，次のようになる。

$$d\sin\theta = \frac{\lambda}{2} \times 2m = m\lambda$$

（ただし，$m = 0, 1, 2, \cdots$）

☜明線というが，レーザー光などのスポット径の小さい（細い）光線を利用すると，明るい部分は「線」というよりは「点」のように現れる。簡単な演示で見せられるので，実物を見せながら説明することが望ましい。

(13) 光路長と光路差

屈折率 n の物質中を光が距離 L だけ通過するとき，nL を**光路長**，または**光学距離**という。屈折の法則より，屈折率 n の物質中における光速は真空中における光速の $\frac{1}{n}$ 倍になる。このことから，光路長は，物質中を光が距離 L だけ通過するのと同じ時間内に光が真空中を進む距離に等しい。なお，光路長の差を**光路差**という。これに対して，実際の距離の差を**経路差**という。

(14) 薄膜による光の干渉

例えば，空気中から波長 λ の光が，厚さ d，屈折率 n の薄膜に対して垂直に入射する場合を考える。入射した光のうち一部は薄膜の表面で反射され（光 a），残りは薄膜の中に入る。薄膜の中に進んだ光の一部は薄膜の裏面で反射され，外に出て目に入る（光 b）。光 a と光 b は，下図 (a) のように同位相で返ってくれば強め合って明るく見え，同図 (b) のように逆位相で返ってくれば弱め合って暗く見える。

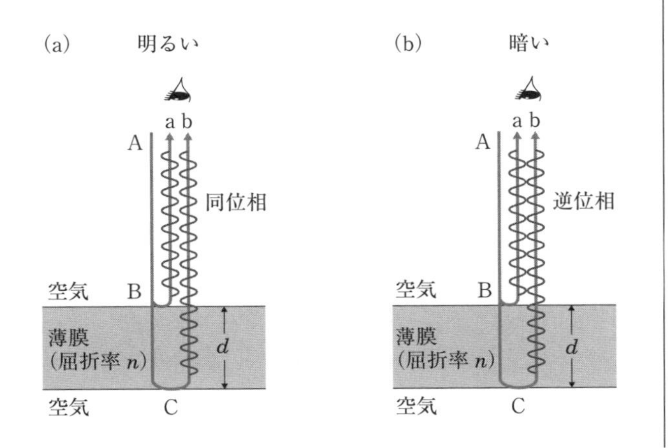

光の波も，反射に伴って位相が変化する場合があり，例えば前頁の図の点Bにおける反射のように，屈折率の小さな物質から大きな物質へ向かう境界面での光の反射では，**固定端反射**に相当し，位相はπずれる。一方で，点Cにおける反射のように，屈折率の大きな物質から小さな物質へ向かう境界面での光の反射では，**自由端反射**に相当し，位相は変化しない。

薄膜の裏面で反射した光bは，表面で反射した光aよりも薄膜の厚さを往復する距離だけ長い経路を進む。薄膜の厚さをd，屈折率をnとすると，その経路差は$\boldsymbol{2d}$であることから光路差は$\boldsymbol{2nd}$となり，前頁の図のように，薄膜表面での反射では位相がπずれ，薄膜裏面での反射では位相がずれないとすると，波長λの光の干渉条件は次のようになる。

強め合う点（明）：$2nd = \dfrac{\lambda}{2} \times (2m+1)$

弱め合う点（暗）：$2nd = \dfrac{\lambda}{2} \times 2m$

（ただし，$m = 0, 1, 2, \cdots$）

上の式については，光路差という概念を使わず，経路差で考えてもよい。すなわち，薄膜の裏面で反射する光と表面で反射する光の距離の差（光路差ではなく経路差）は$2d$であり，また，屈折の法則から屈折率nの薄膜内での波長は$\dfrac{\lambda}{n}$となることから，次のような式を立ててもよい。次の2式は上の2式と全く同じものである。

☜指導場面では，「屈折の法則より$\dfrac{n_2}{n_1} = \dfrac{\lambda_1}{\lambda_2}$であり，真空の屈折率を1.0とすると屈折率$n$の物質中の波長は真空中の波長の$\dfrac{1}{n}$倍になる」ということを丁

$$強め合う点(明)：2d = \frac{\lambda}{2n} \times (2m + 1)$$

$$弱め合う点(暗)：2d = \frac{\lambda}{2n} \times 2m$$

$$(ただし，m = 0, 1, 2, \cdots)$$

寧に説明する必要があろう。これに限らず，教員としては「当然である」「容易である」と思っていることも，学習者にとっては必ずしもそうではない。常々，学習者目線を意識しながら指導する姿勢が必要である。

演　習

格子定数が 3.0×10^{-6} m の回折格子の格子面に対して，ある単色光を垂直に入射させた。すると，入射光となす角 θ が 30° となる方向に 3 次の明線が現れた。この単色光の波長 λ〔m〕はいくらか。

解　答

この回折格子において，3 次の明線が現れる干渉条件は次のようになる（$d\sin\theta = m\lambda$ の d に 3.0×10^{-6}，θ に 30°，m に 3 を代入）。

$$3.0 \times 10^{-6} \times \sin 30^\circ = 3 \times \lambda$$

したがって，$\lambda = \underline{5.0 \times 10^{-7}\ \mathrm{m}}$。

光線モデルの作図指導はどう行うべきなのか？

光とその性質についての理解を深めるには，幾何光学的アプローチと波動光学的アプローチという少なくとも 2 つの異なるアプローチでの理解が必要となります。このうち，幾何光学的アプローチでは，レンズや球面鏡の前に置かれた物体からの光の道筋を光線として描き，得られる像の位置や大きさ，向きをこうした光線から求める，いわゆる「光線モデル」を導入した解釈が必要となります。光線モデルの作図指導はどう行うのが効果的なのでしょうか。

日本の教育現場で光線モデルを用いた指導がなされるとき，レンズや球面鏡の光軸上に直立した物体の像を考えることが一般的です。このとき，物体の両端のうち，光軸上に位置する端（以下，末端）とは反対側の端（以下，先端）から 3 本の光線を作図し，これを基に，物体の先端に対応する像の一端が特定されます。そして，物体の末端に対応する像の一端については，物体の先端に対応する像の一端から光軸に垂線を下ろした点とし，光線を作図して特定するといった指導は特段なされません。例えば，凸レンズの場合，光軸上に直立した物体の先端から以下の (1) から (3) に相当する 3 本の光線を作図させる指導がなされます（ただし，3 本の光線のうち 2 本を描くことができれば像の様子は確認でき，このことは凹レンズや凸・凹面鏡の場合でも同様です）。

(1) 凸レンズの中心を通る光は，そのまま直進する。
(2) 光軸に平行な光は，凸レンズ通過後，凸レンズ後方の光軸上にある焦点を通る。
(3) 凸レンズ前方の光軸上にある焦点を通る光は，凸レンズ通過後，光軸に平行に進む。

このような日本の教育現場で見られる指導は，「極端な状況設定」とそれに伴う「作図の簡略化」という点で，課題性を指摘できるのではないでしょうか。前者は，光軸上に直立した物体の像を考えるという状況設定があまり普遍的ではないのでは，ということです。そして，後者は，こうした極端な状況設定であるがゆえに，光線モデルの作図では，物体の先端という 1 箇所からの光線を描くことで終始するという簡略化がなされ，現実世界の現象を本質的に理解したうえでの作図になりにくい懸念があるのでは，ということです。そもそも，物体から光線が発する際，それが発光体であるか反射体であるかに関わらず物体表面のあらゆる点からあらゆる方向へ光線が発生し，光線モデルにおける光線は，これら無数の光線のうち，像を求めたりするために必要な代表的な数本を描いているに過ぎません。そのため，物体に対応した像の位置や大きさ，向きを求めるためには，少なくとも物体の先端と末端の 2 箇所からの光線を描くことが，現実世界の現象を本質的に理解したうえでのより望ましい作図といえるのではないでしょうか。

こうした日本の教育現場において一般的になされる幾何光学的アプローチによる光学指導（以下，一般的光学指導）の課題性を意識し，一般的光学指導を経験した学習者に対して，「像を考えるべき物体は光軸上になく，像の位置や大きさ，向きを求めるには少なくとも物体の先端と末端の 2 箇所からの光線を描く必要がある問題」を提示し，どのような像ができるかを問うたことがあります。その結果，やはり一般的光学指導の弊害が顕著に現れたといえる誤答が大規模に認められました。詳細は関連論文（仲野，2024）に記していますが，光線モデルの作図指導については，指導改善の検討余地がありそうです。学習者が光の諸現象についてどのようにとらえているかといった光概念の理解に関する研究は，物理学の他領域に比べて少ないとされています（石井・橋本，2001；Tural，2015；森田・森藤，2019）。今後，基礎的データを積み上げ，光学指導における指導改善を進めていくことが求められます。

4章｜電気と磁気

4.1 静電気，電界，電位，コンデンサー

(1) 原子の帯電

身の周りにある全ての物体は原子からできている。その原子は，正の電気を持つ原子核と，負の電気を持つ電子からなる。原子内の正負の電気は等量であるので，原子は電気的に**中性**である。

(2) 物体の帯電

身の周りの物体には，構成する原子の種類や結合の仕方により，電子を放出しやすいものと，電子を受け取りやすいものがある。異なる種類の物体が接触すると，より電子を受け取りやすい方に電子が移動するため，それぞれの物体は正と負に**帯電**する。なお，異なる種類の物体を単に接触させただけでは接触面積が小さく，電子の移動が起こりにくい（接触帯電）。そこで，続くTidbitsでも紹介する摩擦帯電などが有効とされる。

☞物質には正に帯電しやすいものと，負に帯電しやすいものがあり，それぞれの符号に帯電しやすい物質を実験的な評価に基づき序列化した表を帯電列という。やや余談のようにはなるが，こうした帯電列を持ち出すと，より具体的な話ができるであろう（例：帯電列の正側にある物質と負側にある物質を擦(こす)り合わせると，前者は正に，後者は負に帯電する／帯電列内で離れている物質同士ほど，発生する静電気は大きくなり，いわゆる「親和性の悪い組み合わせ」となる）。ただし，表面状態の変質や温度，湿度，摩擦方法などによって，帯電列で示された序列が変化し得る

—Tidbits—

帯電に至るプロセスは様々であり，帯電プロセスに基づいて，帯電を「接触帯電」「剝離(はくり)帯電」「摩擦帯電」「衝突帯電」「攪拌(かくはん)帯電」「噴出帯電」「流動帯電」などと細分化することがある。このうち，摩擦帯電は接触面を擦り合わせることで起こる帯電である。摩擦帯電の主要な要素も接触帯電であるとされている。物質表面は微細な凹凸が多いため，通常，1回接触するだけでは十分な帯電量に至らない。しかし，摩擦を行うこと

で接触面積が増加し，帯電が顕在化する。このように，接触帯電の効果を接触面積の増加により顕在化させるものが摩擦帯電である。ただし，より詳細に摩擦帯電を見た場合，別の帯電要素として加圧作用による圧電気（ピエゾ電気）の発生や摩擦熱による効果もある。

ため，帯電列はあくまで一つの参考情報として認識するに留めるのが賢明である。

(3) 電気量保存の法則

物体は，移動した電子の分だけ帯電し，帯電した物体の持つ電気を**電荷**という。そして，既に見てきたように，電荷の量を**電気量**という。ここで，q_1，q_2 に帯電した物体 1，2 があり，これらが接触し，一方から他方に電子が移動したとする。そして，互いに離れた後の電荷が q_1'，q_2' であったとすると（外部との電荷のやり取りはないとする），次式が成り立ち，これを**電気量保存の法則**という。

$$q_1 + q_2 = q_1' + q_2'$$

(4) 静電誘導

導体に帯電体を近づけると，後述する**静電気力**により，導体の帯電体側に異符号の電荷が現れる。この現象を**静電誘導**という。なお，導体の代表例である金属では，**自由電子**が過剰に集まる場所が**負**に帯電し，不足する場所が**正**に帯電する。

☜左記の静電誘導や誘電分極の図は，帯電していない導体や不導体に帯電体を接近させることで，それぞれ静電誘導，誘電分極を起こすことを視覚的にイメージ化させるものであり，前者では導体を負電荷（自由電子）と正電荷が入り混じったものと考え，後者では不導体を電気双極子の集合体と考えている。学習者には，このような比較用イメージ図を描かせながら理解を促すことも有効である。

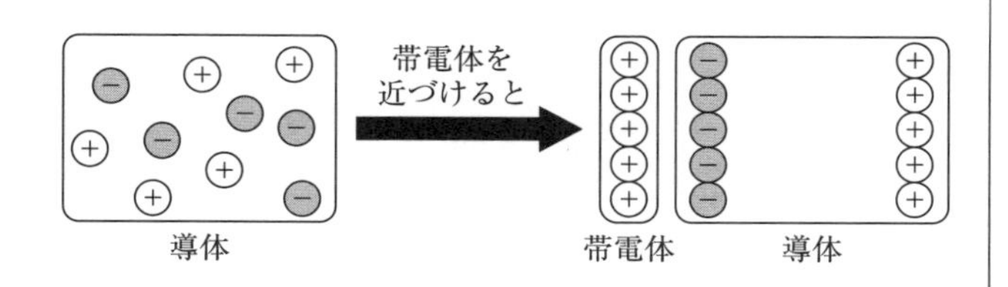

なお，次頁上の図のような器具を**箔検電器**（はくけんでんき）とい

う。例えば，箔検電器の金属板に正の帯電体を近づけると，**自由電子**が金属板付近に引き寄せられ，帯電体から遠い下の箔の部分は正に帯電する。その結果，箔同士の反発力によって箔が開く。

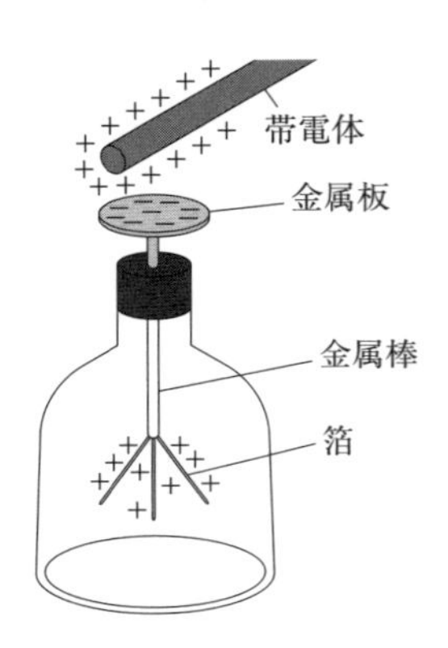

(5) 誘電分極

不導体に帯電体を近づけても**自由電子**の移動は生じないが，不導体を構成する原子や分子に束縛されている電子の分布に偏りが生じ，その結果として，不導体の帯電体側に異符号の，そしてその反対側に同符号の電荷が生じる。この現象を**誘電分極**という。なお，こうした性質から，不導体のことを**誘電体**と呼ぶこともある。

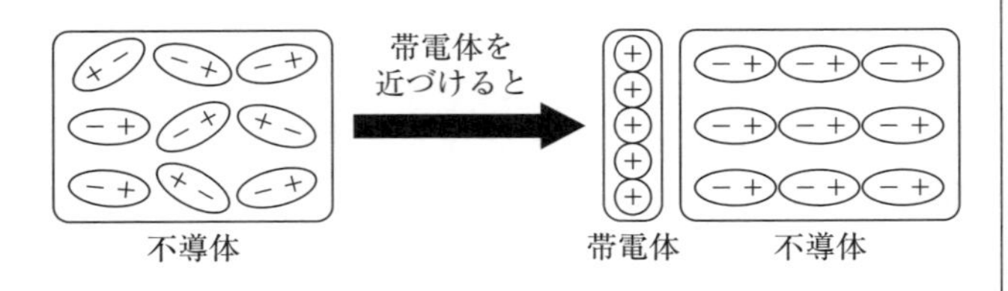

☜ある帯電体が存在する場合，それに対する相手物体は，大まかに分類して以下①～④の4パターンである。①帯電した導体，②帯電した不導体，③帯電していない導体，④帯電していない不導体。このうち，帯電体の相手物体が①や②の場合，2物体間で力学的作用が生じること，すなわち互いに同符号の電荷を帯びているときは斥力が働き，互いに異符号の電荷を帯びているときは引力が働くということは，容易に理解できよう。一方，③や④の場合も，左記の静電誘導や誘電分極の結

(6) クーロンの法則

2つの帯電体は互いに力を及ぼし合い，電荷が同種の場合は**斥力**，異種の場合は**引力**が働く。こうした力を**静電気力**，または**電気力**という。一般的に，電気量の大きさが q_1〔C〕，q_2〔C〕の2つの点電荷(非常に小さく大きさの無視できる帯電体やそれが持つ電荷)間に働く静電気力の大きさ F〔N〕は，それぞれの電気量の大きさに比例し，点電荷間の距離 r〔m〕の2乗に反比例する。これを**クーロンの法則**といい，次式で表される。

$$F = k\frac{q_1 q_2}{r^2}$$

(k は比例定数(クーロンの法則の比例定数))

演習

電気量が 1.0×10^{-6} C と -4.0×10^{-5} C の2個の点電荷を 0.20 m 離して置いた。これらの点電荷間に働く静電気力は引力か斥力のいずれか。また，その大きさ F〔N〕はいくらか。クーロンの法則の比例定数は 9.0×10^9 N·m²/C² とする。

解答

これら2個の点電荷は異符号であるので，働く静電気力は引力。
また，その大きさ F〔N〕は，クーロンの法則より次のようになる。

$$F = 9.0 \times 10^9 \times \frac{1.0 \times 10^{-6} \times 4.0 \times 10^{-5}}{0.20^2} = \underline{9.0\ \mathrm{N}}。$$

果として2物体間に力学的作用(引力)が発生することを意識しておく必要がある。一般的に，中学校では「異なる物質同士を擦り合わせると静電気が起こり，帯電した物体間では空間を隔てて力が働くこと」が指導される。このとき，「異なる物質同士を」や「帯電した物体間では」といった文言が強調された学習を経験した学習者には，「静電気は同一物質同士では発生しない」，あるいは「帯電体同士でなければ，2物体間には力は働かない」といった誤った考え方が形成されることが懸念される(仲野，2020)。なお，不導体は「電流を流さない」ことから，「帯電できない」とする誤解も少なくない。

(7) 電界

距離を隔てた点電荷間に静電気力が働くと述べたが，空間的に離れているにも関わらず力が働くのはなぜか。これについては，「電荷はその周りの空間に静電気力を及ぼす性質を持つ**場**を形成し，他の電荷はその場から力を受ける」と考える。このような考え方を「場の考え方」といい，静電気力を伝える場は**電界**や**電場**と呼ばれる。

☜「静電気力の及ぶ空間＝電界」と考えてよいであろう。なお，電界は，荷電粒子から湧き出して四方八方へ流れ出している，あるいは四方八方から吸い込まれているといったように，「湧き出し」「吸い込み」という見方で伝えるとイメージさせやすいかもしれない。

(8) 電界の強さと向き

同じ電荷であっても，それが置かれる場所によって，受ける静電気力の**強さ**や**向き**に違いがある。これは，場所によって電界の**強さ**や**向き**に違いがあるためと考える。そして，各場所での電界 E〔N/C〕について，「ある場所の電界の強さと向きは，その場所に置かれた正の点電荷が電気量 1 C あたりに受ける力の大きさと向きに等しい」と定義し，静電気力 F〔N〕，電気量 q〔C〕との関係を次式で表現する。

$$F = qE$$

（ベクトルを用いて表現すると $\vec{F} = q\vec{E}$）

演 習

電界中のある場所に 4.0×10^{-5} C の点電荷を置いたところ，左向きに 2.4×10^{-2} N の静電気力を受けた。この場所における電界の強さ E〔N/C〕はいくらか。また，その向きはどちらか。

解　答

$F = qE$ より，$E = \dfrac{2.4 \times 10^{-2}}{4.0 \times 10^{-5}} = \underline{6.0 \times 10^{2}\ \mathrm{N/C}}$。
今，静電気力を受けた点電荷は正電荷であるので，電界の向きは静電気力の向きと同じで<u>左向き</u>。

(9) 点電荷がつくる電界

電気量 Q〔C〕の点電荷から距離 r〔m〕の点Pでの電界の強さ E〔N/C〕について考える。この場合，点Pに q〔C〕の試験電荷（電界を求めるために「試し」に置く電荷のこと）を置き，これが受ける静電気力 F〔N〕について考えればよい。なお，簡単のため，Q，q は共に正とする。

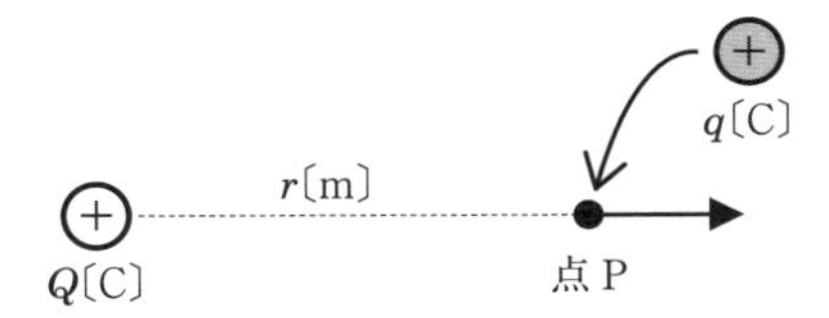

まず，クーロンの法則より，次式が成り立つ。

$$F = k\frac{Qq}{r^2}$$

（k は比例定数（クーロンの法則の比例定数））

また，静電気力と電界の関係より，次式も成り立つ。

$$F = qE$$

したがって，これら2つの式から，電気量 Q〔C〕の点電荷から距離 r〔m〕の点Pでの電界の強さ E〔N/C〕は次のようになる。

$$E = k\frac{Q}{r^2}$$

（k は比例定数（クーロンの法則の比例定数））

なお，電界の向きは，Q が正の場合には点電荷から遠ざかる向き，負の場合には，点電荷に向かう向きとなる。

演　習

4.0×10^{-5} C の点電荷から 0.20 m 離れた場所における電界の強さ E〔N/C〕はいくらか。クーロンの法則の比例定数を 9.0×10^9 N·m²/C² とする。

解　答

$E = k\frac{Q}{r^2}$ より，$E = 9.0 \times 10^9 \times \frac{4.0 \times 10^{-5}}{0.20^2} =$ 9.0×10^6 N/C。

☜電荷はその周りの空間に「静電気力を及ぼす性質を持つ場」を形成し，これは「電界」という物理量で表現される，ということを述べてきたが，こうした「電荷が影響を及ぼす範囲」は有限（例えば，電荷近くのある範囲まで）とイメージしてしまう学習者もいる。左記の式が示すように，「電荷が影響を及ぼす範囲」は連続的かつ無限であることを理解させ，正しいイメージを持たせたい。

(10) 電界の重ね合わせ

電界は大きさと向きを持つベクトルであることから，重ね合わせができる。すなわち，点電荷が複数あるとき，1つ1つの点電荷による電界ベクトル $\vec{E_1}$，$\vec{E_2}$，$\vec{E_3}$，…を合成したものがその位置の電界ベクトル $\vec{E}$ となり，次式で表現される。これを**電界の重ね合わせの原理**という。

$$\vec{E} = \vec{E_1} + \vec{E_2} + \vec{E_3} + \cdots$$

☜1つの粒子に複数の力が働いているときには，力の和は，力をベクトルとして足し合わせることができた。既に出てきた関係式 $\vec{F} = q\vec{E}$ からも連想され

(11) 電気力線

電界の様子を線で表現したものを**電気力線**といい，より厳密には，「曲線上の各点における接線の方向」が「その点の電界の方向」を示す曲線を電気力線という。電気力線は実在しない仮想的な線であるが，「電界の大きさが E〔N/C〕の場所では，電界の方向に垂直な断面を通る電気力線の本数は $1\,\mathrm{m}^2$ あたり E 本」と定める。電気力線の主な約束・性質を挙げると以下のようなものがある。

るが，電界の合成も力と同じ方法でできることを伝えたい。

①**正電荷**から出現し，**負電荷**で消失する。

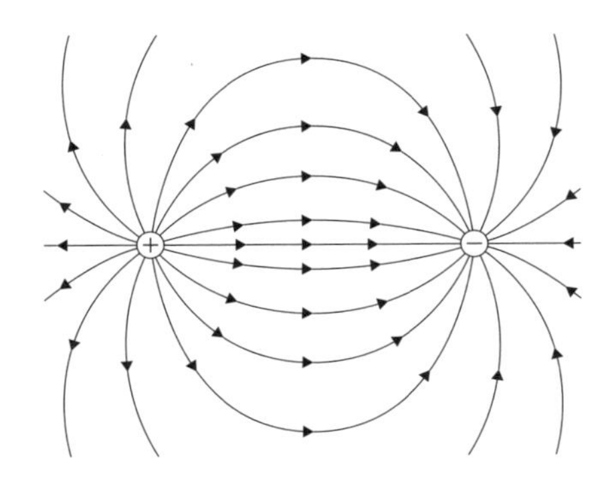

②電荷のない場所で，突然，電気力線が出現・消失することはない。

③正電荷だけがあり，負電荷がない場合，電気力線は無限遠まで伸びる。

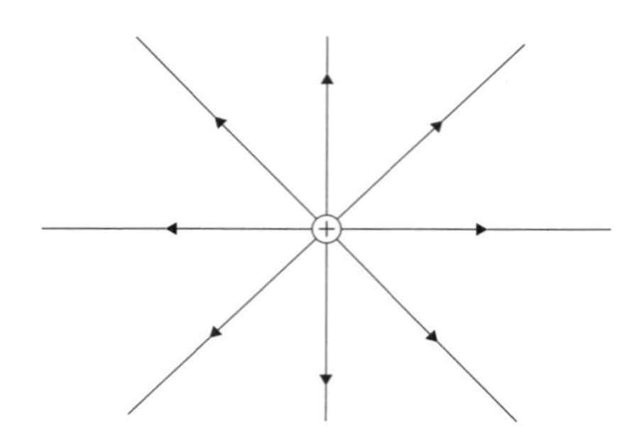

④負電荷だけがあり，正電荷がない場合，電気力線は無限遠から出現する。

⑤電荷に出入りする電気力線の本数は，その電荷の電気量に比例して決まる（後述）。

⑥電気力線は，電界の強い場所では**密**，弱い場所では**疎**である。

⑦電気力線は，交差したり折れることはなく，枝分かれもしない。

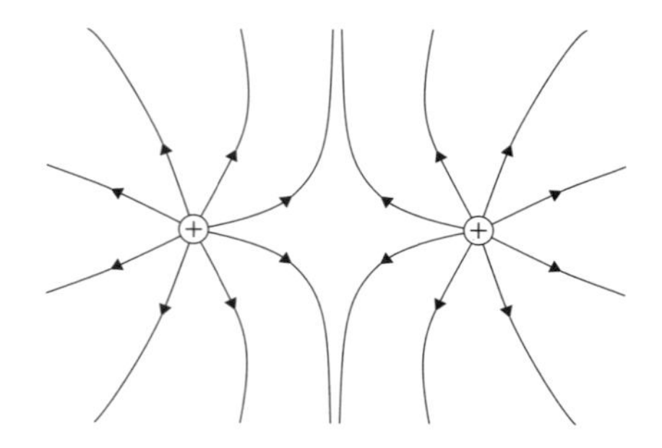

(12) 向き合う平行な金属板に正負等量の電荷が帯電しているときの電気力線

近接して平行に置かれた2枚の金属板に，正負等量の電荷を帯電させると，金属板の間に生じる電界は，（端の部分を除いて）場所によらずほぼ同じ強さで金属板に垂直な向きとなる。このように，向きや強さが場所によらず同じである電界を**一様な電界**という。そして，一様な電界では，電気力線は平行で等間隔となる。

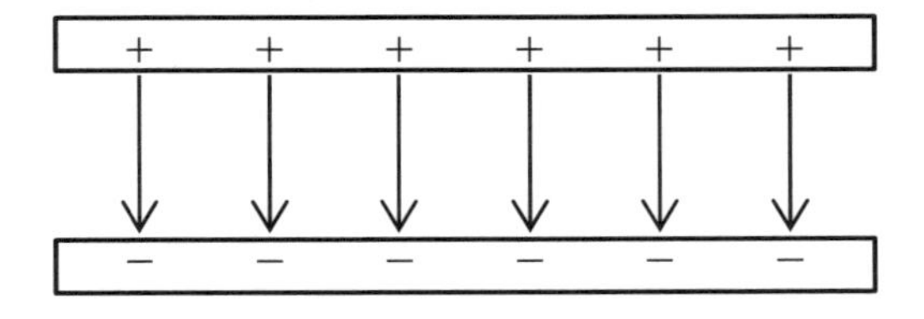

☜正の電荷を帯電させた金属板から離れると電界が弱くなると考えるなどして，一様な電界となることを理解・受容しにくい学習者もいる。そうした場合，ベクトル和などにも言及しながら，図を用いて説明する必要があろう（一つ一つの電荷に由来する電界は，確かに（公式どおり）距離と共に弱くなるものであるが，ある場所での電界は，「全ての電荷由来の電界のベクトル和」であることに意識を向けさせたい）。

(13) ガウスの法則

真空中で，電気量 Q〔C〕の正の点電荷から距離 r〔m〕の点での電界の強さを E〔N/C〕とすると，電界は次式で表される。

$$E = k_0 \frac{Q}{r^2}$$

（k_0 は比例定数（真空中でのクーロンの法則の比例定数））

電界の方向は点電荷を中心とする半径 r〔m〕の**球面**に直交しており，電気力線はこの球面を $1\,\mathrm{m}^2$ あたり E 本貫いていると考えるので，球面全体を貫く電気力線の総数は $E \times 4\pi r^2$，つまり $\boldsymbol{4\pi k_0 Q}$ 本である。このように，電気量 Q〔C〕の正の点電荷から真空中に出る（負の点電荷の場合は，真空中から入る）電気力線の総数は $4\pi k_0 Q$ 本となる。なお，点電荷の場合だけでなく，電荷が広く分布している場合でも，電気力線の本数は同様の表現となる。こうしたことを**ガウスの法則**という。

(14) 静電気力による位置エネルギー

電界中に電荷を置くと，その電荷は**静電気力**によって運動する。このとき，静電気力は電荷に対して**仕事**をする。その仕事は，重力がする仕事と同様に，はじめの位置と終わりの位置によって決まり，途中の経路にはよらない。したがって，重力の場合と同様に，静電気力についても**位置エネルギー**を考えることができ，これを**静電気力による位置エネルギー**という。

電界の強さ E〔N/C〕の一様な電界中で，q〔C〕の電荷が電界方向に点Aから点Bまでの距離 d〔m〕を動くとき，静電気力がする仕事は，静電気力 qE〔N〕と移動距離 d〔m〕との積 qEd〔J〕である。仮に点Bを静電気力による位置エネルギーの基準としたとき，点Aでの静電気力による位置エネルギー U〔J〕は次式のようになる。

$$U = qEd$$

なお，逆に，基準点Bにある q〔C〕の電荷を静電気力に逆らって点Aまでゆっくりと運ぶのに必要な仕事は qEd〔J〕である。「この仕事が，点Aで静電気力による位置エネルギー U〔J〕として蓄えられた」と考えてもよい。

☜指導場面では，重力による位置エネルギー mgh と比較しながら，図を添えて説明することが望ましい。保存力同士，その位置エネルギーは同じような考え方である（例：基準となる場所から，保存力に逆らってゆっくりとある場所まで移動させたとき，外力のした仕事がその場所での位置エネルギーとなる）ことを理解させたい。

(15) 静電気力による位置エネルギーと電位

1Cあたりの静電気力による位置エネルギーを**電位**といい，その単位には〔V〕を用いる。この定義より，ある点に電気量 q〔C〕の電荷があるとき，この電荷が持つ静電気力による位置エネルギー U

☜ある点の電位とは，そこに +1Cの電荷を置いたときにその電荷が持つ静電気力による位置エネルギー，といえよう。

〔J〕とそこでの電位 V〔V〕の間には，次の関係式が成り立つ。

$$V=\frac{U}{q}\Leftrightarrow U=qV$$

(16) 点電荷による電位

無限の遠方を電位の基準にとると（つまり，無限の遠方を電位 0 V とすると），電気量 Q〔C〕の点電荷から距離 r〔m〕だけ離れた点で電気量 q〔C〕の電荷が持つ静電気力による位置エネルギー U〔J〕は，次式で表される。

$$U=k\frac{Qq}{r}$$

（k は比例定数（クーロンの法則の比例定数））

したがって，$V=\dfrac{U}{q}$ より，その点での電位 V〔V〕は，次式で表される。

$$V=k\frac{Q}{r}$$

（k は比例定数（クーロンの法則の比例定数））

なお，$Q<0$ の場合は $V<0$，すなわち負の電位となる。また，複数の点電荷があるとき，ある点の電位は，その点における個々の点電荷による電位を足し合わせたものとなる。

演　習

4.0×10^{-10} C の点電荷から 0.20 m 離れた場所における電位 V〔V〕はいくらか。クーロンの法則の比例定数を 9.0×10^{9} N·m^2/C^2 とし，電位の基準は無限の遠方にとる。

解　答

$V = k\dfrac{Q}{r}$ より，$V = 9.0 \times 10^{9} \times \dfrac{4.0 \times 10^{-10}}{0.20} =$ 18 V。

(17) 電位と電位差

ある2箇所の電位の差を**電位差**といい，電位と同様の V〔V〕で表したり，ΔV〔V〕で表す。点Aと点Bの電位をそれぞれ V_A〔V〕，V_B〔V〕とすると，点Aから点Bに向かったときの電位差 V〔V〕は次式のようになる。

$$V = V_B - V_A$$

電位差は，**電圧**とも呼ばれる。電位の基準点が変わった場合，これに連動して各点の**電位は変わる**が，2点間の**電位差は変わらない**。

電気量 q〔C〕の電荷を点Aから点Bまで静電気力に逆らって外力を加え，ゆっくりと動かすとする。このときに必要な仕事 W〔J〕は，次式のようになる。

$$W = q(V_B - V_A) = qV$$

このとき，電荷に対して静電気力がした仕事 W' は，上式と大きさが同じで符号が逆，すなわち次式のようになる。

$$W' = q(V_A - V_B) = -qV$$

(18) 電界と電位差

向きも強さ E〔N/C〕も一定である一様な電界について考える。下図のように，q〔C〕の正電荷が点Aから電気力線に沿って d〔m〕離れた点Bまで移動したとき，電界による力がした仕事は qEd〔J〕であり，2点間の電位差を V〔V〕とすると，この仕事は qV〔J〕と等しいため，次式が得られる。なお，この式が示すように，これまで〔N/C〕としてきた電界の単位は，〔V/m〕でもよい。

$$V = Ed$$

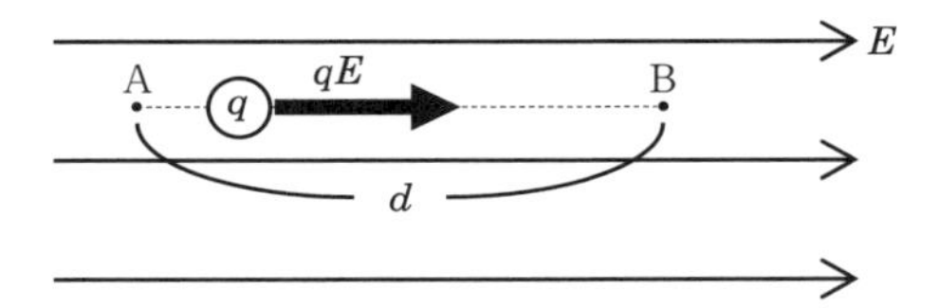

演　習

一様な電界中で，電界の向きに 0.30 m だけ離れた2点の電位差が 1.8 V であった。電界の強さ E〔N/C〕はいくらか。

解　答

$V = Ed$ より，$E = \dfrac{1.8}{0.30} = \underline{6.0\ \mathrm{N/C}\,(= 6.0\ \mathrm{V/m})}$。

(19) 荷電粒子の運動

電界中に荷電粒子を置くと，荷電粒子は電界から静電気力を受けて**運動**する。

(20) 電界中の導体

帯電した導体は，次のような特徴がある。

①導体内部の電界は 0 N/C

もし，導体内部に電位差があれば，**電界**が生じて導体内部の電荷（金属では自由電子）が静電気力を受けて移動し，導体全体が等しい電位，すなわち電界が 0 N/C になった状態で安定する。

☜水を入れたコップの中の水面が一時的に波打つことがあっても，水位の高い場所の水が水位の低い場所に移動し，やがて全体が一定の水位になって安定することと似ている。

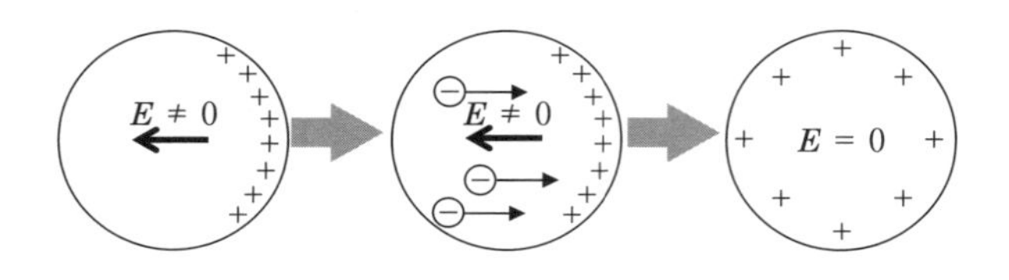

②帯電した電荷は，導体表面に分布

もし，導体内部に電荷があると，そこから**電気力線**が出る。そのため，その部分の電界が 0 N/C でなくなり，周囲の**電荷**が移動する。電荷の移動が終わって安定になった状態では，電荷は表面にだけ分布するようになる。

☜別の考え方として，ガウスの法則を使う方法を伝えてもよい。すなわち，導体内部に任意の閉曲面をつくると（左図），導体中の電界は 0 N/C であるので，その閉曲面から出る（に入る）電気力線の本数は 0 本となる。したがって，ガウスの法則より，その閉曲面内に電荷は存在しないこととなり，結局，表面にしか電荷は存在しないということとなる。

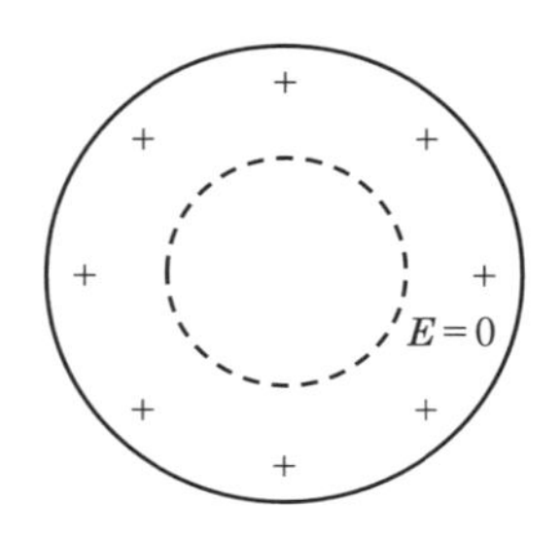

③導体の表面は等電位面

導体内部に電界は生じないので，導体全体が等しい電位となり，導体の表面が電位の等しい点からなる**等電位面**となる。

(21) コンデンサー

2枚の導体板A，Bをそれぞれ電池の正極（＋極），負極（－極）に接続すると，**自由電子**が移動し（図中，e^-），Aが**正**，Bが**負**に帯電し，やがて自由電子の移動は止まる。

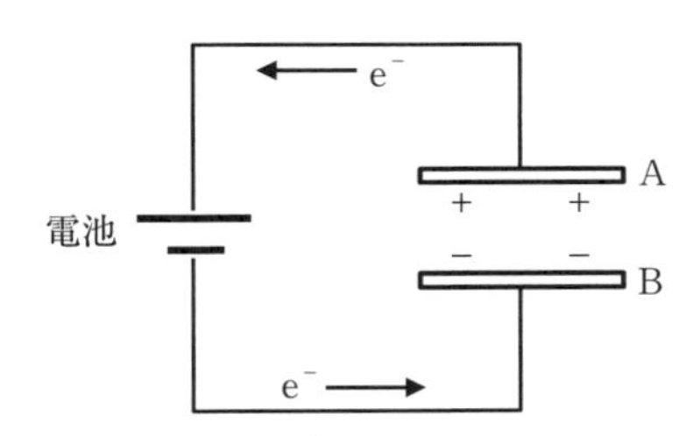

こうして蓄積された正電荷と負電荷は互いの引力によって導体板の向かい合った面に集まり，下図のように電池を切り離したとしても，そのまま保持される。このように，接近して置かれた2つの導体板は電荷を蓄えることができ，こうした電子部品を**コンデンサー**という（特に，同じ形の2枚の平行な導体板からなるコンデンサーを**平行板コンデンサー**という）。また，電荷を蓄える導体板をコンデンサーの**極板**，あるいは**電極**という。

☞一般的に，コンデンサーについて指導する際には，その極板厚みは考慮しないことに注意する。

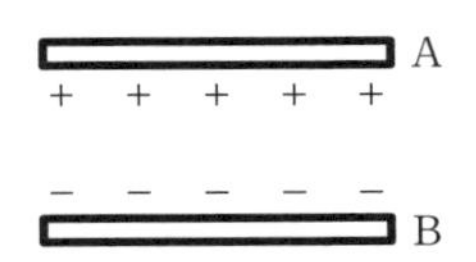

前頁下の図のように電荷を蓄えたコンデンサーの極板に豆電球をつなぐと，蓄えられた自由電子が豆電球を流れ，豆電球は点灯する。2つの導体板間で電荷が等しくなるまで自由電子は移動を続け，その後，自由電子の移動は止まり，豆電球も消える。

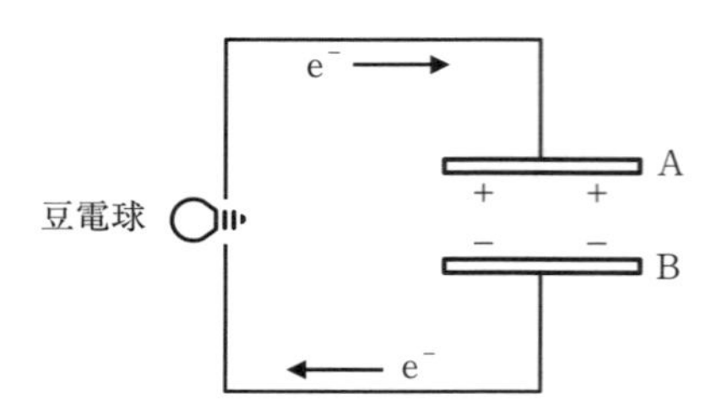

以上のように，コンデンサーに電荷を蓄える過程を**充電**といい，これと逆に，蓄えられた電荷が電流として流れ出る過程を**放電**という。下図には，実用化されている形態のコンデンサーの外観例を示す。外観上は確認できないが，内部で2枚の薄い導体版が効率的に向かい合って成形されており，各種家電製品などに利用されている。

（画像提供：パナソニック インダストリー）

(22) 電気容量

コンデンサーの一方の極板に $+Q$〔C〕の電荷が帯電すると，他方の極板には必ず等量異符号の $-Q$

☞例えば，$+Q$〔C〕

〔C〕の電荷が帯電する（このとき，「コンデンサーに蓄えられた電気量は Q〔C〕である」，という）。コンデンサーが蓄える電気量 Q〔C〕は，コンデンサー両端の電圧，すなわち電位差に比例し，次式のようになる。

$$Q = CV$$

ここで，比例定数 C をコンデンサーの**電気容量**といい，電気容量が大きいコンデンサーほど電荷を多く蓄えることができる。なお，電気容量の単位は，この式から〔C/V〕となるが，これを〔F（ファラド）〕とする。コンデンサーの電気容量は，**極板距離が小さい**ほど，また**極板面積が大きい**ほど大きい。

の正電荷を引き留めるのにその半分の負電荷（$-\frac{Q}{2}$〔C〕）では足りない，ということは理解を得られるであろう。

☜電気容量の「C」は「キャパシティ」の「C」である。文字どおり，そのコンデンサーがどの程度電荷を蓄積できるかというキャパシティを示す。

(23) コンデンサーが蓄えるエネルギー

充電したコンデンサーを使って，豆電球を点灯させたり，モーターを回転させたりすることができる。これは，コンデンサーには**電荷**と共に**エネルギー**が蓄えられていることを示す。このエネルギーは，極板間に電界が生じることによって蓄えられているものであり，**静電エネルギー**と呼ばれる。数学的な導出によると，電気容量 C〔F〕のコンデンサーを電圧 V〔V〕で充電し，最終的に電気量 Q〔C〕が蓄えられた場合，そのコンデンサーの静電エネルギー U〔J〕は次式で与えられる。

$$U = \frac{1}{2}CV^2$$

先に触れた $Q = CV$ の関係式を利用すると，静電エネルギー U〔J〕は次式のようにも書ける。

$$U = \frac{1}{2}QV = \frac{Q^2}{2C}$$

(24) コンデンサーの接続

並列や直列につながれた複数のコンデンサーは，その全体を「１つのコンデンサー」とみなすことができる。そのように「１つのコンデンサー」とみなしたときの電気容量を**合成容量**という。

☜コンデンサーを含む回路でコンデンサーを充電・放電させる実験は，教科書や問題集でよく目にする。しかし，授業の中で実施されることは必ずしも多くない（仲野，2024）。教科書や問題集に登場する代表的な形態を取り上げ，実際に演示・実験してみるとよい。理論どおりの結果が，比較的容易に認められる。

①並列接続

電気容量 C_1，C_2 の２つのコンデンサーを下図のように並列に接続したときの合成容量 C は次式のようになる。

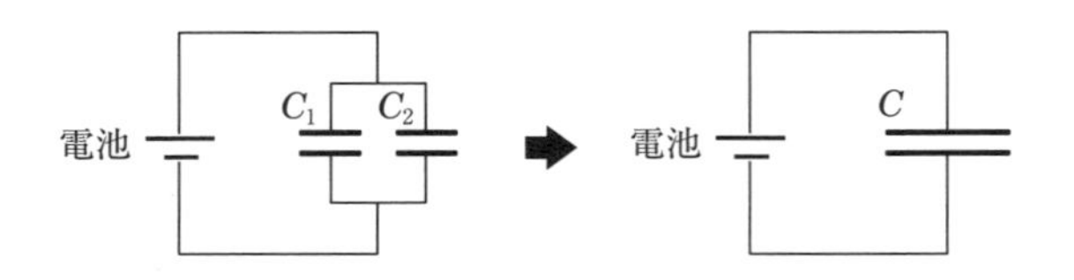

$$C = C_1 + C_2$$

この式の根拠は，以下のように考えることができる。「１つのコンデンサー」とみなす前，電気容量 C_1，C_2 の２つのコンデンサーにはそれぞれ電圧 V がかかり，電気量 q_1，q_2 が蓄えられていたとする。このとき，以下の関係式が成り立つ。

$$q_1 = C_1 V$$
$$q_2 = C_2 V$$

これらのコンデンサーを電気容量 C の「1つのコンデンサー」とみなし，電圧 V がかかって電気量 q が蓄えられていると考えると，以下の関係式が成り立つ。

$$q = CV$$

元々の2つのコンデンサーは並列につながれているので，$q = q_1 + q_2$ であることから，前述の3式から次式が得られる。

$$CV = C_1V + C_2V \Leftrightarrow C = C_1 + C_2$$

②直列接続

電気容量 C_1，C_2 の2つのコンデンサーを下図のように直列に接続したときの合成容量 C は次式のようになる。

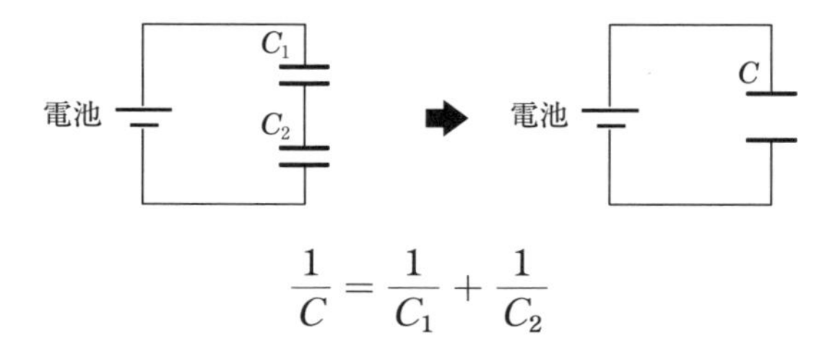

$$\frac{1}{C} = \frac{1}{C_1} + \frac{1}{C_2}$$

この式の根拠は，以下のように考えることができる。「1つのコンデンサー」とみなす前，電気容量 C_1，C_2 の2つのコンデンサーにはそれぞれ電圧 V_1，V_2 がかかり，電気量 q が蓄えられていたとする。このとき，以下の関係式が成り立つ。

$$q = C_1V_1$$
$$q = C_2V_2$$

これらのコンデンサーを電気容量 C の「1つのコンデンサー」とみなし，電圧 V がかかって電気量 q が蓄えられていると考えると，以下の関係式が成り立つ。

$$q = CV$$

元々の2つのコンデンサーは直列につながれているので，$V = V_1 + V_2$ であることから，前述の3式から次式が得られる。

$$\frac{q}{C} = \frac{q}{C_1} + \frac{q}{C_2} \Leftrightarrow \frac{1}{C} = \frac{1}{C_1} + \frac{1}{C_2}$$

演　習

電気容量が 2.5×10^{-7} F のコンデンサーに 40 V の電圧を加え，十分時間が経過したとする。このとき，次の(1)，(2)はそれぞれいくらか。

(1) コンデンサーに蓄えられる電気量 Q〔C〕。

(2) コンデンサーに蓄えられる静電エネルギー U〔J〕。

解　答

(1) $Q = CV$ より，$Q = 2.5 \times 10^{-7} \times 40 = \underline{1.0 \times 10^{-5}\ \mathrm{C}}$。

(2) $U = \frac{1}{2}QV$ より，$U = \frac{1}{2} \times 1.0 \times 10^{-5} \times 40 = \underline{2.0 \times 10^{-4}\ \mathrm{J}}$。

4.2 電流，直流回路，半導体

(1) 電流

電荷を持った粒子，いわゆる**荷電粒子**が移動するとき，「電流が流れる」という。電流の強さは，導体の断面を単位時間に通過する電気量の大きさで定め，単位には〔A（アンペア）〕を用いる。導体のある断面を時間 t〔s〕の間に q〔C〕の電気量が通過したとき，電流の強さ I〔A〕は，次式で表される。

$$I = \frac{q}{t}$$

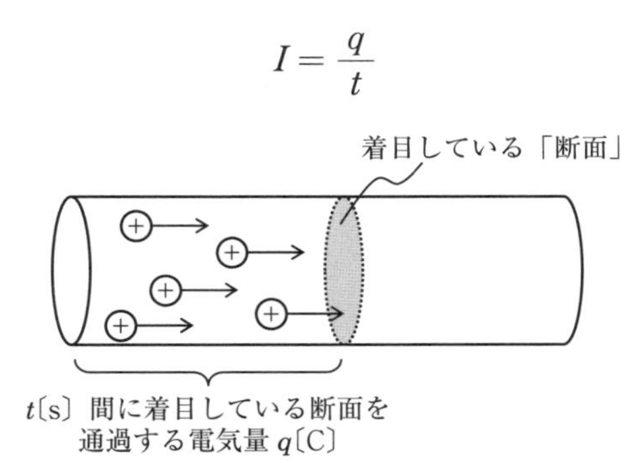

☜物理学の指導現場でなされる演示や実験は，学習者の概念形成を助け（石原・森井，1998），あるいは，彼らが既に有している素朴概念を科学的概念へと変容させていく（田中・定本，2003）手立てとして，最も直接的で効果的なものの一つであるとされる。しかし，物理学で扱う現象の中には，観察が難しいものも種々存在する。例えば，抵抗値やコンデンサーに蓄えられる電荷量などといった物理量を扱う電気回路の学習では，電気が流れるという現象が直接観察できず，抽象的で理論的な指導になりがちであることが以前から指摘されている（福田，1993；井上，1999）。こうした分野ほど，有効な演示・実験向け教材の創出・提案を目指したい。

演　習

導体のある断面に着目したとき，5.0 A の電流が 1.4 s 間流れたとする。この間に，この断面を通過した電気量 q〔C〕の大きさはいくらか。

解　答

$q = It = 5.0 \times 1.4 = \underline{7.0\ \mathrm{C}}$。

(2) 電流の向き

電流の担い手である荷電粒子を**キャリア**という。

金属の場合，キャリアは負電荷を持った**自由電子**であり，電解質水溶液の場合，水溶液中に含まれる**陽イオン**や**陰イオン**である。このように，キャリアは正の場合もあれば負の場合もある。そうした中，電流の向きは正電荷が移動する向きと定める。

(3) 金属と自由電子

一般的な金属内では，規則的に並んだ金属イオンの周りを自由電子が結晶全体にわたって運動している。金属の棒・線に電池を接続すると，**電界**ができ，自由電子は負電荷を持っていることから電界の方向と逆方向に力を受け，自由電子の流れが生じる，つまり電流が流れるという結論に至る。

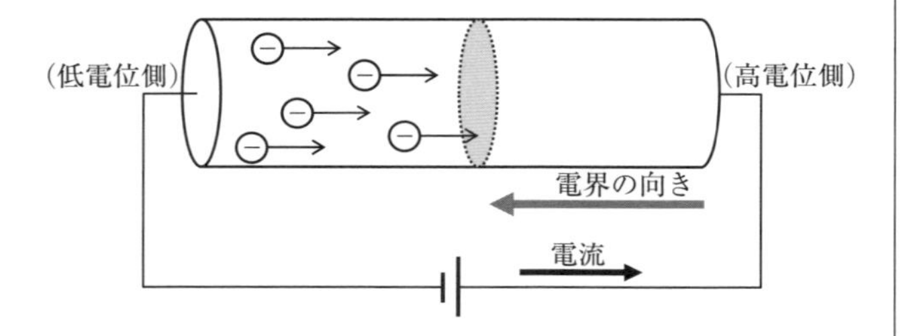

(4) 電流と自由電子の動き

電流の強さについて，導体中を流れる自由電子を題材に，より詳細に考えてみる。ここでは，一定の太さを持つ断面積 S〔m^2〕の導体中に，電気量 $-e$〔C〕を持つ自由電子が，単位体積あたりの個数，いわゆる**数密度** n〔個/m^3〕で分布しているとする。通常，自由電子は不規則な運動を行っているが，電池をつなぐなどして導体に電界をかけると，**静電気力**を受け，自由電子は全体として電界の

☜個数密度などともいわれる。

方向と逆方向に移動する。自由電子が一定の速さ v〔m/s〕で移動するものとすると，t〔s〕間に導体中のある断面を通過する自由電子は，下図において，「着目している『断面』」の左側 $\boldsymbol{vt}$〔m〕の長さの区間に含まれる自由電子である。その区間の体積は $\boldsymbol{vSt}$〔m^3〕となるため，その中に含まれる自由電子の個数は $\boldsymbol{nvSt}$ 個となり，その電気量は $\boldsymbol{-envSt}$〔C〕となる。このことから，単位時間あたりにある断面を通過する電気量の大きさ，すなわち電流の強さ I〔A〕は次のようになる。

$$I=\frac{envSt}{t}=envS$$

☜これに限ったことではないが，無機質に「$envS$」という公式を覚えさせるのではなく，「考え方（の順序）」を理解させる必要がある。

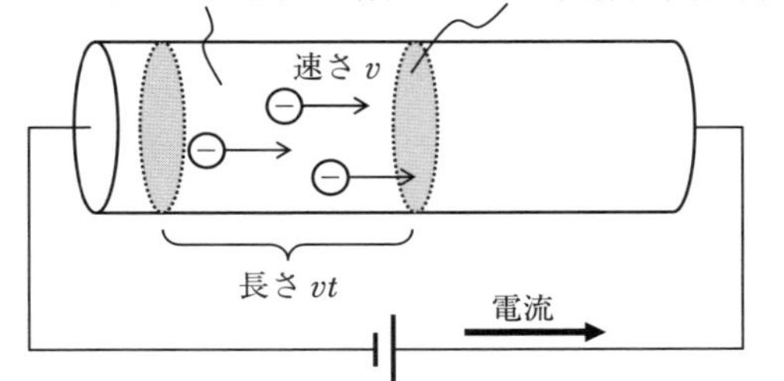

(5) 抵抗と電圧降下

例えば，金属中に電流が流れるとき，金属を構成する陽イオンの間を自由電子が移動するが，この陽イオンの熱運動などの要因により，自由電子の運動はいくらか妨げられる。つまり，自由電子は，熱運動する陽イオンと衝突するなどの妨害を受けながら運動することとなる。こうしたことが，**抵抗**の生じる原因である。基礎編 4.1 の p. 116 でも触れたように，一般的に，導体の両端に電圧 V〔V〕をかけて電流 I〔A〕が流れるとすると，この導体の抵抗 R〔Ω〕と V, I の間には，次式で表されるオームの法則が成立する。

$$V = RI$$

これは，「抵抗 R の導線に電流 I が流れているとき，抵抗の両端の電位を見ると，電流の方向に電位が $\boldsymbol{RI}$ 下がっている」ともいえ，この電位の下がりを**電圧降下**や**電位降下**という。

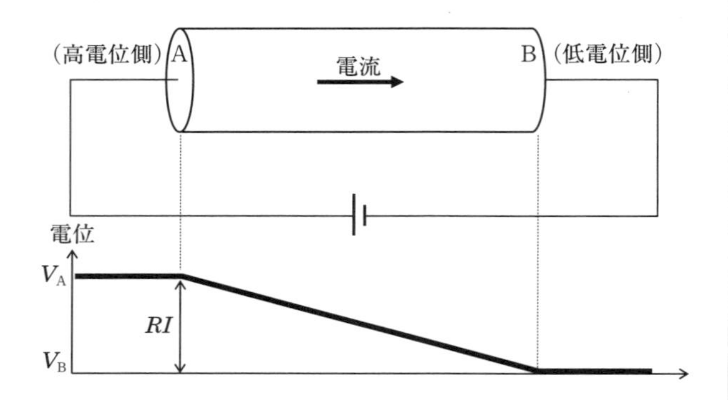

演　習

1.2 Ω の抵抗に 3.0 A の電流が流れているとき，この抵抗による電圧降下 V〔V〕はいくらか。

解　答

$V = RI = 1.2 \times 3.0 = \underline{3.6\ \mathrm{V}}$。

(6) 電池の起電力と内部抵抗

①電池

電池には化学電池，物理電池，生物電池など，様々な種類がある。化学電池は，**化学反応**を利用して，正極と負極との間に一定の**電位差**を保ち，電流を取り出すことができるようにした装置であり，乾電池や充電式電池はこれにあたる。一方，物理電池は，化学反応ではなく，光や熱などのエネルギーを電気エネルギーへ変換するような装置である。そして，生物電池は，生体触媒や微生物を使った生物化学的な変化を利用して電気エネルギーを発生させる装置である。物理学で扱う直流回路に適用される電池は，通常，化学電池である。

②起電力

直流回路に電流が流れていないときの電池の両極間の電位差をその電池の**起電力**という。

③電池内部での電流の向き

電流は，電池の外では，電池の**正極**から**負極**に向かって流れる。このことから明らかであるが，電池の中では，電流は電池の**負極**から**正極**に向かって流れる。

④電池の内部抵抗

直流回路に電流が流れていないとき，電池の**端子電圧**は電池の**起電力**に等しい。ところが，直流回路に電流が流れているときは，電池内部の抵抗，いわゆる**内部抵抗**のため，電池内部で**電圧降下**が生じ，端子電圧は起電力よりも小さくなる。これについては，起電力の部分に内部抵抗が直列につながっているものとみなすと理解しやすい。つまり，起電力 E〔V〕，内部抵抗 r〔Ω〕の電池から電流 I〔A〕を取り出すときに現れる端子電圧 V〔V〕は，次式で表される。

$$V = E - rI$$

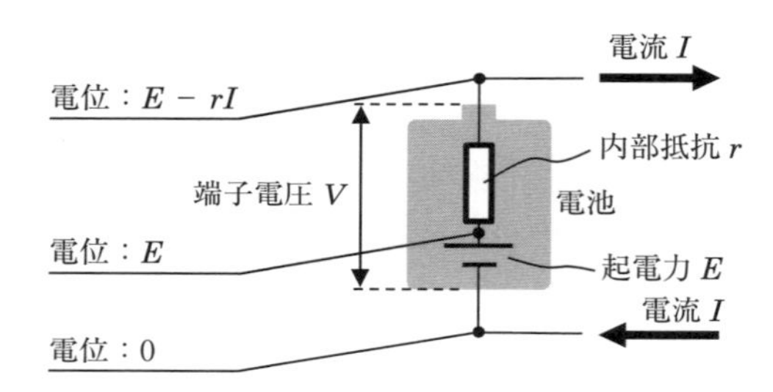

⑤非直線抵抗

一般的な金属の場合，温度が上昇すると陽イオンの振動が激しくなる。これにより，自由電子の移動はより妨害されるようになり，電流が流れにくくなる。このように，導体の抵抗は，厳密には，温度などの条件によって変化することが多い。通常，かける電圧を上げていくと導体の温度は上がるため，抵抗もそれにつれて大きくなる。その結果，電流が電圧に比例せず，次頁上の図のように，両者の関係は直線にならない。このような抵抗を**非直線抵抗**や**非オーム抵抗**という。

☜一般に，物質の抵抗は，温度に伴って変化する。通常，金属では，左記のように，温度の上昇に伴って抵抗が大きくなるが，半導体や電解液などでは抵抗が小さくなることもあるので，指導時には表現に注意する。

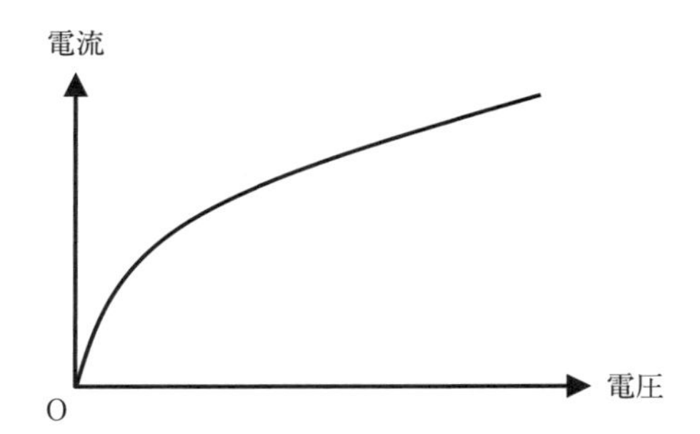

(7) 電流計

回路のある部分に流れる電流を測定したい場合，測定したい部分に**電流計**を**直列**に接続する。このとき，電流計内部のコイルなどの抵抗，すなわち**内部抵抗**のため，回路全体の抵抗が増加し，回路を流れる電流は電流計を接続する前に比べて小さくなる。こうした内部抵抗による影響を少なくするには，電流計の内部抵抗は**小さい**ほどよい。

☜電流計はどういった大きさ・形状で，どのように－端子や＋端子を有するのかなどを知ったうえで使い方を理解すべきであり，現物を見せながら指導することが望まれる。

(8) 電圧計

回路のある部分にかかる電圧を測定したい場合，測定したい部分に**電圧計**を**並列**に接続する。このとき，電流の一部が電圧計に流れるため，測定したい部分の電圧が変わってしまう。このとき，電圧計

☜電流計同様，電圧計もどういった大きさ・形状で，どのように－端子や＋端子を有するのかなどを知ったうえで使い方を理解すべきであり，現物を見せな

の**内部抵抗**が**大きい**ほど，回路に与える影響が小さくなるため，通常，電圧計の内部抵抗は，回路の抵抗に比べて極めて大きなものとなっている。

がら指導することが望まれる。いくらデジタル化が進展しようとも，理科の指導においては「現物」を大事にする姿勢を有したい。

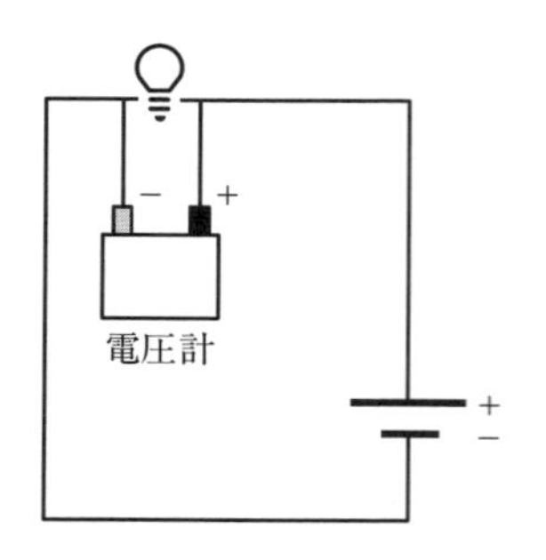

(9) キルヒホッフの法則

回路を流れる電流や電圧について一般化された次の２つの法則を用いると，多数の抵抗や電池などが複雑に接続された回路についても，各部分の電圧や電流を求めることができる。

①キルヒホッフの第１法則

回路中の任意の分岐点で，「流入する電流」=「流出する電流」が成り立つというものであり，例えば，下図(a)の場合は $I_1 = I_2 + I_3$，同図(b)の場合は $I_1 + I_2 = I_3 + I_4$ となる。

☜キルヒホッフの法則(第１法則および第２法則)を適用する場面において，電流の向きが分からない場合は，「I_4 は右向き」などと，とりあえず仮設定しておけばよい旨，指導する(計算の結果，I_4 が負の値となれば，仮設定した向きと逆向き(左向き)であったというだけのことである)。

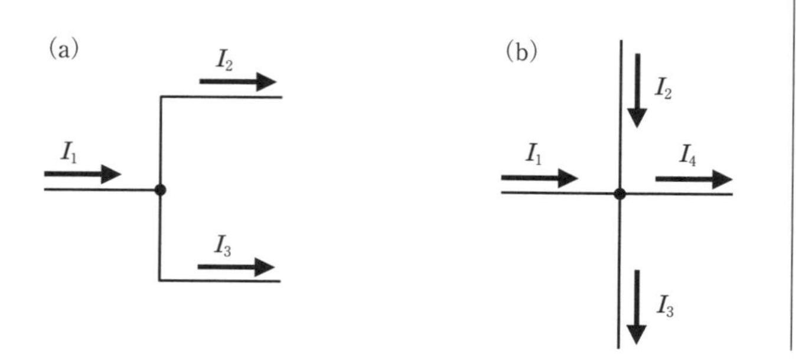

②キルヒホッフの第２法則

任意の閉じた回路において，「電池の起電力の合計」=「電圧降下の合計」が成り立つというものであり，より広く表現すると，回路中の任意の閉じた１つの経路，いわゆる**閉回路**に沿って，電位の上昇と降下を追っていき，一周すれば元の電位に戻るというものである。例えば，下図(a)の回路における１つの閉回路を同図(b)に太線で示すが，この閉回路であると，10 = 2 + 8 となる。

☜「10 − 2 − 8 = 0」などと，電位を追いながら一周する式を立てて考える方がやりやすいであろう。指導場面では，電位の変化部分に適宜「▷（この図では左側が電位の高い方，右側が電位の低い方）」マークを回路に書き込むなどしながら，視覚的にも分かりやすく指導したい。

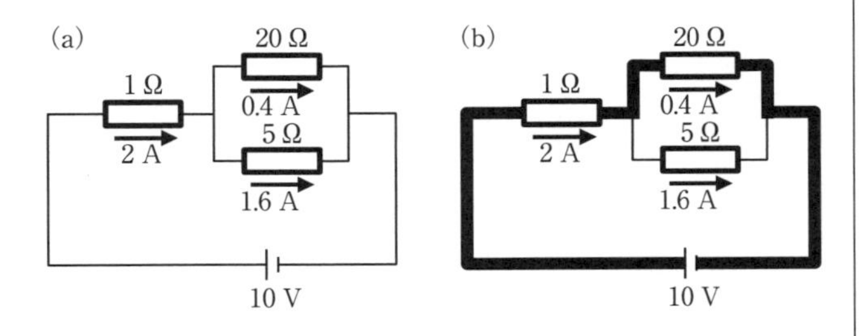

演　習

次頁の図のように，大きさ R_1〔Ω〕，R_2〔Ω〕，R_3〔Ω〕の抵抗と内部抵抗の無視できる起電力 E〔V〕の電池からなる回路があり，回路の各部分で大きさ I_1〔A〕，I_2〔A〕，I_3〔A〕の電流がそれぞれ矢印の向きに流れているとする。これについて，次の問いに答えよ。

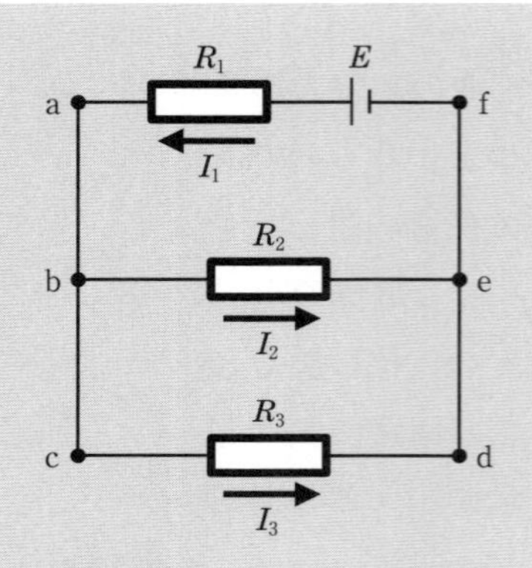

(1) キルヒホッフの第1法則を点bに適用するとどのような式になるか。I_1, I_2, I_3 を用いて答えよ。

(2) キルヒホッフの第2法則を閉回路abefaに適用するとどのような式になるか。I_1, I_2, R_1, R_2, E を用いて答えよ。

解　答

(1) $I_1 = I_2 + I_3$

(2) $E - R_1 I_1 - R_2 I_2 = 0$

(10) 半導体

ケイ素(Si)やゲルマニウム(Ge)の純粋な結晶は導体と絶縁体の中間の**抵抗率**を持ち，このような物質を**半導体**という。半導体の純粋な結晶にごくわずかな不純物を添加したものを**不純物半導体**といい，不純物の種類によって，**n型半導体**と**p型半導体**に分けられる。

① n 型半導体（n：negative（負）の頭文字）

価電子の数が 4 個である純粋な Si や Ge に，リン（P）やアンチモン（Sb）のような価電子の数が 5 個の原子をわずかに添加した半導体を n 型半導体という。この場合，例えば P の 5 個の価電子のうち 4 個は Si との結合に使われ，余った 1 個の電子は正にイオン化した P からの静電気力でゆるやかに束縛されるものの，常温では熱エネルギーにより，束縛から離れて**自由電子**となる。つまり，n 型半導体に電圧をかけると，こうした自由電子が**キャリア**となって電流が流れる。

② p 型半導体（p：positive（正）の頭文字）

価電子の数が 4 個である純粋な Si や Ge に，ホウ素（B）やインジウム（In）のような価電子の数が 3 個の原子をわずかに添加した半導体を p 型半導体という。この場合，例えば In が Si と結合しようとすると，電子が不足する箇所が一箇所生じる。この電子が不足した状態を**ホール**や**正孔**という。常温では熱エネルギーにより近くの電子が移動してホールを埋める。すると，電子が移動して空きが出た箇所に新たなホールができ，そのホールはまた別の電子で埋められる。このようにして，ホールは自由に動く。実際に移動しているのは電子であるが，ホールは正の荷電粒子のように振る舞うことから，p 型半導体ではホールを**キャリア**とみなすことができる。

(11) 半導体の整流作用

p 型半導体と n 型半導体を接合したものを**ダイオード**といい，このように p 型半導体と n 型半導体を接合することを**pn 接合**という。ダイオードの p 型を電池の正極（＋極）に，n 型を電池の負極（－極）に接続すると，下図(a)のように，p 型半導体中のホールが負極側に，n 型半導体中の自由電子が正極側に移動し，ダイオードの接合部付近でホールと自由電子が合体して見かけ上消滅する。一方，電池の負極側からは自由電子が次々と供給され（電池の正極側からはホールも供給されると考える），これらが pn 接合部に移動する。この流れが絶え間なく生じるので，ダイオードに電流が流れる。一方，同図(b)のように，ダイオードの n 型を電池の正極に，p 型を電池の負極に接続すると，p 型半導体中のホールが負極側に，n 型半導体中の自由電子が正極側に移動し，ダイオードの接合部付近にキャリアのない層ができる。これは回路の途中に絶縁体が挟まっているのと同じ状態ともいえ，この場合，ダイオードに電流は流れない。このように，ダイオードは p 型から n 型への一方向にのみ電流を流す作用を持っている。この作用を**整流作用**という。

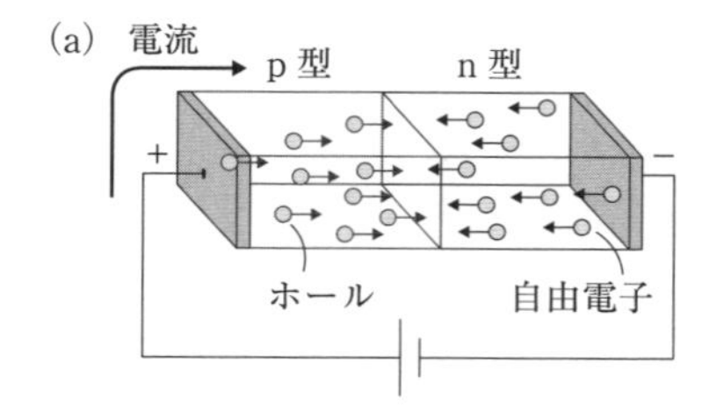

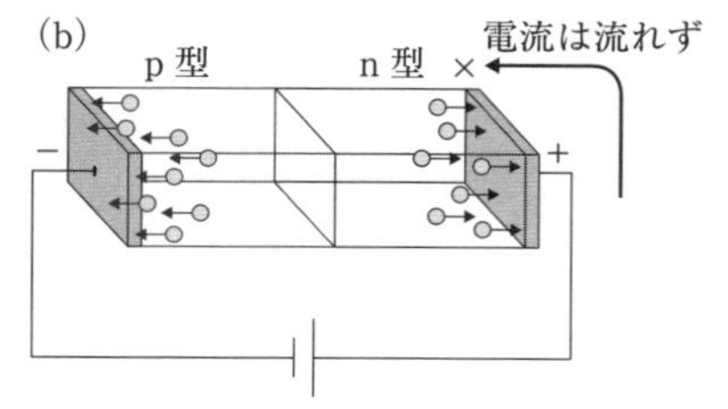

なお，前頁の図(a)のように，p型を電池の正極に，n型を電池の負極に接続したものを**順方向**といい，同図(b)のように，逆に，p型を電池の負極に，n型を電池の正極に接続したものを**逆方向**という。

—Tidbits—

照明器具などに使用されるLEDチップもダイオードの一種であり（発光ダイオードと呼ばれる），これに順方向の電圧をかけると，LEDチップの中を自由電子とホールが移動し電流が流れる。そして，自由電子とホールがぶつかると結合し，これを「再結合」という。再結合された状態では，自由電子とホールが元々持っていたエネルギーよりも小さなエネルギーになり，この時に生じる余分なエネルギーが光のエネルギーに変換され，発光する。

演　習

以下の文の空欄に，PかNの文字を入れよ。

(a) P N　　(b)

上図(a)に示すようなp型半導体(図中P)とn型半導体(図中N)を接合したダイオードは，同図(b)のような記号で表される。この図が示唆しているように，(　)側の電位を(　)側の電位より高くしたときだけ(ただし，より正確には，ある程度以上の電位差が必要)ダイオードには電流が流れ，これを整流作用という。

解　答

前から順に，P，N。

4.3 磁界

(1) 磁気力に関するクーロンの法則

磁石には，画びょう，針，クリップ，クギなどを引きつける働きがあり，これを**磁気力**または**磁力**という。通常，磁石では両端で磁気力が最も大きく，この部分を**磁極**という。磁極には**N 極**と**S 極**とがあり，同種の磁極間には斥力が働き，異種の磁極間には引力が働く。磁石を糸でつるしたとき，N 極は北を向き，S 極は南を向く。これは，地球も南極がN 極で北極がS 極の棒磁石構造になっているためである。

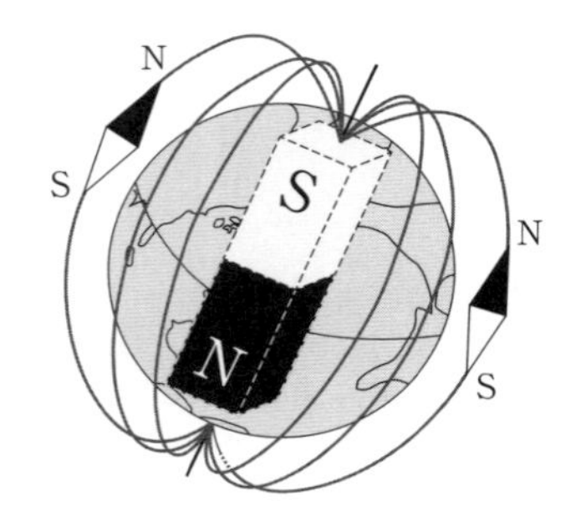

磁極の強さを表す量を**磁気量**といい，その単位には〔Wb(ウェーバ)〕を用いる。なお，磁気量の正負の区別をする場合には，N 極の磁気量を**正**，S 極の磁気量を**負**と定める。磁極間に働く力，すなわち**磁気力**F〔N〕は，それぞれの磁気量の大きさm_1〔Wb〕，m_2〔Wb〕の積に比例し，磁極間の距離r〔m〕の2乗に反比例する。これを**磁気力に関するクーロンの法則**といい，次式で表される。

☜質量を m という文字で表記することが多いが(「*mass*」の頭文字から)，磁気量も m と表記することが多い(「*magnetic charge*」の頭文字から)。

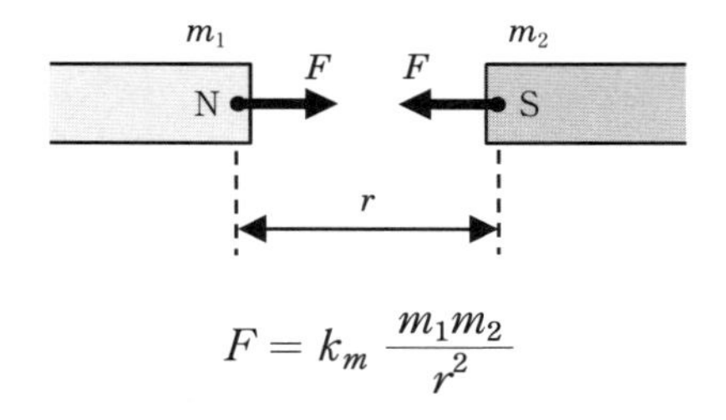

$$F = k_m \frac{m_1 m_2}{r^2}$$

（k_m は比例定数（磁気力に関するクーロンの法則の比例定数））

演　習

磁気量の大きさが 6.0 Wb の N 極と 3.0 Wb の S 極を距離 3.0 m 離して置いた。これらの磁極間に働く力の大きさ F〔N〕はいくらか。また，その力は斥力か引力のいずれか。磁気力に関するクーロンの法則の比例定数は 6.3×10^4 N·m^2/Wb^2 とする。

解　答

$F = 6.3 \times 10^4 \times \dfrac{6.0 \times 3.0}{3.0^2} = 12.6 \times 10^4 \fallingdotseq \underline{1.3 \times 10^5}$ N。また，異種の磁極間に働く力であるので，この力は引力。

(2) 磁界（磁場）

電荷がその周りに電界をつくるのと同様に，磁極はその周りに**磁界**（または**磁場**）をつくり，そこに別の磁極を置くと，置かれた磁極は磁界から力を受けると考えることができる。具体的には，各場所の磁界を次のように定義することとなっている。

- 大きさ（強さ）…その場所で 1 Wb の磁極が受ける力の大きさ。

- 向き…その場所にN極を置いたときに受ける力の向き。

磁界の単位は〔N/Wb〕であり，磁界が H〔N/Wb〕の場所に m〔Wb〕の磁極を置いたときに受ける力，すなわち**磁気力** F〔N〕は次式で表される。

$$F = mH$$

（ベクトルを用いて表現すると $\vec{F} = m\vec{H}$）

演　習

磁界の強さが 2.0 N/Wb の場所に磁気量が 3.0 Wb の磁極を置くと，受ける力の大きさ F〔N〕はいくらか。

解　答

$F = 3.0 \times 2.0 = \underline{6.0\ \mathrm{N}}$。

(3) 磁力線

電界の様子を電気力線で表したように，磁界の様子を**磁力線**で表すことができる。電界の大きさが E〔N/C〕の場所では，電界の方向に垂直な断面を通る電気力線の本数は $1\ \mathrm{m}^2$ あたり E 本としたように，磁界の強さが H〔N/Wb〕の場所では，磁界の方向と垂直な断面を通る磁力線の本数は $1\ \mathrm{m}^2$ あたり H 本とする。磁力線は**N極**から出て**S極**に入ると考え，電気力線と同様に，磁力線の接線の向きは磁界の**向き**を表し，突然，電気力線が出現・消失することはなく，交差や枝分かれなどもしない。

(4) 磁界分野と電界分野の類似性

下表に比較するように，磁界分野と電界分野は似ている部分が多い。

磁界分野	電界分野
磁気量　m〔Wb〕 N 極 ($m > 0$) S 極 ($m < 0$)	電気量　q〔C〕 正電荷 ($q > 0$) 負電荷 ($q < 0$)
磁気力　F〔N〕 $F = k_m \frac{m_1 m_2}{r^2}$ (k_m は磁気力に関するクーロンの法則の比例定数)	静電気力　F〔N〕 $F = k \frac{q_1 q_2}{r^2}$ (k はクーロンの法則の比例定数)
磁界　$\vec{H}$〔N/Wb〕 $\vec{H} = \frac{\vec{F}}{m}$	電界　$\vec{E}$〔N/C〕 $\vec{E} = \frac{\vec{F}}{q}$
磁力線	電気力線

このように，磁気分野と電気分野は似ているものの，磁気分野での「磁極」と電気分野でこれに相当する「電荷」の間には，大きな差が一つある。それは，正の電荷，負の電荷は単独で存在することができるのに対し，N 極，S 極は単独で存在することができないということである。例えば，磁石を切っても，N 極だけ，S 極だけの磁石はできない。

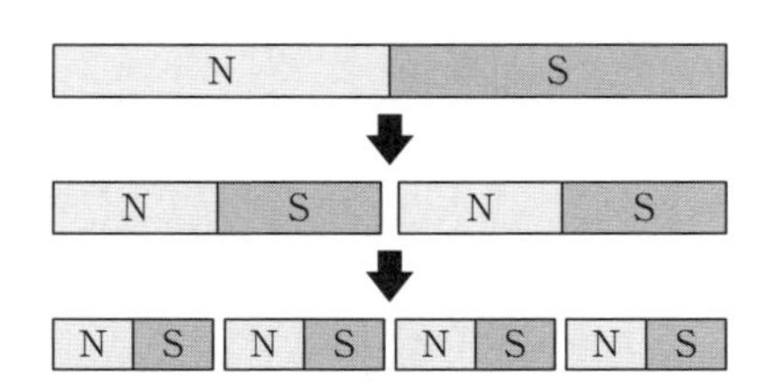

☜「N 極だけ」や「S 極だけ」といった単独の磁極 (モノポール) は存在しないとされるが，より厳密には「実際の観測では見つかっていない」というのが正しい。例えば，左記のように磁石を切るのはなく，逆に，無限に長い磁石と考えると，その一方の端は「N 極だけ」や「S 極だけ」といった単独の磁極のように振る舞う。学習

(5) 直線電流のつくる磁界

十分に長い直線状の導線に流れる電流を**直線電流**といい，直線電流が流れる導線の周りに鉄粉をまくと，同心円状に鉄粉が分布し，磁界の様子が分かる。このとき，磁界の向きは，電流の向きに右ねじを進めるときにねじを回す向きとなる。これを**右ねじの法則**という。

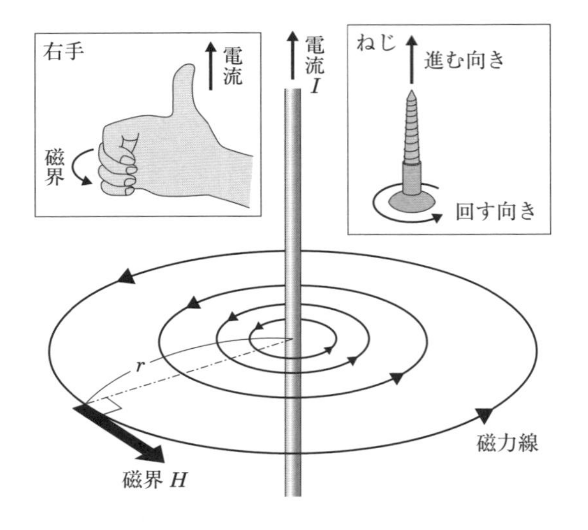

I〔A〕の電流が流れている十分に長い直線状の導線から r〔m〕離れた場所における磁界の強さ H〔A/m〕は，次のように表される。なお，磁界の強さの単位〔N/Wb〕は〔A/m〕に等しく，共によく使われる。

$$H = \frac{I}{2\pi r}$$

者への期待を込め，「まだ見つかっていない現象を将来見つけ出して欲しい」などと語りかけるのもよいであろう。

☜「直線電流のつくる磁界」～「ソレノイドを流れる電流がつくる磁界」の詳細に入る前に，「電流の周りの空間には磁界が生じる」「考えるべき電流の基本形態としては，①直線電流，②円形電流，③ソレノイドを流れる電流の3つ」といった大きなポイントをまず提示してもよい。

☜左記の式で表される理由は大学段階の物理学にて「ビオ・サバールの法則」や「アンペールの法則」を学ばないと理解できない。

演 習

物理学では，紙面に対して垂直に「手前から奥へ」といった方向を記号「⊗」で表し（ねじの頭部側からねじを見たイメージ），「奥から手前へ」といった方向を記号「⊙」で表す（ねじ先側からねじを見たイメージ）。6.28 A の電流が点 K を流れている場合，そこから 1.00 m 離れた点 L での磁界の強さ H〔A/m〕は，いくらか（下図）。また，その方向も答えよ。円周率は 3.14 とする。

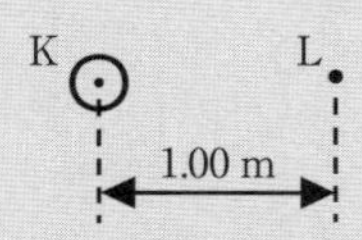

解 答

$$H = \frac{6.28}{2 \times 3.14 \times 1.00} = \underline{1.00\ \text{A/m}}$$

右ねじの法則から，この紙面上において磁力線は電流を中心にした円形状となり，その向きは反時計回りとなる。したがって，点 L における磁界の向きは，下図に示すような上向きとなる。

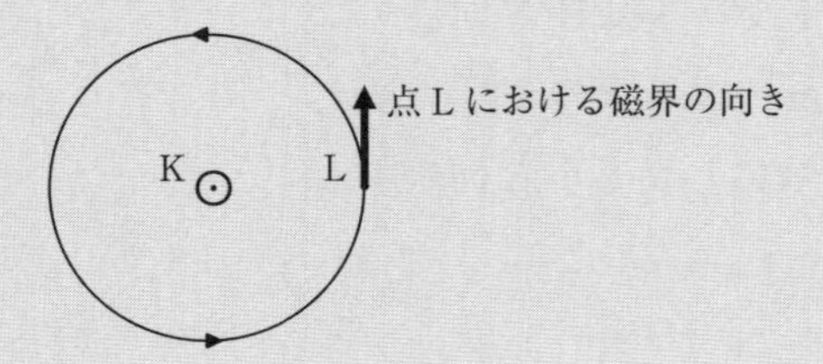

①直線電流，②円形電流，③ソレノイドを流れる電流，いずれもそうした導出過程の障壁がある旨を学習者には断っておき，「割り切って」受け入れてもらう必要がある。物理学の学習では，内容や学習段階によってはこのような事態も少なくない。

(6) 円形電流のつくる磁界

1巻き円形コイルに流れる電流を**円形電流**といい，円形電流の周りに生じる磁界は下図のようになる。

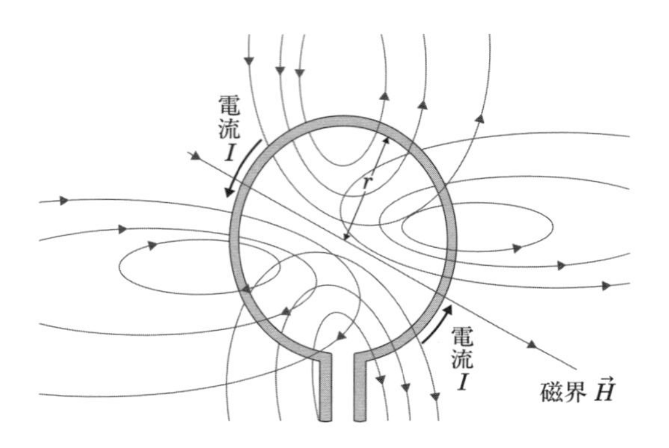

I〔A〕の電流が流れている半径 r〔m〕の円形電流の中心における磁界の強さ H〔A/m〕は，次のように表される。

$$H = \frac{I}{2r}$$

なお，1巻きではなく，円形の導線を N 回巻いた場合，磁界の強さ H〔A/m〕は，次のように表される。これは，「電流を N 倍にしたものと同等」と考えることができる。

$$H = \frac{NI}{2r}$$

(7) ソレノイドを流れる電流がつくる磁界

導線を円筒状に巻いたコイルを**ソレノイド**といい，十分長いソレノイドの内部の磁界は，場所によ

☜「N 回巻きのコイルを流れる円形電流」と「ソレノイドを流れる電流」は混同されがち

らず強さも向きも一定となる。このような磁界を**一様な磁界**という。

である。円形電流の場合は，N回巻きであろうとも，厚みはないと考え，一方，ソレノイドを流れる電流の場合は，厚みがある（「半径<長さ」の円筒形形状）と考える。

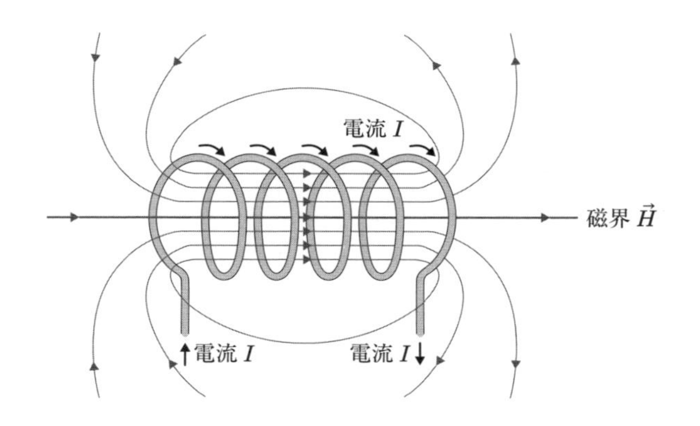

ソレノイド内部の磁界の強さ H〔A/m〕は，ソレノイドの半径によらず，次式のように，単位長さあたりの巻き数 n〔回/m〕と電流 I〔A〕だけで決まる。

$$H = nI$$

(8) 磁束線と磁力線

磁力線は磁界の方向を示す曲線であるが，似たような曲線に**磁束線**というものがある。

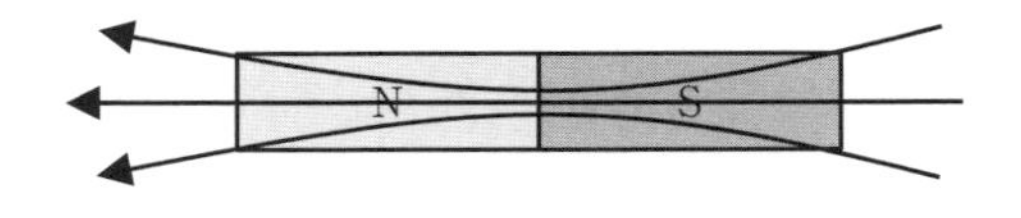

ここで，**透磁率** μ という物質定数を考え，「磁束線は，磁界の方向に垂直な断面を $1\,\mathrm{m}^2$ あたり μH 本貫く（つまり，μH は磁束線の密度）」とする。

☜磁力線はともかく，磁束線というものについて，理解・イメージしにくい学習者は少なくない。例えば，「磁力線を何本か束ねたものを磁束線と考える」といった程度の大まかな説明で対応は可能であろうが，教員としては，次頁の Tidbits で触れる内容を知っておき，厳密には両者間に差異もあることも知っ

—Tidbits—

磁石の外だけを見ると，磁束線と磁力線の様子に違いはなく，同じ形状である。したがって，高等学校段階までの物理学であれば，基本的に，側注でも触れた「磁力線を何本か束ねたものを磁束線と考える」といった程度の大まかな説明で支障はないと思われる。磁束線と磁力線で差があるのは，「磁石内部」での考え方である。上でも見たように，磁力線はN極から出てS極に入ると考えるが，磁束線ではこうした「発生点」や「消滅点」を考えず，前頁下の図に一部分を示したように，一周した連続した線でとらえる。磁界の実態は電子のスピンに起因しているということから，本来は，磁力線の考え方より磁束線の考え方の方が適切であるとされる。詳細は，他書を参考にされたい（山﨑，2019）。

ておきたい。ただし，指導場面では，不要な混乱・苦手意識を招かないためにも，そうした詳細に触れる必要は特段ないと思われる。

(9) 磁束密度と磁界の強さ

磁束線の密度 **μH** は磁界の強さに比例した物理量を表し，これを B とおいて**磁束密度**と名づける。

$$B = \mu H$$

（ベクトルを用いて表現すると $\vec{B} = \mu\vec{H}$）

☜磁界の強さ H はベクトル量であるから，磁束密度 B もベクトル量であることを理解させたい。

(10) 磁束と磁束密度

磁束線の集まりを**磁束**という。これを Φ とすると，磁束密度 B の磁界で，磁界の方向に垂直な面積 S の面を貫く磁束は，次式で与えられる。

$$\Phi = BS$$

磁束 Φ の単位は，磁気量と同じで〔Wb〕であり，磁束密度 B の単位は〔Wb/m^2〕である。磁束

☜このあたりの内容は非常に煩雑になるので，どこかで一度，例えば次頁のように整理するなどしながら指導にあたりたい。

密度 B の単位〔$\mathrm{Wb/m^2}$〕は，単位面積あたりの磁極の強さと読める。なお，〔$\mathrm{Wb/m^2}$〕は〔N/(A･m)〕とも等しく，これらを〔T(テスラ)〕ということもある。

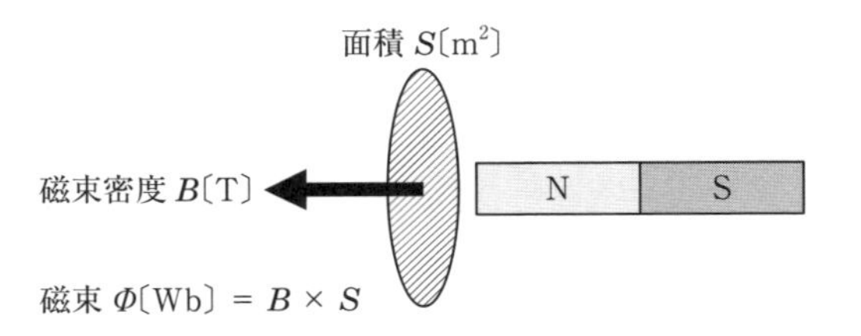

演　習

磁界の強さが 5.0×10^2 A/m の場所での磁束密度 B〔T〕はいくらか。この空間における透磁率は，1.26×10^{-6} $\mathrm{N/A^2}$ とする。

解　答

$B = \mu H$ より，$B = 1.26 \times 10^{-6} \times 5.0 \times 10^2 = \underline{6.3 \times 10^{-4}\ \mathrm{T}}$。

演　習

断面積 2.0×10^{-4} $\mathrm{m^2}$ のコイルの面を磁束密度 1.5 T の磁界が垂直に貫いている。このとき，この面を貫く磁束 Φ〔Wb〕はいくらか。

解　答

$\Phi = BS$ より，$\Phi = 1.5 \times 2.0 \times 10^{-4} = \underline{3.0 \times 10^{-4}\ \mathrm{Wb}}$。

◆磁界の強さ H を表す線を磁力線，磁束密度 B を表す線を磁束線といい，これらの線上のある点における接線がその点の磁界の方向を示す。(磁石の外では) 磁力線も磁束線も N 極から出て S 極に入る。

◆透磁率 μ を磁界 H にかけた μH は磁束線の密度を表し，これを B とおいて，磁束密度と呼ぶ。
→ $B = \mu H$

◆磁束密度 B〔$\mathrm{Wb/m^2}$〕のところには，その方向に垂直な面 $1\mathrm{m^2}$ あたり B 本の磁束線が貫く。そうすると，一様な磁界内では，磁界に垂直な S〔$\mathrm{m^2}$〕を貫く磁束線の数は BS 本となる。これを磁束といい，Φ で表す。その単位は〔Wb〕である。
→ $\Phi = BS$

(11) 電流が磁界から受ける力

U 字型磁石の磁極の間に導線をつり下げ，これに電流を流すと，電流は磁石がつくる磁界から力を受ける。この力は，「左手の中指を電流の向き，人さし指を磁界の向きに合わせたとき，電流が磁界から受ける力の向きは親指の向きに一致する」というフレミングの左手の法則に従うものである。

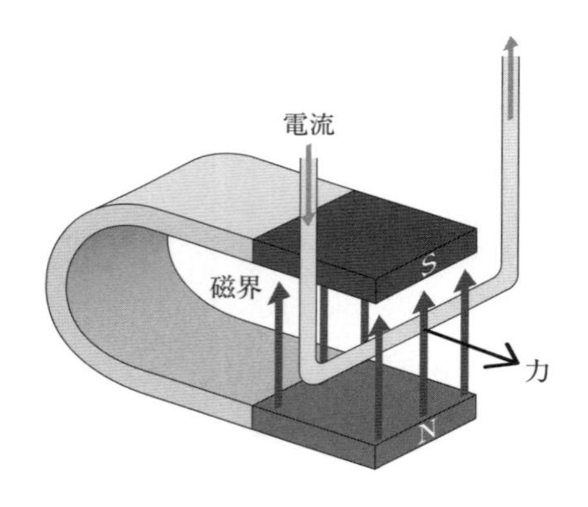

磁界の向きと電流の向きが垂直のとき，電流が磁界から受ける力の大きさ F〔N〕は，電流の強さ I〔A〕，磁界の強さ H〔A/m〕，磁界中の導線の長さ l〔m〕に比例し，次式で表される。

$$F = \mu IHl = IBl$$

(12) 磁化

例えば，くぎに磁石を近づけたときにくぎは磁石に引きつけられるが，これは磁石による磁界のために，くぎの両端に磁極が現れ，くぎ全体が 1 つの磁石になるためである。このように，外からかけた磁界によって物質が磁石になることを磁化という。

磁化は静電気における**誘電分極**に対応する現象である。

演　習

磁束密度 5.0×10^{-4} T の磁界に垂直な 2.0 A の電流が受ける力の大きさは，0.40 m につきいくらか。

解　答

$F = IBl$ より $F = 2.0 \times 5.0 \times 10^{-4} \times 0.40 = \underline{4.0 \times 10^{-4}\ \mathrm{N}}$。

4.4 ローレンツ力, 電磁誘導, 誘導起電力, 交流

(1) ローレンツ力

ここまで,「電流は磁界から力を受ける」としてきたが, 電流の実体は荷電粒子の流れであるため, 磁界から力を受けているのは移動している荷電粒子であると考えられる。このような, 荷電粒子が磁界から受ける力を**ローレンツ力**という。以下, 導体中の荷電粒子について, ローレンツ力の大きさを求める。

下図のように, 磁束密度 B〔T〕の磁界中で, 磁界の向きと垂直に置かれた長さ l〔m〕の導線に, 強さ I〔A〕の電流を流すとする(ここでは, 仮に正の荷電粒子による電流とする)。この導線が磁界から受ける力の大きさ F〔N〕は, p. 302 で見てきたように, 次式のようになる。

$$F = IBl$$

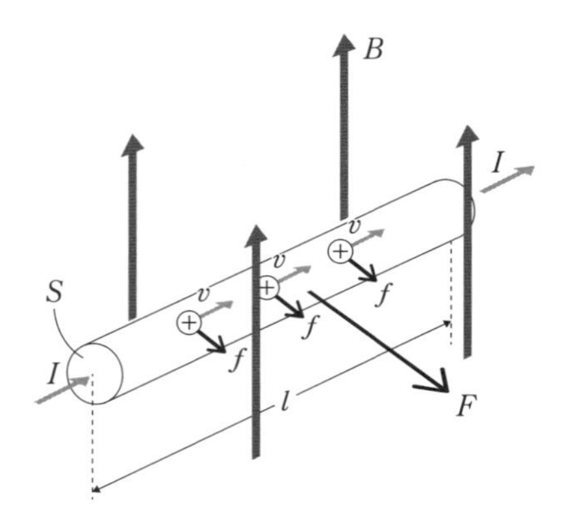

一方, 導線の断面積 S〔m^2〕, 荷電粒子の電気量を q〔C〕, その平均的な移動の速さを v〔m/s〕,

その数密度を n〔個/m^3〕とすると，電流の強さ I は，p. 281 で見てきたように，次式のようになる。

$$I = qnvS$$

導線中に含まれる荷電粒子の個数は nSl 個であるため，1 個の荷電粒子が受けるローレンツ力の大きさ f〔N〕は次のようになる。

$$f = \frac{F}{nSl} = \frac{IBl}{nSl} = \frac{qnvSBl}{nSl} = qvB$$

なお，今のように，正の荷電粒子が受けるローレンツ力の向きは，荷電粒子の移動する向きを電流の向きとして**フレミングの左手の法則**を適用すればよい。荷電粒子が負の場合は，荷電粒子の移動する向きの逆向きを電流の向きとすればよい。

☜電荷の大きさ q の荷電粒子が移動する空間中に磁界だけでなく電界 E も存在する場合，荷電粒子は左記の f に加えて大きさ qE の電気力も受け，これら 2 力を合わせてローレンツ力と呼ぶこともある。ただし，特徴的な f の部分のみをローレンツ力と呼ぶことが多く（和田・大上，2006），通常の指導場面でもそうである。

演　習

紙面に対して垂直に磁界がかけられている中，正の荷電粒子が下図に示すような等速円運動をしているとする。このとき磁界の方向は，紙面に対して垂直に「手前から奥へ」といった向き（記号：⊗）か紙面に対して垂直に「奥から手前へ」といった向き（記号：⊙）のいずれか。⊗または⊙の記号で答えよ。

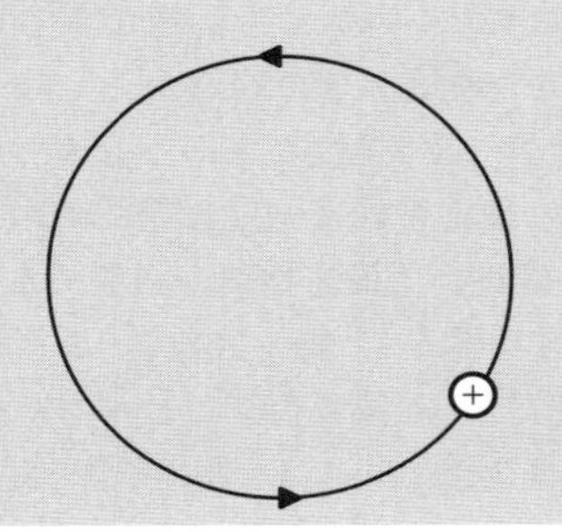

解　答

この荷電粒子が等速円運動するには，向心力が働いている必要があり，今の場合は，ローレンツ力が向心力となっている。正の荷電粒子の移動する向きを電流の向きと考えてフレミングの左手の法則を適用すると，磁界の向きは，紙面に対して垂直に「手前から奥へ」といった向き，すなわち⊗。

—Tidbits—

我が国では，(化学ではあるが) 理科教育の主要単元の一つとして電気化学が取り扱われ，中・高等学校を通して段階的に指導がなされる。これまで，理科教育で用いる電気化学実験については，実験装置の材料・構成に関するもの (林，2011；那須・喜多，2015；山田・坪上，2015 など) から最適な実験条件に関するもの (西村・島田，2010；谷川・森，2014 など) まで，多くの研究と実践がなされてきた。しかしながら，電解質水溶液の撹拌については十分考慮されてこなかったのが実態である。電解質水溶液の撹拌は電気化学の諸現象に深く関わり，例えば，電気分解の一種である電着では電解質水溶液の撹拌条件が均一電着性を左右し (上谷ほか，2002；中野ら，2014 など)，あるいは，電池における濃度過電圧を低減するアプローチの一つとして撹拌による電解質水溶液の流動が有効とされる (門脇ほか，2012)。本来，電気化学の諸現象では，「電極/電解質水溶液界面での電荷移動」と「電解質水溶液内での物質移動」の両者が重要な因子であり，電解質水溶液の撹拌は，後者に大きく関わる作用である。そのため，電気化学に関する基本的な知識と技能を養う理科教育の中でも，電解質水溶液の撹拌を考慮した指導を実践することが理想であるといえる。ここで見たローレンツ力は，例えばこのようなシーンでも活用できる可能性を秘めている。とりわけ，試薬・部材の節減や環境保全の観点から，昨今，理科教育においても導入されているマイクロスケール実験 (従来の十分の一から百分の一程度のスケールで行われる実験) など，反応系内に適度な空間的余裕が少ない実験においては，非接触方式の新たな溶液撹拌手段も検討が必要であり，その際，ローレンツ力は有力な手段の一つとなり得る (仲野，2021)。こうした例に見るように，物理学で扱う内容は，理科教育に従事する者にとって，決して物理学の指導場面だけに収まるものではない。

(2) ホール効果

下図のような直方体の導体があり，この y 軸正の向きに電流を流し，同時に z 軸正の向きに磁界 B をかけるとする。導体が金属であれば，電流は自由電子の流れであるため，電気量 $-e$ の自由電子が y 軸負の向きにある平均速度 v で運動することとなる。すると，自由電子は磁界から大きさが evB のローレンツ力を x 軸正の向きに受け，結果的に，同図の直方体手前面Qは**負**，奥面Pは**正**に帯電する。

☜「自由電子がローレンツ力を受け，『自由電子が寄せられる』直方体の一方の面が負に帯電し，逆に相対的に自由電子が不足する対面は正に帯電する」という流れは，感覚的には分かりやすい。しかし，実際の詳細状況（導体内で自由電子がどう「流動」し続けながらどう「帯電」し続けるのか，といった状況）は専門書にもあまり言及は見られず，そう容易でもない。こうした「一歩踏み込んだ」細部こそ，教員としては追究・理解しておきたいものである（ただし，指導場面では，不要な混乱を避ける意味でも，そこまで触れる必要はない）。

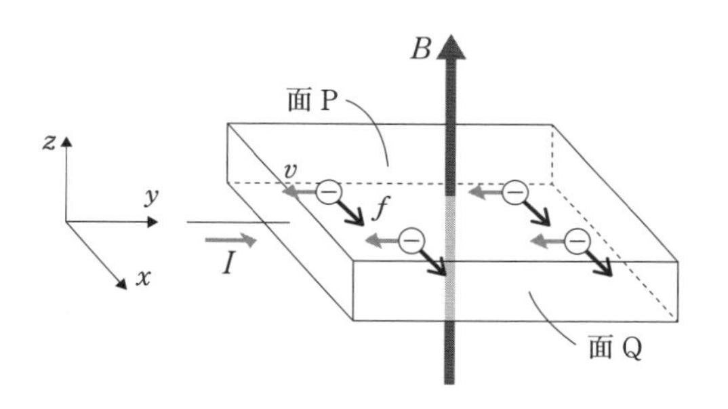

その結果，直方体内部に x 軸正の向きに向かう電界 E が発生し，手前面Q-奥面P間に**電位差**が生じる。これを**ホール効果**という。次頁上の図は，磁界をかけ始めてから十分時間が経過したときの様子である。このように，最終的に**電子に働くローレンツ力**と**ホール効果で生じた電界による力**がつり合い，電子は**金属中を直進**するようになる。なお，仮に電流が正の荷電粒子の移動によるものであれば，直方体手前面Q・奥面Pの帯電状況は逆になることから，生じる電界の向きも逆になる。

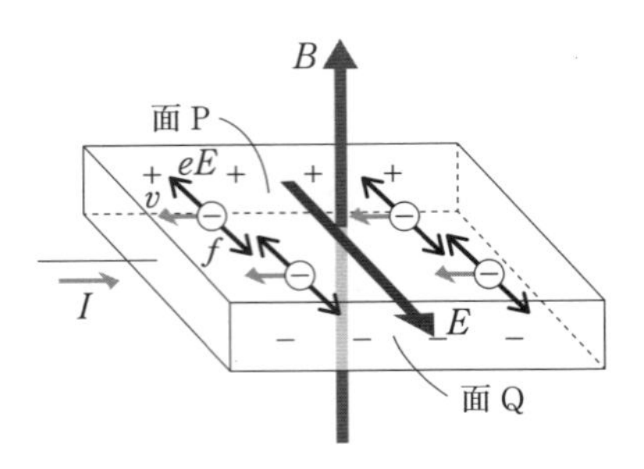

演　習

直方体の金属を水平に置き，電流 I を流しながら，鉛直上向きに磁束密度 B の磁界を加えたところ，ホール効果が生じた。これについて，次の問いに答えよ。なお，電子の電荷は $-e$，金属中の電子の速さを v とする。

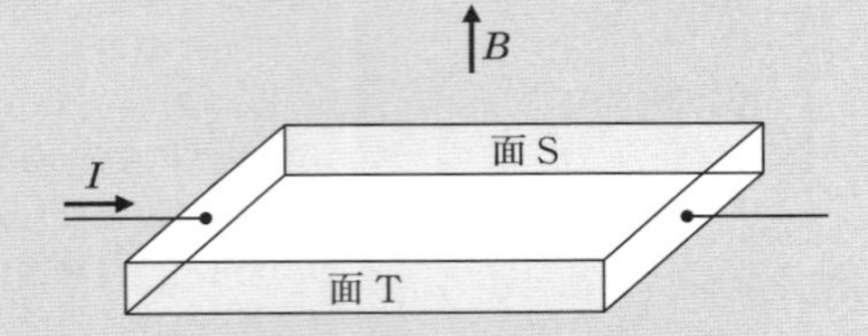

(1) 電子が磁界から受ける力の大きさ f はいくらか。

(2) 高電位側の面となるのは，面 S と面 T のどちらか。また，面 S と面 T の間隔を h とすると，両面間に生じる電位差の大きさ V_0 はいくらか。

解　答

(1) $f=\underline{evB}$。

(2)　(1) で求めた電子が受けるローレンツ力の向きは，フレミングの左手の法則より，面 S から面 T の向きである。そのため，電子は面 T の方に寄せられ，面 S は正，面 T は負に帯電する。したがって，面 T に対して，面 S が高電位側となる。また，このとき，面 S から面 T の向きに電界が生じ（この強さを E とする），電子は，ローレンツ力の他に，電界からの静電気力を受ける。そして，これら 2 つの力がつり合うに至ったとき，電子は金属中を直進するようになる（下図）。

1 個の電子が強さ E の電界から受ける静電気力の大きさ F は，$F = eE$ であり，電子に働く力のつり合いより，次式が成り立つ。

$$eE = evB$$

したがって，電界の強さ E は，$E = vB$ となる。強さ E の一様な電界中で，距離 d の 2 点間の電位差 V は，$V = Ed$ であるので，間隔 h 隔てた面 S と面 T の電位差の大きさ V_0 は，次のようになる。

$$V_0 = E \times h = vBh$$

(3)　電磁誘導

基礎編 4.2 の p. 124 でも簡単に触れた電磁誘導は，コイルを貫く**磁束**が変化するとその変化している間だけコイルに起電力を生じるというものである。そして，この起電力を**誘導起電力**といい，それによって流れる電流を**誘導電流**という。**レンツの法則**は，コイルを貫く磁束の変化を妨げる向きに誘導起電力が発生し，誘導電流が流れる，というものであるが，コイルを貫く「磁界(による磁束)」の向きを右ねじを回したときにねじが進む向きと合わせ，これを正の向きとしたとき，右ねじを回す向きを「誘導電流」や「誘導起電力」の正の向きとする。

☜「誘導起電力の向き」とは一見分かりにくいが，要するに，コイルに流れる誘導電流の向きと同じである。

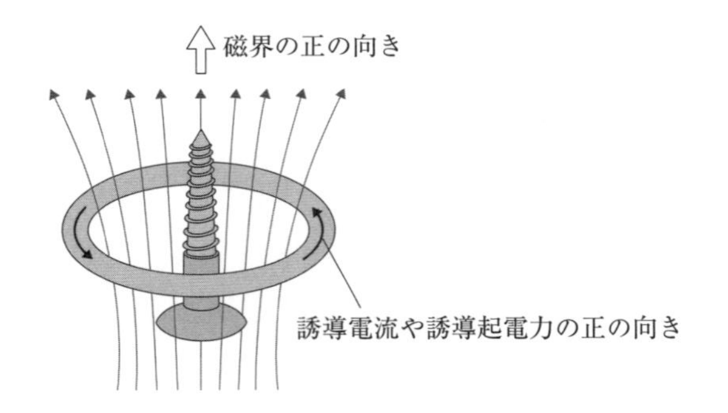

(4) ファラデーの電磁誘導の法則

誘導起電力の大きさは，コイルを貫く「磁束の変化の速さ」に比例し，コイルの「巻き数」に比例する。すなわち，N回巻きコイルを貫く磁束がΔt〔s〕の間に$\Delta \Phi$〔Wb〕だけ変化するときに生じる誘導起電力をV〔V〕とすると，次のように表現できる。

$$V = -N\frac{\Delta \Phi}{\Delta t}$$

この式で，負の符号は，磁束の変化を打ち消す向きに誘導起電力が起こることを示している。例えば，前頁の図に示した状況で説明すると，コイルを上向きに貫く磁束が減ると（つまり，正の向きの磁束が減ると），これを補うような上向きの磁束を生むような反時計回りの誘導起電力・誘導電流が生じる（つまり，正の向きの誘導起電力が生じる）。すなわち，$\varDelta\varPhi < 0$ であれば $V > 0$ というように，$\varDelta\varPhi$ と V の符号は逆になる。同様に，コイルを上向きに貫く磁束が増えると（つまり，正の向きの磁束が増えると），これを打ち消すような下向きの磁束を生むような時計回りの誘導起電力・誘導電流が生じる（つまり，負の向きの誘導起電力が生じる）。すなわち，$\varDelta\varPhi > 0$ であれば $V < 0$ というように，やはり $\varDelta\varPhi$ と V の符号は逆になる。

演　習

断面積 $4.0 \times 10^{-2}\,\mathrm{m}^2$ で巻き数 10 のコイルを貫く磁束密度が，2.0 s 間に一定の割合で 0 T から 0.80 T に変化した。このとき，コイルに生じる誘導起電力 V〔V〕の大きさはいくらか。

解　答

コイルを貫く磁束の変化量 $\varDelta\varPhi$〔Wb〕は次式のようになる。

$$\begin{aligned}\varDelta\varPhi = \varDelta B \times S &= (0.80 - 0) \times 4.0 \times 10^{-2} \\ &= 3.2 \times 10^{-2}\end{aligned}$$

したがって，コイルに生じる誘導起電力は，次式のようになる。

$$V = -N\frac{\Delta\Phi}{\Delta t} = -10 \times \frac{3.2 \times 10^{-2}}{2.0} = -0.16$$

したがって，求める誘導起電力の大きさは，0.16 V。

(5) 渦電流

例えば，アルミ板が磁石に引きつけられないのはよく知られている。しかし，アルミ板の上に磁石を当て，急激に磁石を上に持ち上げると，アルミ板は一瞬引きつけられる。これは，アルミ板に**渦電流**という渦状の誘導電流が流れることで起こる現象である。アルミ板の上にN極を当て，急激にこれを持ち上げるとすれば，アルミ板を下向きに貫く磁束が減少するため，レンツの法則に従って渦電流が発生し，これが磁界から上向きの力を受けることでアルミ板も持ち上げられるのである。

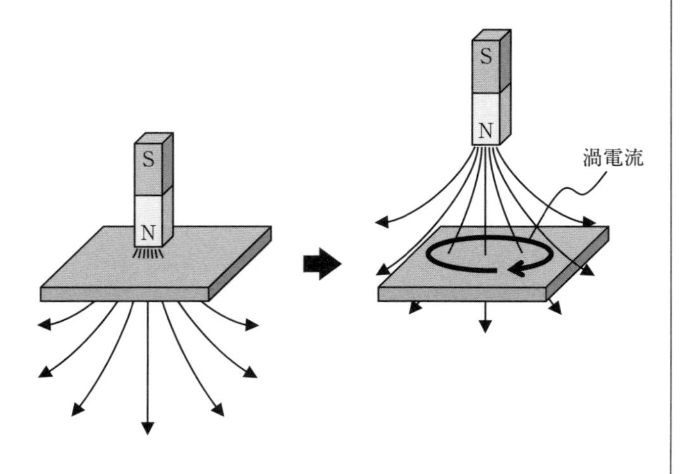

☜「アルミ板を下向きに貫く磁束が減少するため，レンツの法則により，これを補うよう誘導電流（渦電流）が流れて下向きの磁束が生まれる。このことは，アルミ板の上面にS極（磁力線が入ってくる側の磁極）が現れたものと同じようなものだと考え，このS極が，上にある磁石のN極に引きつけられ，アルミ板が持ち上げられる。」というように，より直感的に分かりやすい考え方で指導してもよいであろう。

(6) ローレンツ力と誘導起電力

磁束密度 B が一定の場合であっても，コイルの面積 S が変化すれば，コイルを貫く磁束 $\Phi(=BS)$ が変化するため，誘導起電力が発生する。例えば，下図のように，導線で回路を形成し，回路に垂直に磁束密度 B〔T〕の一様な磁界をかけ，長さ l〔m〕の導体棒 ab を速さ v〔m/s〕で動かす場合を考える。今，磁束密度 B が一定であるとすれば，時間 Δt〔s〕の間に回路 abcd の面積は $\boldsymbol{lv\Delta t}$〔m^2〕だけ増加し，回路を貫く磁束は，$\Delta\Phi = \boldsymbol{Blv\Delta t}$〔Wb〕増加する。したがって，回路に発生する誘導起電力の大きさ V〔V〕は，次のようになる。

$$V = \left| -N\frac{\Delta\Phi}{\Delta t} \right| = \left| -1 \times \frac{Blv\Delta t}{\Delta t} \right| = vBl$$

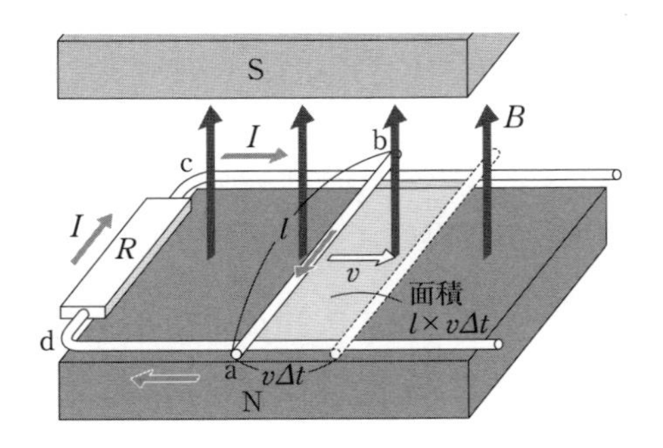

☜左図の場合，誘導電流が a → d → c → b → a の方向に流れることはレンツの法則から理解されるであろうが，このとき，a と b では a の方が高電位となることも理解させる必要がある（「導体棒 ab が電池のようになった（誘導起電力を生じた）」と考え，回路全体に電流を送り出す a 側が電池の正極（高電位側）と理解させればよい）。

このような場合の誘導起電力は，ローレンツ力によっても説明できる。ここで，次頁の図のような長さ l〔m〕の導体棒が磁束密度 B〔T〕の一様な磁界中を磁界に垂直に速さ v〔m/s〕で進むような状況を考える。

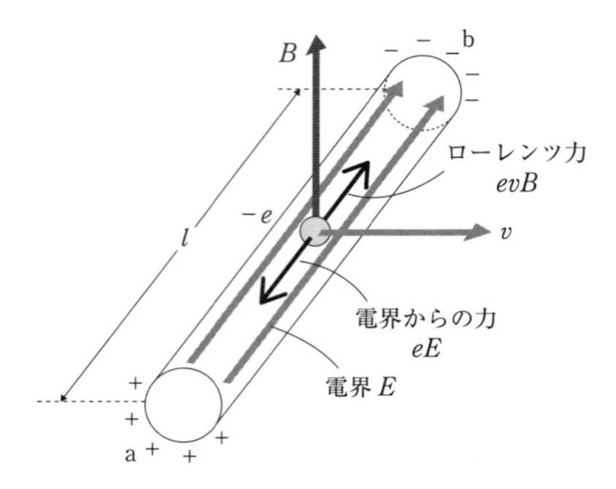

このとき，導体棒の中の自由電子（電気量を $-e$〔C〕とする）も導体棒とともに速さ v〔m/s〕で動くので，上図内に示す向きに大きさ **evB**〔N〕のローレンツ力を受ける。その結果，自由電子は b 側へ移動させられ，b 側は**負**に帯電し，a 側は自由電子が不足して**正**に帯電する。これにより，a 側から b 側に向かう向きの**電界**が発生し，その後の別の自由電子は電界から力を受ける。そして，自由電子に働くローレンツ力と電界からの力がつり合うと，電子の移動が止まる。このときの電界の大きさを E〔V/m〕とすると，電界からの力の大きさは **eE**〔N〕となり，力のつり合いより，次式が成り立つ。

$$evB = eE \Leftrightarrow vB = E$$

導体棒 ab に発生する電圧 V〔V〕は，$V = Ed$ の E に上式の結果を，d に導体棒の長さ l を代入して，先ほどと同じ次式のようになる。

$$V = vBl$$

演　習

下図のように，紙面に対して垂直に奥から手前へ磁束密度 B〔T〕の磁界がかけられている中，間隔 l〔m〕の 2 本の平行な導線が水平に置かれ，R〔Ω〕の抵抗がそれらと接続されている。この導線上には，抵抗の無視できる導体棒 ab が導線に直交する形で置かれており，これに軽い糸をつけ，一定の速さ v〔m/s〕で右向きに移動するように引っ張るとする（この間，摩擦はないものとし，導線と導体棒 ab は直交したままとする）。こうした状況について，次の問いに答えよ。

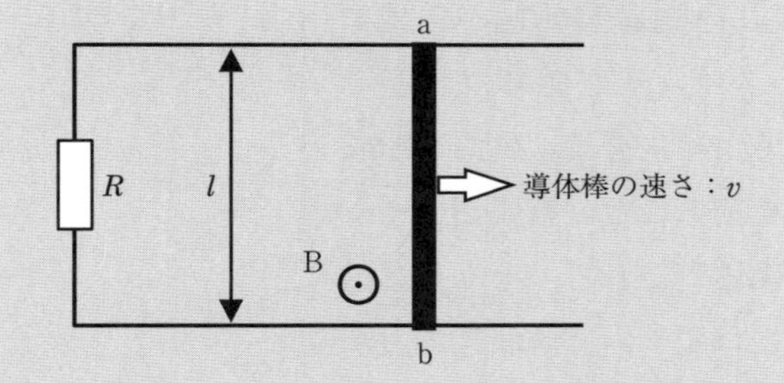

(1)　導体棒 ab に生じる誘導起電力 V〔V〕の大きさはいくらか。

(2)　導体棒 ab を流れる誘導電流の方向は a → b，b → a のいずれか。

(3)　(2) の誘導電流の大きさはいくらか。

解　答

(1)　磁束は，Δt〔s〕間に，$Blv\Delta t$〔Wb〕増加するため，誘導起電力は，次式のようになる。

$$V = -1 \times \frac{\Delta\Phi}{\Delta t} = -\frac{Blv\Delta t}{\Delta t} = -vBl$$

したがって，求める大きさは，vBl〔V〕。

(2) 増加する磁束を打ち消す向きに誘導電流が流れることから（レンツの法則より），a → b。
(3) オームの法則から，導体棒 ab に流れる電流は $\frac{vBl}{R}$〔A〕。

(7) 自己誘導

下図のように，電池とスイッチ，豆電球，コイルを接続し，閉じていたスイッチを途中で開くと，一瞬ではあるが，豆電球は**より明るく光ってから消える**。これは，コイルに高い**誘導起電力**が発生するためである。つまり，スイッチが閉じた状態では，コイルに電流が流れてコイルを貫く磁束も形成されているが，スイッチを開くことで電流が止まって，磁束も消滅しようとする，そして，そうした磁束の変化を打ち消すようにコイル内に誘導起電力が生じるためである。このような現象を**自己誘導**という。

☜自己誘導では，後述する相互誘導の1次コイル，2次コイルの役割を同一のコイルが果たしていると考えればよい旨，相互誘導を扱った後にでも，一言添えたい。

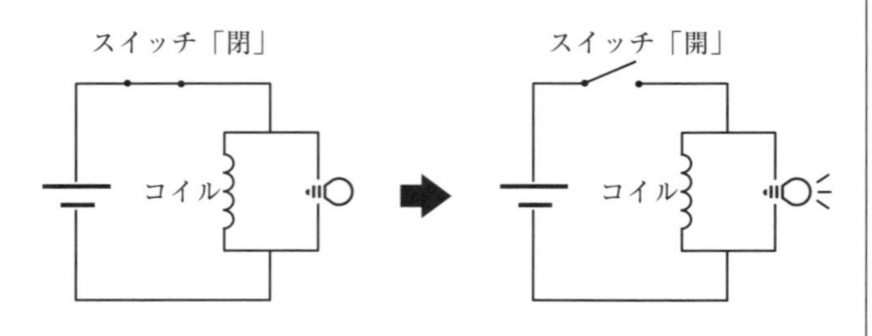

☜左図は自己誘導の単なる一事例である。コイルに電流が流れる回路であれば，流れ出すときも流れ終わるときも「穏やかに変化」する，というのがコイルにおける自己誘導の結果として見られる一般的現象である。

(8) 自己インダクタンス

例えば p. 298 で見た式 $H=\frac{I}{2r}$ のように，コイルに生じる磁界 H は流れる電流 I に**比例**する。そのため，コイルを貫く磁束 Φ も電流 I に**比例**し，それゆえ，単位時間あたりの磁束変化 $\dfrac{\Delta\Phi}{\Delta t}$ は単位時間あたりの電流の変化 $\dfrac{\Delta I}{\Delta t}$ に比例する。その結果，コイルに生じる誘導起電力 V は，新たな比例定数 L を用いて次のように書ける。

$$V = -N\frac{\Delta\Phi}{\Delta t} = -L\frac{\Delta I}{\Delta t}$$

このときの比例定数 L を**自己インダクタンス**といい，単位は〔H（ヘンリー）〕である。

演　習

自己インダクタンス 3.0 H のコイルに流れる電流を 1.0×10^{-2} s 間に一定の割合で 9.0 A から 6.0 A に減少させた。コイルに生じる誘導起電力 V〔V〕の大きさはいくらか。

解　答

$V = -L\dfrac{\Delta I}{\Delta t}$ より，$V = -3.0 \times \dfrac{6.0 - 9.0}{1.0 \times 10^{-2}} =$ $\underline{9.0 \times 10^{2}\ \mathrm{V}}$。

(9) コイルに蓄えられるエネルギー

前頁の図の状況において，スイッチを開いた瞬間に豆電球がより明るく光るのは，コイルに発生した誘導起電力によるものであるが，「電流が流れている状態のコイルには，スイッチを開いた後に豆電球を光らせる**エネルギー**が蓄えられている」とも考えることができる。一般的に，自己インダクタンス L〔H〕のコイルに I〔A〕の電流が流れているとき，コイルに蓄えられているエネルギー U〔J〕は次式で表される。

$$U=\frac{1}{2}LI^2$$

演　習

自己インダクタンス 3.0 H のコイルに 2.0 A の電流が流れているとき，コイルに蓄えられているエネルギー U〔J〕はいくらか。

解　答

$U=\frac{1}{2}LI^2$より，$U=\frac{1}{2}\times3.0\times2.0^2=\underline{6.0\ \mathrm{J}}$。

(10) 相互誘導

1次コイルに電源を接続し，電流を変化させると，1次コイルがつくり出す磁界が変化する。すると，その隣に配置された2次コイルを貫く磁界が変化することとなり，その結果として，2次コイルに**誘導起電力**が発生し，**誘導電流**が流れる。このような現象を**相互誘導**という。

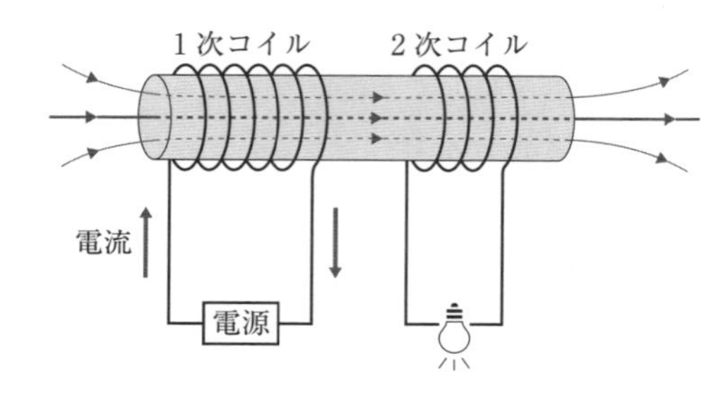

(11) 相互インダクタンス

「2次コイルを貫く磁束 Φ_2」は「1次コイルを貫

く磁束」と同じであり，「1次コイルを貫く磁束」は「1次コイルを流れる電流 I_1」に比例する。したがって，「2次コイルを貫く磁束の単位時間あたりの変化 $\dfrac{\Delta\Phi_2}{\Delta t}$ 」は，「1次コイルを流れる電流の単位時間あたりの変化 $\dfrac{\Delta I_1}{\Delta t}$ 」に比例する。その結果，2次コイルに生じる誘導起電力 V_2 は，新たな比例定数 M を用いて次のように書ける。

☜厳密にいうと，1次コイルを貫く磁束が全て2次コイルを貫く磁束となるわけではない（磁束がコイルの外に漏れるため）。しかし，通常，そうした漏れはないものとして指導する。

$$V_2 = -N_2\frac{\Delta\phi_2}{\Delta t} = -M\frac{\Delta I_1}{\Delta t}$$

このときの比例定数 M を**相互インダクタンス**といい，単位はやはり〔H〕である。

演　習

相互インダクタンス 0.30 H の1組のコイルがある。このうち，1次コイルでは，当初，電流が 2.0 A 流れていたが，1.0×10^{-2} s 間に一定の割合で減少し，0 A になった。このとき，2次コイルに生じる誘導起電力 V〔V〕の大きさはいくらか。

解　答

$V_2 = -M\dfrac{\Delta I_1}{\Delta t}$ より，$V = -0.30 \times \dfrac{0-2.0}{1.0\times10^{-2}} =$ 60 V。

(12) 交流の発生

次頁の図のように磁界中に置いたコイルを回転させるとコイルを貫く**磁束**が変化するため，コイルに**誘導起電力**が発生する。発電所の発電機などは，こうした原理に基づいて交流を発生させている。

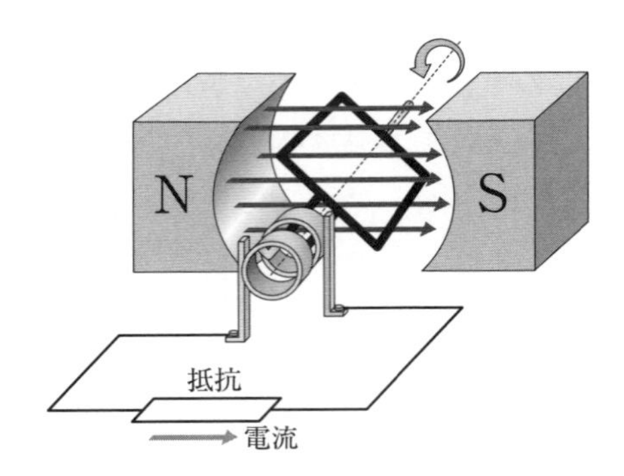

ここで，上図のコイルの面積を S〔m^2〕，回転させる角速度を ω〔rad/s〕とし，コイルを貫く一様な磁界の磁束密度を B〔T〕とする。そして，コイル面が磁界と垂直であるときを時刻 0 s とすると，時間 t〔s〕の間にコイルは ωt〔rad〕だけ回転し，磁束が貫く「コイルの『縦方向の面積』は $S\cos\omega t$ となることから，時刻 t〔s〕にコイルを貫く磁束 Φ〔Wb〕は，次式のようになる。

$$\Phi = BS\cos\omega t$$

コイルに発生する誘導起電力 V〔V〕は，1巻きコイルでは，ファラデーの電磁誘導の法則より，次式のようになる。この式から明らかなように，V_0 は起電力 V の最大値となる（なお，コイルを N 回巻くと，V および V_0 はともに N 倍になる）。

$$V = -\frac{\Delta\phi}{\Delta t} = BS\omega\sin\omega t = V_0\sin\omega t$$

（ここでは，$BS\omega$ を V_0 とした）

☜導出には微分の知識が必要となる。$\cos\omega t$ を t で微分すると $-\omega\sin\omega t$ となる。
「$\frac{\Delta\phi}{\Delta t}$」の部分は，$\phi$ を

交流の**周期** T〔s〕は，回転するコイルの周期に等しい。電流の変化が1s間に繰り返す回数を交流の**周波数**といい，f〔Hz〕で表される。交流の周波数f〔Hz〕は，交流の周期 T〔s〕との間に次の関係がある。

$$f = \frac{1}{T}$$

また，次式で定義される ω〔rad/s〕を交流の**角周波数**という。

$$\omega = \frac{2\pi}{T}$$

(13) 抵抗を流れる交流

抵抗 R〔Ω〕に交流電源を接続した状況を考える。図の矢印の向きの電流を正とし，矢印の向きに電流を流そうとする電源電圧（つまり，点bに対する点aの電位）を正とする。これまで見たように，交流電源の電圧 V〔V〕は，次式のように変化するものとする。

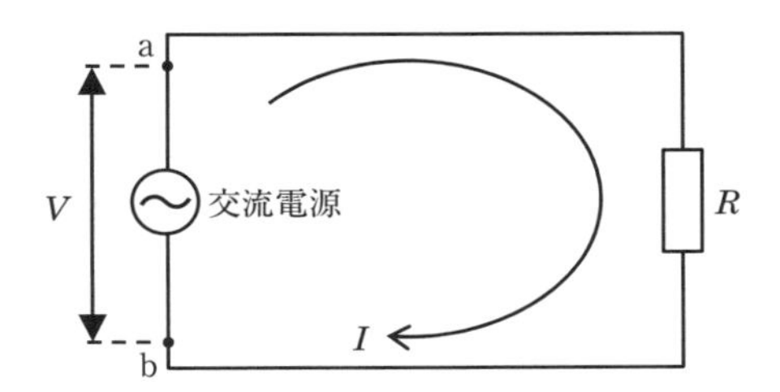

$$V = V_0 \sin\omega t$$

（V_0 は電圧の最大値，ω は角周波数，t は時刻）

tで微分するものと解釈すると，$\phi = BS\cos\omega t$ より，

$$\begin{aligned} V &= -\frac{\Delta\phi}{\Delta t} \\ &= -\frac{\Delta(BS\cos\omega t)}{\Delta t} \\ &= -BS\times(-\omega\sin\omega t) \\ &= BS\,\omega\sin\omega t \end{aligned}$$

未習の場合でも，少なくともそうした知識が必要になる旨，言及しておきたい。

電圧が変化する場合であっても，「導体の両端に電圧 V〔V〕をかけたとき，電流 I〔A〕が流れるとすると，導体の抵抗 R〔Ω〕と V，I の間には $V = RI$ の関係性がある」という**オームの法則**が各瞬間で成り立つことから，抵抗 R〔Ω〕を流れる電流 I〔A〕は次式で表される。なお，この場合，$I_0 = \dfrac{V_0}{R}$ である。

$$I = I_0 \sin\omega t$$

（I_0 は電流の最大値）

以上からも明らかなように，抵抗を流れる交流の場合，電圧の**位相**と電流の**位相**は**一致**する。

☜「『位相』は，等速円運動でいうところの『回転角』」であり，等速円運動を y 軸上の正射影（垂直に映し出した影）に対応させたときの式 $y = A\sin(\ )$ の（ ）の部分である。今，電圧の変動の式は $V = V_0 \sin\omega t$，電流の変動の式は $I = I_0 \sin\omega t$ であり，ともに，sin（ ）の（ ）の部分は ωt であることから，電圧と電流の位相は一致するということを理解させたい。

(14) 交流の実効値

R〔Ω〕の抵抗に交流電圧 V〔V〕をかけ，電流 I〔A〕を流したときの抵抗で消費する電力 P〔W〕は，次式で表される。

$$P = VI = V_0 I_0 \sin^2\omega t$$

次頁上の図のように，P の時間変化をグラフに描くと，P は $\dfrac{V_0 I_0}{2}$ を中心に周期的に変動する。このとき，P の時間平均 $\bar{P}$ を考えると，同図でⅠの部分の面積とⅡの部分の面積が同じであることから，$\bar{P}$ は $\dfrac{V_0 I_0}{2}$ に等しいといえる。

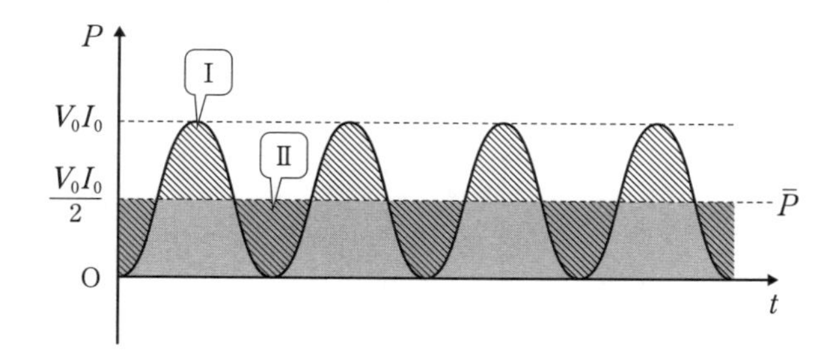

ここで，$\bar{P} = V_\mathrm{e}I_\mathrm{e} = \dfrac{V_0 I_0}{2}$ となるような V_e，I_e として以下の値を定めたとき，このような V_e，I_e を交流の電圧や電流の**実効値**という。これに対して，各瞬間の電圧 V や電流 I を交流の**瞬間値**という。

$$V_\mathrm{e} = \frac{V_0}{\sqrt{2}},\quad I_\mathrm{e} = \frac{I_0}{\sqrt{2}}$$

(15)　コイルを流れる交流やコンデンサーを流れる交流

下図(a)のように，自己インダクタンス L〔H〕のコイルに交流電源を接続した状況，あるいは同図(b)のように，電気容量 C〔F〕のコンデンサーに交流電源を接続した状況では，抵抗を流れる交流とは異

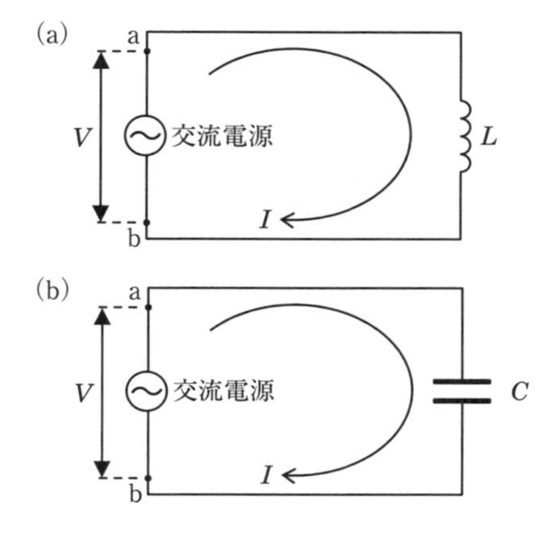

なり，やや状況が複雑化する。本書では詳細を割愛するが，交流とコイル，交流とコンデンサー，といったそれぞれの関係性ゆえに，互いに異なる結論に至る。電圧の位相と電流の位相という観点で見れば，コイルに流れる交流の場合，次のように，電流 I〔A〕は電圧 V〔V〕よりも**位相**が $\frac{\pi}{2}$ （$= \frac{1}{4}$ 周期）**遅れる**こととなる。

$$V = V_0 \sin\omega t$$

$$I = I_0 \sin\left(\omega t - \frac{\pi}{2}\right)$$

一方，コンデンサーを流れる交流の場合，次のように，電流 I〔A〕は電圧 V〔V〕よりも**位相**が $\frac{\pi}{2}$ （$= \frac{1}{4}$ 周期）**進む**こととなる。

$$V = V_0 \sin\omega t$$

$$I = I_0 \sin\left(\omega t + \frac{\pi}{2}\right)$$

☜コイルでは，レンツの法則の影響で，電圧が立ち上がっても電流がなかなか立ち上がらず「電流が電圧より遅れる」こととなり，コンデンサーではその逆で「電流が電圧より進む」，などと助言してもよい。

演　習

交流について，次の問いに答えよ。$\pi = 3.14$，$\sqrt{2} = 1.41$ とする。

(1) 周波数が 20 Hz の交流の周期 T〔s〕はいくらか。

(2) 周期が 2.0 s の交流の角周波数 ω〔rad/s〕はいくらか。

(3) 電圧が $V = 30\sin 60\pi t$〔V〕で表される交流について，電圧の最大値 V_0〔V〕，および周波数 f〔Hz〕はそれぞれいくらか。

(4) 電圧の実効値 V_e〔V〕が 200 V であるような交流において，電圧の最大値 V_0〔V〕はいくらか。

解　答

(1) $T = \dfrac{1}{f} = \dfrac{1}{20} = \underline{5.0 \times 10^{-2}\ \mathrm{s}}$。

(2) $\omega = \dfrac{2\pi}{T} = \dfrac{2 \times 3.14}{2.0} = 3.14 \fallingdotseq \underline{3.1\ \mathrm{rad/s}}$。

(3) 電圧の式 $V = 30\sin 60\pi t$ より，この最大値 $V_0 = \underline{30\ \mathrm{V}}$。
また，この式より角周波数 $\omega = 60\pi$ であることが分かり，$\omega = \dfrac{2\pi}{T} = 2\pi f$ より，$f = \dfrac{\omega}{2\pi} = \dfrac{60\pi}{2\pi} = \underline{30\ \mathrm{Hz}}$。

(4) $V_e = \dfrac{V_0}{\sqrt{2}}$ より，$V_0 = \sqrt{2} \times V_e = 1.41 \times 200 = \underline{282\ \mathrm{V}}$。

(16) 電気振動

充電されたコンデンサーとコイルを下図のようにつなぐと，一定の周期で向きが変わる電流（これを**振動電流**という）が流れ続け，それに伴って，コンデンサーの極板の正電荷と負電荷が繰り返し入れ替わる。このような現象を**電気振動**という。

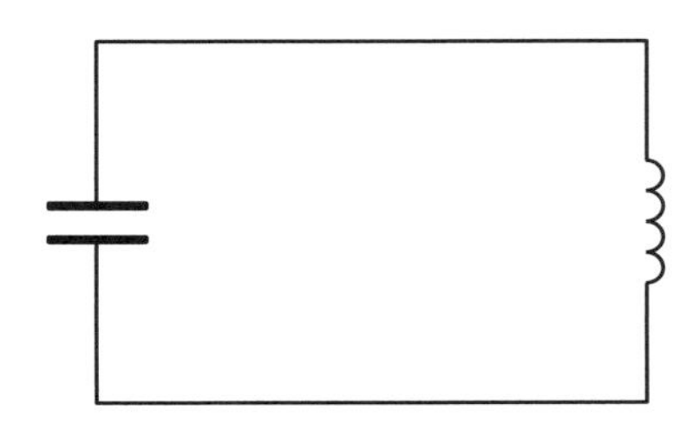

応用編

5章 | 原子・分子の世界

5.1 電子，光，原子，原子核，素粒子

(1) 陰極線

気体は一般に電流を流さないが，電極間に数千Vなどの高い電圧を加えると，電流が流れるようになる。例えば，両端に電極があるガラス管の中に気体を入れて高電圧をかけ，ガラス管内の気体を徐々に抜いて圧力を下げていくと，やがて封入した気体特有の色で管内が光り始める。このとき，電源の正極（＋極）に接続した電極を**陽極**，負極（－極）に接続した電極を**陰極**といい，希薄な気体を通して起こるこうした放電を**真空放電**という。気体の圧力をさらに下げると，陽極の周りのガラス管が薄い黄緑色の蛍光を出して，陽極の影ができるようになる。この現象は，陰極から何かが飛び出し，直進しているために見られるものと考えられ，発見当初，**陰極線**と名づけられた。

☜「電気分解」のときと同じ，などと紐づけさせるとよい。

その後の様々な研究の結果，陰極線には，陰極の金属やガラス管内の気体の種類によらず，次の①～④の性質があることが分かった。そして，これらのことから，陰極線は，様々な金属に共通して含まれている負の電荷を持つ粒子，すなわち**電子**の速い流れであることが分かった。

① 磁界によって曲げられる。
② 電界によって電界の向きと反対方向に曲げられる。

③ 物体によってさえぎられ，その物体の影をつくる。

④ 羽根車に当てると，羽根車を回すことができる。

(2) 光電効果

よく磨いた亜鉛板をのせた箔検電器に負の電荷を与え，箔を開いた状態にしておく。この亜鉛板に紫外線を照射すると，箔は急速に閉じていく。これは紫外線を受けた亜鉛板から**電子**が飛び出し，箔検電器の負の電荷が失われるためである。このように紫外線などの光を照射したときに，物質中の電子が外部に飛び出す現象を**光電効果**といい，飛び出した電子を**光電子**という。

☜あらかじめ負の電荷を与えて，箔を開けておくことがポイントである。箔が開いていない状態で紫外線を照射しても，「箔検電器が正に帯電していき，箔が開く」ということにはならない（飛び出した電子が，再び，箔検電器に引き寄せられる）。また，紫外線ではない光を当てたり，亜鉛板をのせないで紫外線を照射すると，左記と結果は異なってくる（なかなか箔が開かない）。こうした色々なパターンでの演示・議論は，電荷や光電効果についての考えを深めさせるうえで有用であろう。

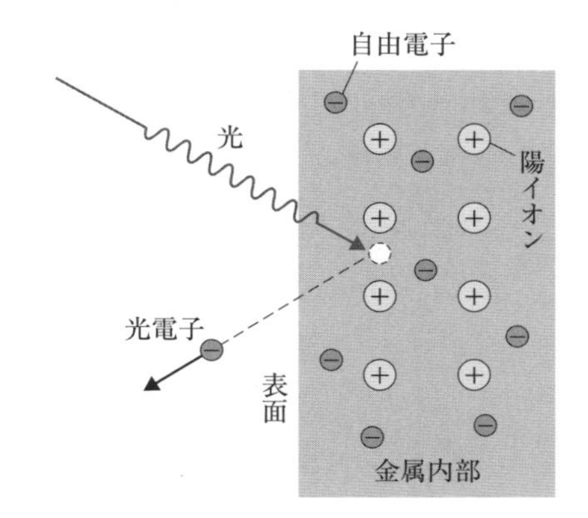

(3) 光電効果の特徴

光電効果に対する様々な研究の結果，次のような特徴があることが分かっている。

① 金属に当てる光の振動数がある値 ν_0 よりも小さいと，どんなに強い光でも光電効果は起こらない。ν_0 を**限界振動数**といい，金属の種類で決ま

る。また，このときの波長λ_0を**限界波長**という。

② 光の振動数がν_0より大きければ，どんなに弱い光でも光電効果が起こり，光を当てた瞬間に**光電子**が飛び出す。

③ 飛び出した光電子の運動エネルギーの最大値K_0は，光の**強さ**にはよらず，光の**振動数**だけで決まり，光の振動数νとともに直線的に増加する。

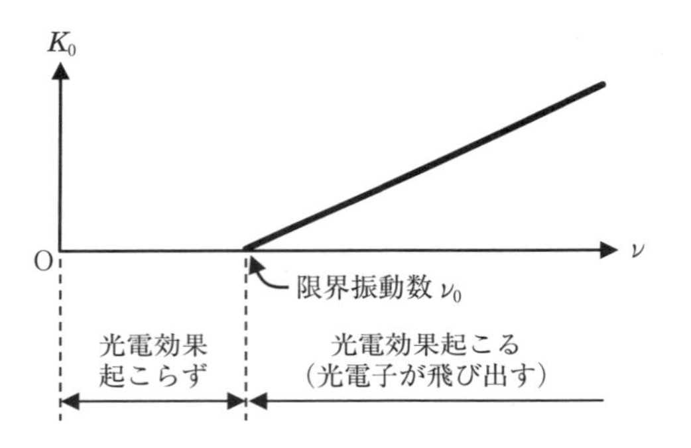

④ 光の振動数を一定にして光の強さを変えると，単位時間に飛び出す光電子の**数**は光の強さに比例する。

☜「光電子の運動エネルギーの最大値」という言葉については，「飛び出したある1つの光電子の運動エネルギーが徐々に変化するときの最大値」，というイメージを持たれかねない。正しくは，「様々な運動エネルギーを持った様々な光電子が飛び出すが，その中で最も『元気』な光電子の飛び出した直後の運動エネルギー」ということであり，そのニュアンスを正しく伝えておかねば，光電効果全体にわたり，理解が不十分となる。

しかし，これらの特徴は，光が電磁波であるという従来の考え方では説明できなかった。そうした中，1905年，アインシュタインは，次のような光量子仮説を唱え，光電効果を説明した。

(4) 光量子仮説

光は「光の粒子」として進行し，物質に吸収されるときも，あるいは光源から発射されるときも，この粒子は分割されない，とする考え方を光量子仮説という。そして，この粒子1個のエネルギーE〔J〕は，光の電磁波としての振動数ν〔Hz〕に比例し，次のように表されるとした。

$$E = h\nu$$

ここで，hを**プランク定数**といい，$h = 6.63 \times 10^{-34}$J·sという値である。なお，この「光の粒子」のことを**光子**(＝フォトン)または**光量子**という。光の波長をλ〔m〕，光の速さをc〔m/s〕とすると，$c = \nu\lambda$より，次のようにも書ける。

$$E = \frac{hc}{\lambda}$$

☜先に登場した「光電子(光電効果が起こるときに飛び出す電子)」と「光子(光の粒子)」は，分野的にも近接している中，用語も似ており，混同しがちである。また，光は波動であるということを学んでいる学習者は，「光子は光速で『正弦波の波形に沿って』移動する」と考える場合がある(光子は光速で「まっすぐ」移動する)。

(5) 光量子仮説による光電効果の説明

金属表面から電子1個を取り出すのに必要な最小のエネルギーW〔J〕を**仕事関数**と呼び，金属の種類や表面の状態によって決まっている。光量子仮説によれば，(3)で述べた光電効果の特徴①～④は，以下のように説明することができる。

① 振動数νの光が金属に当たると，金属内部の1個の**電子**は1個の**光子**だけを吸収し，$\boldsymbol{h\nu}$のエネルギーを受け取る。$h\nu \geqq W$であれば，②で述べるように電子は飛び出せるが，$h\nu < W$では，光を強くしても光子の数が増えるだけで，1個1個の電子に与えられるエネルギーはWを下回り，電子は飛び出せない。

② $h\nu \geqq W$であれば，光子からエネルギーを吸収

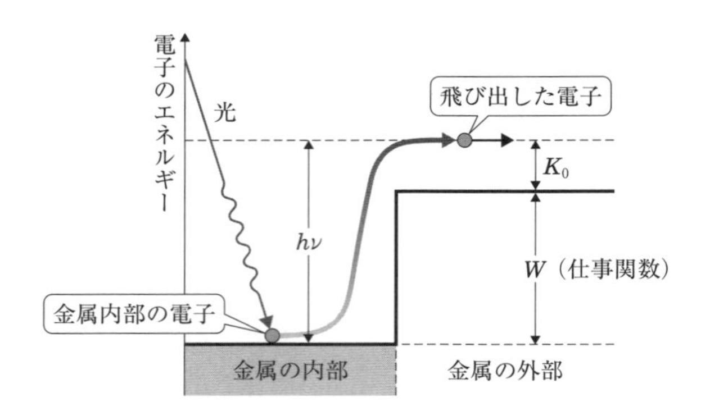

した電子には W 以上のエネルギーが与えられるため，光が弱くても，光が当たった瞬間に電子は飛び出すことができる。

③ 上図のように，金属内部の電子は光子から $h\nu$ のエネルギーを受け取るが，金属の外部に飛び出すには W 以上のエネルギーが必要になるため，飛び出す光電子の運動エネルギーの最大値 K_0 は，次のようになる。この式は，「光電子の運動エネルギーの最大値」=「光子から受け取るエネルギー」−「仕事関数」という，一種のエネルギー保存の式ととらえてもよい。

$$K_0 = h\nu - W$$

④ 光の振動数が一定であれば，**光子の数**は**光の強さ**に比例するため，**飛び出す電子の数**も**光の強さ**に比例する。

演 習

ある金属に振動数 1.5×10^{15} Hz の光を照射したところ，金属方面から電子が飛び出し，その運動エネルギーの最大値 K_0〔J〕は 3.9×10^{-19} J であった。この金属の仕事関数 W〔J〕はいくらか。プランク定数 h〔J·s〕の値は 6.6×10^{-34} とする。

解 答

「光電子の運動エネルギーの最大値」=「光子から受け取るエネルギー」−「仕事関数」，すなわち $K_0 = h\nu - W$ より，次式が得られる。

$$3.9 \times 10^{-19} = 6.6 \times 10^{-34} \times 1.5 \times 10^{15} - W$$

したがって，$W = \underline{6.0 \times 10^{-19}\ \mathrm{J}}$。

(6) 電子や原子のエネルギー

エネルギーの単位としては，通常，〔J〕を使うが，電子や原子などに関わるミクロな現象のエネルギーを扱う場合は，〔eV (エレクトロンボルト)〕という単位を用いることがある。具体的には，真空中で電子 1 個が電圧 1 V で加速されたときに得るエネルギーを 1 eV とする。q〔C〕の電荷が電圧 V〔V〕で加速されると $\boldsymbol{qV}$〔J〕のエネルギーを得ることから，電気素量を e〔C〕とすると，次のように，1 eV = e〔J〕の関係が成り立つ。

☜「得るエネルギー＝される仕事＝ $F \times d = qE \times d = q \times Ed = q \times V = qV$」と思い出させたい。

1 eV ＝電子 1 個が電圧 1 V で加速されたときに得るエネルギー
＝ e〔C〕× 1〔V〕＝ e〔J〕

☜〔eV〕と〔J〕といった 2 種類の単位間で互いに書き換えができる

演　習

振動数が 5.0×10^{14} Hz の光子 1 個のエネルギー E〔J〕はいくらか。また，これを〔eV〕単位で表現するといくらか。プランク定数 h〔J·s〕の値は 6.6×10^{-34} とし，電気素量 e〔C〕の値は 1.6×10^{-19} とする。

解　答

$E = h\nu$ より，$E = 6.6 \times 10^{-34} \times 5.0 \times 10^{14} = \underline{3.3 \times 10^{-19}\ \text{J}}$。
$1\ \text{eV} = e$〔J〕$= 1.6 \times 10^{-19}$ J より，上の値を〔eV〕単位で表現すると，$\dfrac{3.3 \times 10^{-19}}{1.6 \times 10^{-19}} = 2.06 \fallingdotseq \underline{2.1\ \text{eV}}$。

よう，指導する必要がある（「1 eV ＝ e〔J〕」という関係式は，比較的覚えやすいであろう）。

(7) X 線の発見

陰極線の研究をしていたレントゲンは，陰極から出た電子を高速に加速して陽極に衝突させると，放射線が出て，写真乾板を感光させることを発見した。この放射線は，波長が 0.001〜10 nm と短い**電磁波**で，**X 線**と名づけられた。

(8) X 線の特徴

X 線には次のような特徴がある。

① 写真フィルムを感光させる**感光**作用。
② 蛍光物質に蛍光を発生させる**蛍光**作用。
③ 気体を電離してイオンにする**電離**作用。
④ 直進性があり，電界や磁界によって**曲げられない**。
⑤ 物体を**透過**する力が強く，物体内部を調べることができる。

(9) X 線の波動性

ラウエは，X 線を薄い単結晶に当てると，写真フィルムに斑点状の干渉模様「**ラウエ斑点**」ができることを発見した。これは規則正しく並んだ結晶中の原子が回折格子の役割をしてできたものである。このような現象を**X 線回折**という。この実験により，X 線には波の性質があることが分かった。

(10) X 線の粒子性

物質に波長 λ の X 線を当てると，光の散乱のように四方八方に X 線が弱く散乱される。その散乱された X 線の中には，波長が λ より長いものも混じり，しかもその波長は，散乱角が大きくなるほど大きくなる。この現象は，コンプトンによって解明されたことから，**コンプトン効果**と呼ばれる。

このように入射 X 線よりも波長の長い X 線が出てくるという現象は，X 線を「波」と考えたのでは説明できない（「波」の散乱では，周囲に元の波と同じ振動数（同じ波長）の波を放射するまでである）。アインシュタインは光量子仮説を発展させ，振動数 ν，波長 λ の光子は，エネルギー $h\nu$ を持つこと以外に，次式で表される運動量 p を光の進む向きに持つことを主張した。

$$p = \frac{h\nu}{c} = \frac{h}{\lambda}$$

（式変形には，波の基本式 $c = \nu\lambda$ 利用）

これを踏まえ，コンプトンは，散乱 X 線の波長が入射 X 線の波長より長くなるのは，X 線の光子

☜X 線には「波」の性質があるという内容を扱った後，ここでは，「粒子」としての性質もあることを扱う。やや混乱を招くこともあるであろうが，一見相反する性質を X 線が持つということを指導したい。大まかには，①「『X 線の光子』と『物質中の電子』が衝突し，光子のエネルギーが減少する（散乱 X 線の波長が入射 X 線の波長よりわずかに長くなる）」ということから，②「X 線には粒子性あり」という結論に至る。学習者にはボールとボールの衝突をイメージさせればよく，それゆえ，コンプトン効果の問題などでは，「エネルギー保存」と「運動量保存」で対処することとなり，「ボールの衝突イメージ」さえ持てれば，比較的受け入れやすいも

が物質中の電子と衝突して電子をはじき飛ばし，光子自身の運動量と運動エネルギーが減少するためであると考えた。そして，その後の観測で，こうした理論の正しさが実証された。

のと思われる。

演　習

静止した電子（質量 m）と X 線（波長 λ）の光子が弾性衝突した結果，電子は角度 ϕ，光子は角度 θ で散乱し，散乱した X 線の波長は λ'（ただし，$\lambda' > \lambda$）となった。こうした現象はコンプトン効果と呼ばれるが，これについて次の問いに答えよ。光の速さを c，プランク定数を h，衝突後の電子の速さを v とする。

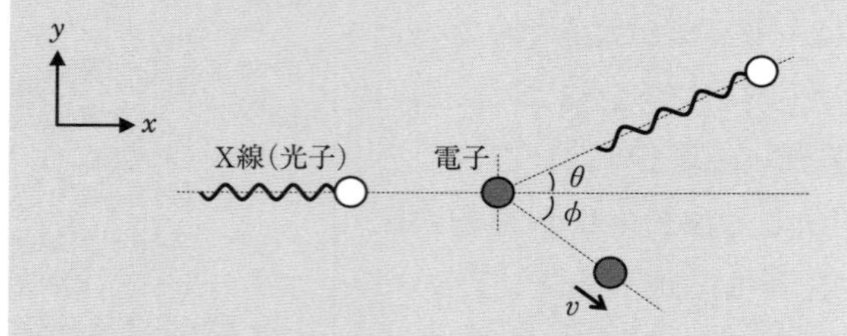

(1) x 方向について運動量保存の法則の式を書け。
(2) y 方向について運動量保存の法則の式を書け。
(3) エネルギー保存の式を書け。

解　答

(1) X 線の運動量に関しては「$p = \dfrac{h}{\lambda}$」，電子の運動量に関しては「$p = mv$」より，次式が成り立つ。

$$\frac{h}{\lambda} = \frac{h}{\lambda'}\cos\theta + mv\cos\phi$$

(2) (1) 同様に，次式が成り立つ。

$$0 = \frac{h}{\lambda'}\sin\theta - mv\sin\phi$$

(3) X 線のエネルギーに関しては「$E = \dfrac{hc}{\lambda}$」，電子のエネルギーに関しては「$K = \dfrac{1}{2}mv^2$」より，次式が成り立つ。

$$\frac{hc}{\lambda} = \frac{hc}{\lambda'} + \frac{1}{2}mv^2$$

(11) 粒子の波動性

光や X 線といった電磁波が**波動性**と**粒子性**の二面性を持つのであれば，電子のような**粒子**にも**波動性**があるのではないかとド・ブロイは考え，粒子の運動量を p，質量を m，速さを v とすると，その波長 λ は次式で表されるとした。

☜あくまで「粒子」の話であることに注意させる。

$$\lambda = \frac{h}{p} = \frac{h}{mv}$$

(12) 物質波

その後，様々な研究を経て，電子だけでなく，中性子や陽子，原子，分子といったミクロな粒子にも波動性があることが確かめられた。このように，各種の物質粒子が「波」として振る舞うとき，この波を**物質波**，あるいは**ド・ブロイ波**といい，その波長は上記 (11) の式で与えられる。

—Tidbits—

ミクロの世界では，例えば電子のような粒子の位置と運動量とを同時に正確に決めることはできない。仮に位置を正確に決めようとすると運動量がはっきりと決まらなくなり，運動量を正確に決めれば位置が不明確になる。これをハイゼンベルクの不確定性原理という。物質が波動性と粒子性の 2 つの性格を持つことを「波動と粒子の二重性」というが，ハイゼンベルクの不確定性原理も波動と粒子の二重性から導かれる関係である。なお，物質に粒子性が表れるか波動性が表れるかは，その粒子の質量やエネルギーなどによって異なる。

演　習

光の速さ (3.0×10^8 m/s) の 0.10 倍で真空中を電子 (質量 9.1×10^{-31} kg) が進んだとすると，その物質波の波長 λ〔m〕はいくらか。プランク定数 h〔J･s〕の値は 6.6×10^{-34} とする。

解　答

このときの電子の速さは，$3.0 \times 10^8 \times 0.10 = 3.0 \times 10^7$ m/s。求めるべき物質波の波長 λ〔m〕は，

$\lambda = \dfrac{h}{mv}$ より，$\lambda = \dfrac{6.6 \times 10^{-34}}{9.1 \times 10^{-31} \times 3.0 \times 10^7} = 0.241 \cdots \times 10^{-10} \fallingdotseq \underline{2.4 \times 10^{-11}\ \text{m}}$。

(13) 原子核の構造

原子の中心には**原子核**があり，その周囲を負の電荷を持つ**電子**が回っている。原子核は，正の電荷を持つ**陽子**と，電荷を持たない**中性子**からできている。

粒子	記号	電気量
電子	e^-	$-e$
陽子	p (proton の頭文字)	$+e$
中性子	n (neutron の頭文字)	0

原子核に含まれる**陽子**の数を**原子番号**といい，これによって元素の種類が決まる。また，**陽子**の数と**中性子**の数の和を**質量数**という。下図のように，元素記号の左下に原子番号を，左上に質量数を記載して原子や原子核の詳細を表すことがある。

なお，原子番号が同じで，質量数の異なる原子同士を互いに**同位体**であるという。例えば，水素の同位体には，水素，重水素，三重水素があり，どれも原子番号の同じ「水素」であるが，**中性子**の数が異なるために質量数が異なる。一般的に，同位体は，原子核の周りに同じ数の電子を持つため，化学的性質は似通っている。同位体の中には原子核が不安定で，放射線を出しながら崩壊していくものがあり，このような同位体を**放射性同位体**という。

呼称	水素	重水素	三重水素
原子核イメージ	原子核 陽子	中性子	
陽子の数 中性子の数 質量数	1 0 1	1 1 2	1 2 3

(14) 放射線の種類とその性質

放射線には，主なものとして**α線**，**β線**，**γ線**の3種類がある。α線は**ヘリウム原子核**の流れ，β線は高速の**電子**の流れ，γ線は，おおむね波長がX線より短い**電磁波**であることが明らかになっており，それゆえα線は**正**電荷，β線は**負**電荷を持ち，γ線は電気的に**中性**である。なお，放射線には原子から電子をはね飛ばしてイオンをつくる**電離**作用があるが，その強さはα線，β線，γ線で異なる。こうしたことを含め，α線，β線，γ線の比較を下表に示す。

放射線	正体	電荷	透過力	電離作用
α線	ヘリウム原子核	$+2e$	小	大
β線	電子	$-e$	中	中
γ線	電磁波	0	大	小

なお，α線，β線，γ線以外にも，中性子や陽子，重陽子などの流れ，電子線，X線など，電離作用や透過力の強いものも放射線に含めることが多い。

演　習

$^{234}_{92}U$，$^{235}_{92}U$，$^{238}_{92}U$ は互いに同位体である。これらそれぞれの陽子の数と中性子の数はいくらか。

解　答

$^{234}_{92}U$…陽子の数は 92，中性子の数は 142。
$^{235}_{92}U$…陽子の数は 92，中性子の数は 143。
$^{238}_{92}U$…陽子の数は 92，中性子の数は 146。

(15) 原子核の崩壊

これまで見たように，放射性同位体の原子核は不安定で，放射線を放出して別の原子核に変化する。これを原子核の**放射性崩壊**，あるいは**放射性壊変**という。原子核の放射性崩壊には，次に示す α 崩壊と β 崩壊がある。

① α 崩壊

原子核が α 線を放出して壊れる現象を**α 崩壊**という。α 崩壊では**ヘリウム原子核 $^{4}_{2}He$（α 粒子ともいう）**が放出されるため，原子の**質量数が 4 減少**し，**原子番号が 2 減少**する。例えば，ラジウム $^{226}_{88}Ra$ がヘリウム原子核 $^{4}_{2}He$ を放出して，ラドン $^{222}_{86}Rn$ に変化するといった崩壊は，次式で表される。

$$^{226}_{88}Ra \rightarrow {}^{222}_{86}Rn + {}^{4}_{2}He$$

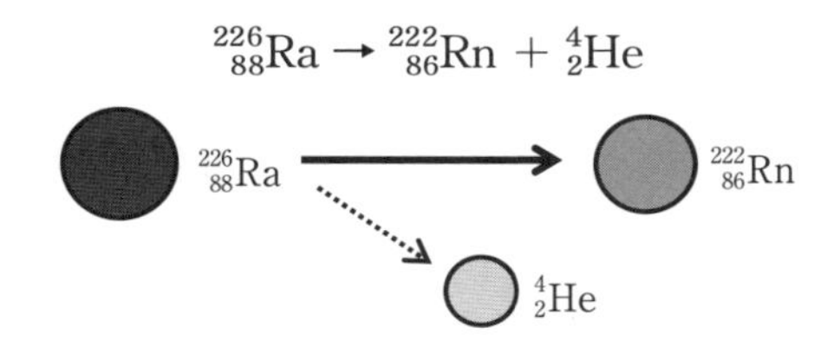

② β 崩壊

原子核が β 線を放出して壊れる現象を**β 崩壊**という。β 崩壊では，**中性子が陽子に変化**することによって，**電子**が飛び出す。この場合，**質量数は変わらず**，**原子番号が 1 増加**する。例えば，タリウム $^{206}_{81}Tl$ が電子 e^- を放出して，鉛 $^{206}_{82}Pb$ に変化するといった崩壊は，次式で表される。

$$^{206}_{81}Tl \rightarrow {}^{206}_{82}Pb + e^-$$

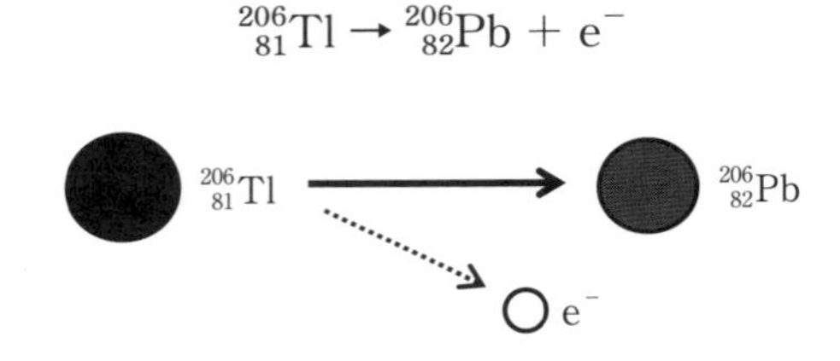

(16) γ 線放射

α 崩壊や β 崩壊をした直後の原子核は，しばしばエネルギー状態が高く（これを，**励起状態**にあるという），過剰なエネルギーを**電磁波**として放出して安定な状態に変化する。その際に放出される電磁波が**γ 線**であり，このような現象を**γ 線放射**という。γ 線放射では，α 崩壊や β 崩壊で見られたような**質量数や原子番号の変化は起こらず**，ただ単に原子核の**エネルギーが減少**するのみである。

☜γ 崩壊と呼ばれることもあるが，α 崩壊や β 崩壊のように「原子番号や質量数が変わる」いわゆる崩壊ではないので，用語的に誤解を与えないようにしたい。

演　習

(1) ラドン $^{222}_{86}\mathrm{Rn}$ に α 崩壊が 1 回起こり，ポロニウム Po になるとする。このとき得られる Po の質量数と原子番号はそれぞれいくらか。
(2) ラジウム $^{228}_{88}\mathrm{Ra}$ に β 崩壊が 1 回起こり，アクチニウム Ac になるとする。このとき得られる Ac の質量数と原子番号はそれぞれいくらか。
(3) 励起状態にある酸素 $^{16}_{8}\mathrm{O}$ に γ 線放射が 1 回起こり，安定な酸素 O になるとする。このとき得られる O の質量数と原子番号はそれぞれいくらか。

解　答

(1) α 崩壊では質量数が 4 減少し，原子番号が 2 減少することから，質量数は 218，原子番号は 84。
(2) β 崩壊では質量数は変わらず，原子番号が 1 増加することから，質量数は 228，原子番号は 89。
(3) γ 線放射では質量数や原子番号が変化しないことから，質量数は 16，原子番号は 8。

(17) 半減期

放射能を持ったある量の原子核は，放射性崩壊によって，徐々にその数が減少する。放射性崩壊によって半分に減少する時間は，原子核の種類ごとに決まっており，その時間を**半減期**という。最初の原子核の量を N_0，時間 t だけ経過した後に崩壊せずに残っている原子核の量を N，この原子核の半減期を T とすると，次式のようになる。

☜この場合の時間の単位は〔s〕に限らず，〔年〕などでもよい。ただし，t と T の単位は同一でなければならない（次頁上の式のよ

$$N = N_0 \left(\frac{1}{2}\right)^{\frac{t}{T}}$$

うに$\frac{t}{T}$と割り算をして単位は消滅）。

演　習

ラジウム $^{226}_{88}\mathrm{Ra}$ の半減期は 1600 年である。$^{226}_{88}\mathrm{Ra}$ が最初の量の $\frac{1}{8}$ 倍になるのは何年後か。

解　答

求める値を t 年後とすると，$N = N_0 \left(\frac{1}{2}\right)^{\frac{t}{T}}$ より次式が成り立つ。

$$\frac{1}{8}N_0 = N_0 \left(\frac{1}{2}\right)^{\frac{t}{1600}} \Leftrightarrow N_0 \left(\frac{1}{2}\right)^3 = N_0 \left(\frac{1}{2}\right)^{\frac{t}{1600}}$$

したがって $t = 4800$。つまり，$^{226}_{88}\mathrm{Ra}$ が最初の量の $\frac{1}{8}$ 倍になるのは 4800 年後。

(18) 質量とエネルギーの等価性

アインシュタインは，時間と空間に関する考察から特殊相対性理論を提唱し，「質量とエネルギーは等価であり，m〔kg〕の質量は，真空中の光の速さを c〔m/s〕とすると $\boldsymbol{E = mc^2}$ で表される E〔J〕のエネルギーに相当する」とした。これを**質量とエネルギーの等価性**という。

☜質量もエネルギーの一つの形態であることを「質量とエネルギーの等価性」とも呼ぶのであるが，あたかも全エネルギーが質量と同じと解釈され，混乱を招きかねない表現（横田，2018）であることに注意したい。

演　習

1 個の電子（質量 9.1×10^{-31} kg）の質量は，いくらのエネルギーに相当するか。〔J〕単位で答えよ。真空中の光の速さを 3.0×10^8 m/s とする。

解　答

求めるエネルギーを E〔J〕とすると，$E = mc^2$ より，$E = 9.1 \times 10^{-31} \times (3.0 \times 10^8)^2 = 81.9 \times 10^{-15} \fallingdotseq \underline{8.2 \times 10^{-14}\ \mathrm{J}}$。

(19) 原子核の反応

ラザフォードは，ラジウム Ra から放出される α 粒子が窒素 N と衝突したとき，陽子が高いエネルギーを持って出てくることを観測した。このような原子核と他の粒子との衝突によって起こる反応を**核反応**や**原子核反応**という。核反応は化学反応式のように表され，これを**核反応式**という。例えば，α 粒子と窒素 N との衝突であれば，次のような式で表される。なお，核反応式では，中性子を ${}^1_0\mathrm{n}$，陽子を ${}^1_1\mathrm{H}$ や p，電子を e^- で表す。

$${}^{14}_{7}\mathrm{N} + {}^{4}_{2}\mathrm{He} \rightarrow {}^{17}_{8}\mathrm{O} + {}^{1}_{1}\mathrm{H}$$

この核反応式からも分かるように，一般に核反応の前後では，**質量数**の和や**原子番号**の和は保存されることが知られている。また，核反応によって粒子の個数が変化することはあるが，全粒子の**運動量**の和は核反応の前後で変化しない。さらに，エネルギーの保存も成り立つが，これは，粒子の生成・消滅に伴う質量の変化までを考慮に入れたうえでの「全粒子の**運動エネルギー**と**質量に対応するエネルギー**の和が核反応の前後で変化しない」ということである。

近代以降受け継がれる「実験を重視した物理学教育」

物理学の指導場面において実験を導入することの重要性は，いまや広く認識されているところです。しかし，日本の中でそうした認識が定着したのは近代以降といえるでしょう。そもそも，明治政府が確立されるまでは，実験を主軸においた科学教育は成立していなかったともいわれています。

日本における近代科学の歴史はきわめて浅いとされます。明治初期，先進諸国の科学技術を急速に輸入・移植するといった時期を経て，明治20年代に入るとようやく日本の近代科学は自主的な発展への第一段階を迎えたとみられています。そうした流れと並行して科学教育が重視されるようになり，学校現場においても，物理学に関する様々な実験機器が使用されるようになりました。京都大学には，その前身となる第三高等学校（明治27年発足），さらにはその前身校ゆかりの近代物理実験機器が大量に残されており，近代日本の物理学教育に迫ることのできる貴重な一大コレクションとなっています。下図は，その一つ，明治28年に39円85銭で購入された「化学天秤」です（永平・塩瀬，2020）。「化学天秤」という名前ですが，物理学実験の中では，貴重な力学の教材とされていました（永平・川合，2001）。

（画像提供：京都大学総合博物館）

東北大学にも，その前身となる第二高等学校（明治 20 年発足）における授業風景として，化学天秤を用いた物理学実験の様子が写真で残されています（下図）。近代以降急速に立ち上がった「実験を重視した物理学教育」。その姿は現在も受け継がれており，今後も新たな技術などを取り入れながら継続・発展させていきたいものです。

（画像提供：東北大学史料館）

参考文献

はじめに

Leach, J., & Scott, P. (2002). Designing and evaluating science teaching sequences: An approach drawing upon the concept of learning demand and a social constructivist perspective on learning. Studies in Science Education, 38(1), 115-142.

鈴木亨(2008)「誤概念を支える因果スキーマ」『物理教育』第56巻，第1号，10-15.

〈準備編〉 1

仲野純章(2019)「非弾性衝突に関する誤概念とその修正方略の事例的研究」『理科教育学研究』第59巻，第3号，423-430.

仲野純章・松浦哲郎(2024)「物理教育と平和教育を連動させた放射線教育の実践」「教職の魅力共創」編集委員会(編)『新たな学び・学校のかたち(3)』愛知教育大学出版会，50-56.

山田剛史(2020)「高等学校における教育改革の動向：生徒の学びはどう変わり，大学はどう受け止めるのか」『薬学教育』第4巻，1-7.

山﨑保寿(2018)「地域の教育環境を生かした『社会に開かれた教育課程』の実現とその可能性：新学習指導要領の理念を踏まえて」『地域総合研究』第19号，7-19.

〈準備編〉 4

Del Favero, L., Boscolo, P., Vidotto, G., & Vicentini, M. (2007). Classroom discussion and individual problem-solving in the teaching of history: Do different instructional approaches affect interest in different ways? Learning and Instruction, 17(6), 635-657.

Hidi, S., & Renninger, K. A. (2006). The four-phase model of interest development. Educational Psychologist, 41(2), 111-127.
仲野純章(2022)「興味尺度を活用した高等学校段階の学習者が有する理科に対する興味の状況評価」『科学教育研究』第46巻，第4号，485-487.
田中瑛津子(2015)「理科に対する興味の分類：意味理解方略と学習行動との関連に着目して」『教育心理学研究』第63巻，第1号，23-36.
Tsai, Y., Kunter, M., Lüdtke, O., Trautwein, U., & Ryan, R. M. (2008). What makes lessons interesting? The role of situational and individual factors in three school subjects. Journal of Educational Psychology, 100(2), 460-472.

〈基礎編〉1.3

仲野純章・木村久道(2017)「高等学校理科教科指導における特異材料を用いた付加価値付与」『まてりあ』第56巻，第6号，389-392.

〈基礎編〉1.5

阿部龍蔵(2003)『Essential 物理学』サイエンス社，8.
石川孝夫(1969)「物理学の指導における理論先行主義」『物理教育』第17巻，第3号，137-140.
片桐泉(1981)「電池とモーターを用いた高校物理実験」『物理教育』第29巻，第3号，212-215.
菊地謙次・今野友博・市川誠司・窪田佳寛・望月修(2013)「水中を落下する球に作用する非定常抵抗の係数」『日本機械学会論文集B編』第79巻，第798号，151-163.
松川宏(2003)「摩擦の物理」『表面科学』第24巻，第6号，328-333.
仲野純章(2018)「理想化された物理概念の指導：現実との連続性を意識した実践とその検討」『理科教育学研究』第59巻，第2号，277-284.
小野洋(2018)「素朴概念・誤概念を乗り越える授業，言葉に踊らされない授業を！」『理科の教育』第67巻，第788号，40-42.

〈基礎編〉1.8

Heckler, A. F. (2010). Some consequences of prompting novice physics students to construct force diagrams. International Journal of Science Education, 32(14), 1829-1851.

Heller, P., Keith, R., & Anderson, S. (1992). Teaching problem solving through cooperative grouping. Part 1: Group versus individual problem solving. American Journal of Physics, 60(7), 627-636.

Larkin, J. H., & Simon, H. A. (1987). Why a diagram is (sometimes) worth ten thousand words. Cognitive Science, 11(1), 65-100.

Maries, A., & Singh, C. (2018). Do students benefit from drawing productive diagrams themselves while solving introductory physics problems? The case of two electrostatics problems. European Journal of Physics, 39(1), 1-18.

Mason, A., & Singh, C. (2010). Helping students learn effective problem solving strategies by reflecting with peers. American Journal of Physics, 78(7), 748-754.

仲野純章(2022)「物理学的問題処理における作図パフォーマンスの事例調査」『理科教育学研究』第62巻，第3号，667-673.

Poluakan, C. (2019). The importance of diagrams representation in physics learning. Journal of Physics: Conference Series, 1317(1), 1-5.

Susac, A., Bubic, A., Planinic, M., Movre, M., & Palmovic, M. (2019). Role of diagrams in problem solving: An evaluation of eye-tracking parameters as a measure of visual attention. Physical Review Physics Education Research, 15(1), 1-6.

Tversky, B., Morrison, J. B., & Betrancourt, M. (2002). Animation: can it facilitate? International Journal of Human-Computer Studies, 57(4), 247-262.

〈基礎編〉2.1

仲野純章(2024)「ブラウン運動の自動追跡とその数値化」『奈良県高等学校理化

学会会報』第63号，21-26.
岡部直輝・成瀬有里・福島澪月・鎌田智帆・中井智仁・坂上貴洋・仲野純章(2023)「ブラウン運動追跡プログラムの構築と基礎評価：粒子が示す短・長期的挙動の評価に向けた準備的研究として」『日本理科教育学会近畿支部大会発表論文集』76.

〈基礎編〉3.1

石嶺芳夫(2000)「波動の基礎概念の形成を図る工夫：波の伝わり方を説明する教具の製作を通して」『沖縄県立教育センター研修報告集録』第28集，217-222.
仲野純章(2020)「音波伝播挙動に関する概念形成支援の萌芽的研究：ドミノ転倒波活用の有効性」『理科教育学研究』第61巻，第1号，129-138.

〈基礎編〉3.2

星崎憲夫・町田茂(2008)『基幹物理学：こつこつと学ぶ人のためのテキスト』てらぺいあ，402.

〈基礎編〉4.1

穴田有一(2000)『運動と物質：物理学へのアプローチ』共立出版，38.
上野信雄・日野照純・石井菊次郎(1996)『固体物性入門』朝倉書店，79-81.
山内淳・馬場正昭(1993)『改訂版現代化学の基礎』学術図書出版社，89-92.

〈基礎編〉4.2

加堂大輔・松浦壮(2017)「ローレンツ力に関する学生実験の実践方法」『慶應義塾大学日吉紀要．自然科学』第61号，19-36.
三沢和彦(2010)「専門教育を活かす物理導入基礎教育の実践」『大学の物理教育』第16巻，第2号，88-92.

〈応用編〉1.3

荒岡邦明・前野紀一(1979)「氷の反発係数の測定」『低温科学．物理篇』第36

輯，55-65.

Brilliantov, N. V., Spahn, F., Hertzsch, J. M., & Pöschel, T. (1996). Model for collisions in granular gases. Physical Review E, 53(5), 5382-5392.

Calsamiglia, J., Kennedy, S. W., Chatterjee, A., Ruina, A., & Jenkins, J. T. (1999). Anomalous frictional behavior in collisions of thin disks. Journal of Applied Mechanics, 66(1), 146-152.

Halloun, I. A., & Hestenes, D. (1985). Common sense concepts about motion. American Journal of Physics, 53(11), 1056-1065.

Heller, P., Keith, R., & Anderson, S. (1992). Teaching problem solving through cooperative grouping. Part 1: Group versus individual problem solving. American Journal of Physics, 60(7), 627-636.

Kuwabara, G., & Kono, K. (1987). Restitution coefficient in a collision between two spheres. Japanese Journal of Applied Physics, 26(8), 1230-1233.

Morgado, W. A. M., & Oppenheim, I. (1997). Energy dissipation for quasielastic granular particle collisions. Physical Review E, 55(2), 1940-1945.

仲野純章(2019)「非弾性衝突に関する誤概念とその修正方略の事例的研究」『理科教育学研究』第59巻，第3号，423-430.

新田英雄(2012)「素朴概念の分類」『物理教育』第60巻，第1号，17-22.

Ramírez, R., Pöschel, T., Brilliantov, N. V., & Schwager, T. (1999). Coefficient of restitution of colliding viscoelastic spheres. Physical Review E, 60(4), 4465-4472.

Schwager, T., & Pöschel, T. (1998). Coefficient of normal restitution of viscous particles and cooling rate of granular gases. Physical Review E, 57(1), 650-654.

Sondergaard, R., Chaney, K., & Brennen, C. E. (1990). Measurements of solid spheres bouncing off flat plates. Journal of Applied Mechanics, 112(3), 694-699.

Supulver, K. D., Bridges, F. G., & Lin, D. N. C. (1995). The coefficient of restitution of ice particles in glancing collisions: Experimental results for unfrosted surfaces. Icarus, 113(1), 188-199.

〈応用編〉1.4

有山正孝(1970)『振動・波動』裳華房，2.

Bianchi, I., & Savardi, U. (2014). Grounding naïve physics and optics in perception. Baltic International Yearbook of Cognition, Logic and Communication, 9, 1-15.

Catrambone, R., Jones, C. M., Jonides, J., & Seifert, C. (1995). Reasoning about curvilinear motion: using principles or analogy. Memory & Cognition, 23(3), 368-373.

Cooke, N. J. & Breedin, S. D. (1994). Constructing naive theories of motion on the fly. Memory & Cognition, 22(4), 474-493.

McCloskey, M. (1983). Naive theories of motion. Mental Models, 299-324.

McCloskey, M., Caramazza, A., & Green, B. (1980). Curvilinear motion in the absence of external forces: naive beliefs about the motion of objects. Science, 210(4474), 1139-1141.

仲野純章(2022)「C-tube課題を題材にした慣性に関する認識評価」『奈良県高等学校理化学会会報』第61号，17-19.

〈応用編〉1.5

五十嵐靖則(1990)「万有引力の法則の正しさを実感させる一工夫」『物理教育』第38巻，第3号，225.

松井一幸(1981)「〔Ⅱ〕物体の自由落下運動について：万有引力の法則を教えて」『名古屋大学教育学部附属中・高等学校紀要』第26号，83-85.

仲野純章(2018)「高等学校物理教育における学習者意識分析を反映した授業設計」『理科教育学研究』第59巻，第1号，139-146.

髙木伸一(2005)「SSHの実践例：栃木県立宇都宮高等学校」『物理教育』第53号，第3号，231-234.

龍溪信行(1991)「万有引力の法則の指導について」『物理教育』第39巻，第2

号，81-82.
矢野淳滋（1982）「おもりの加速度による万有引力の測定」『物理教育』第 30 巻，第 1 号，7-10.

〈応用編〉3.2

Araki, G. (1934). XL. On the intensity distribution of sound from a tuning-fork. The Philosophical Magazine Series 7, 18(119), 441-449.
Iona, M. (1976). Sounds around a tuning fork II. The Physics Teacher, 14(1), 4.
北村俊樹（2007）「パソコンを使った手軽で精度の良い音波の実験」『物理教育』第 55 巻，第 3 号，209-214.
三浦裕一・中村泰之・齋藤芳子・安田淳一郎・千代勝実・小西哲郎・古澤彰浩・藤田あき美（2016）「学生が自主的に考案する演示実験：音波の干渉を利用した波長の測定」『日本物理学会講演概要集』第 71.2 巻，3217.
仲野純章・山脇寿（2023）「音叉が形成する音場の可視化：理科教育における音叉関連現象への納得性確保に向けて」『人間生活文化研究』第 2023 巻，第 33 号，6-12.
仲野純章・山脇寿・本田宏志（2024）「音叉周辺音場の実測評価」『日本理科教育学会全国大会発表論文集』第 23 号，397.
末廣輝男・大久保晃男・佐藤憲夫・三浦浩二・古賀秀昭・太田照明・大久正敏・高橋弘之（1977）「スピーカーを用いた気柱共鳴による音速測定」『物理教育』第 25 巻，第 3 号，121-123.

〈応用編〉3.3

石井俊行・橋本美彦（2001）「凸レンズを通過した光が作る像の理解に関する基礎的研究—作図を完成する能力の影響について—」『理科教育学研究』第 41 巻，第 3 号，41-48.
小松祐貴・桐生徹・中野博幸・久保田善彦（2015）「凸レンズが作る像の規則性の理解を促す AR 教材の開発と評価」『日本教育工学会論文誌』第 39 巻，第 1 号，21-29.

麻柄啓一・岡田いずみ(2006)「「レンズと像」に関するルールの適用はなぜ難しいのか」『教授学習心理学研究』第2巻，第1号，12-22.
森田卓哉・森藤義孝(2019)「光概念の学習に関する基礎的研究」『福岡教育大学紀要，第三分冊，数学・理科・技術科編』第68号，33-39.
仲野純章(2024)「幾何光学的アプローチによる光学指導：指導改善の検討に向けた事例的調査」『科学教育研究』第48巻，第3号，283-288.
佐久間彬彦・定本嘉郎(2010)「レンズを通る光線の作図と結像の理解」『物理教育』第58巻，第1号，12-15.
Tural, G. (2015). Cross-grade comparison of students' conceptual understanding with lenses in geometric optics. Science Education International, 26(3), 325-343.
山下修一(2011)「凸レンズが作る実像・虚像に関する作図能力と理解状況」『理科教育学研究』第51巻，第3号，145-157.

〈応用編〉4.1

仲野純章(2020)「静電気がもたらす力学的作用に関する認識状態：我が国の高等学校段階の学習者を対象とした事例評価」『フォーラム理科教育』第21号，17-27.
仲野純章(2024)「物理部会報告」『奈良県高等学校理化学会会報』第63号，4-5.

〈応用編〉4.2

福田浩三(1993)「中学校・高等学校物理教材開発：電流回路の水流モデル実験装置の製作とその活用例について」『日本科学教育学会研究会研究報告』第7巻，第6号，89-94.
井上賢(1999)「コンデンサーの電気容量をカウントしよう：大容量コンデンサーから豆電球への放電を活用して」『第16回物理教育学会年会物理教育研究大会予稿集』44-45.
石原武司・森井清博(1998)「物理教育における実験はどうあるべきか：物理実験の意味を問い直す」『物理教育』第46巻，第5号，276-280.
田中照久・定本嘉郎(2003)「素朴概念の実態を基に開発した円運動教材を用い

た授業実践」『物理教育』第 51 巻，第 2 号，79-84.

〈応用編〉4.3

山﨑耕造（2019）『トコトンやさしい磁力の本』日刊工業新聞社，20-21.

〈応用編〉4.4

林英子（2011）「酸化還元を電子の授受として統一的に実感する実験教材」『日本理科教育学会全国大会要項』第 61 号，457.
門脇翼・鈴木研悟・田部豊・近久武美（2012）「大容量蓄電池における内部移動現象解明のための基礎研究」『日本機械学会北海道支部講演会講演概要集』第 51 巻，125-126.
上谷純・高草木秀夫・宍戸紀久雄・藤巻升（2002）「パルス電解を用いたアスペクト比 20 以上ビアの電気銅めっき」『エレクトロニクス実装学術講演大会講演論文集』第 16 号，1.
中野博昭・大上悟・案浦康徳・永井啓明・大穂元人・福島久哲（2014）「分散粒子を含まない溶液からの高流速撹拌下における Zn-V 酸化物複合電析」『鉄と鋼』第 100 巻，第 3 号，376-382.
仲野純章（2021）「磁界効果を利用した電気化学実験への撹拌作用導入：マイクロスケール電気分解実験を想定して」『理科教育学研究』第 61 巻，第 3 号，527-532.
那須悦代・喜多雅一（2015）「発生気体と析出金属を同時に計測できる自作簡易装置によるニッケルめっき反応の検討」『理科教育学研究』第 56 巻，第 2 号，183-190.
西村幸太・島田秀昭（2010）「環境に配慮したボルタ電池教材の検討」『日本理科教育学会全国大会要項』第 60 号，404.
谷川直也・森勇樹（2014）「水の電気分解の実験条件に関する再提案：電極，電解質水溶液，電圧の再検討」『日本理科教育学会全国大会要項』第 64 号，426.
和田純夫・大上雅史（2006）『電気と磁気』岩波書店，90.
山田洋一・坪上文彬（2015）「電気分解及び電池教材の提案とその指導」『宇都宮

大学教育学部紀要．第 2 部』第 65 号，11-20.

〈応用編〉5.1

永平幸雄・川合葉子（2001）『近代日本と物理実験機器：京都大学所蔵明治・大正期物理実験機器』京都大学学術出版会，85.
永平幸雄・塩瀬隆之（2020）『第三高等学校由来物理教育実験機器資料』京都大学総合博物館，86-87.
横田浩（2018）「相対論的質量という概念は不要である」『奈良大学紀要』第 46 号，81-96.

索　引

◆さ行◆

◆た行◆

◆な行◆

◆は行◆

◆ま行◆

◆や行◆

◆ら行◆

編著者

仲野　純章（なかの　すみあき）

奈良女子大学文学部附属高等学校（現：奈良女子大学附属中等教育学校），京都大学総合人間学部卒業。パナソニック株式会社に入社し，東北大学金属材料研究所民間等共同研究員として基礎研究に従事した後，商品開発，グローバル製造戦略企画に従事。その後，奈良県立奈良高等学校教諭・研究推進部長（兼任：京都大学大学院理学研究科非常勤講師）を経て，四天王寺大学教育学部准教授。東レ理科教育賞奨励作，東レ理科教育賞企画賞，日本理科教育学会優秀実践賞など受賞。博士（工学）〔京都大学〕。

編集協力者

今上　遥香（いまうえ　はるか）

大阪府立富田林高等学校を経て，四天王寺大学教育学部在学中。専門は，学校教育学。

仲野　櫻（なかの　さくら）

立命館宇治高等学校を経て，立命館大学総合心理学部在学中。専門は，行動分析学や臨床心理学。

廉　明徳（れん　あきのり）

奈良県立奈良高等学校を経て，広島大学総合科学部在学中。専門は，総合科学。

資料提供協力者

ケンブリッジ大学（Cambridge University Botanic Garden）
JAXA（宇宙航空研究開発機構）
関西電力送配電株式会社
京都大学総合博物館
パナソニック　インダストリー株式会社
東北大学史料館

（イラスト：今上遥香）

教職理科シリーズ　教職のための物理学

2025年 1月 31日　　第1版第1刷発行

編著者　仲野純章（なかのすみあき）
発行者　田中　聡

発行所
株式会社　電気書院
ホームページ　www.denkishoin.co.jp
（振替口座　00190-5-18837）
〒101-0051　東京都千代田区神田神保町1-3ミヤタビル2F
電話(03)5259-9160／FAX(03)5259-9162

印刷　創栄図書印刷株式会社
Printed in Japan／ISBN978-4-485-30270-5